소우와 건축

소우 윤장섭교수 추모편집위원회

시공문화사

차례

01 소우, 건축을 세우다

02 소우와의 만남

03 소우제자, 잇다

글쓴이

윤 장 섭 소우(筱愚)/2019년 작고
홍 대 형 서울시립대학교 명예교수
임 창 복 성균관대학교 명예교수
이 성 관 한울건축 대표
신 언 학 토우건축 대표
김 정 신 단국대학교 명예교수
배 시 화 가천대학교 명예교수
최 일 동신대학교 총장
이 강 훈 충북대학교 명예교수
한 철 종합건축사사무소 수목에이엔에이 대표
이 정 규 배재대학교 명예교수
김 대 익 한경대학교 명예교수
손 두 호 건축사사무소 모람 대표
안 명 제 전인씨엠건축사사무소 대표
윤 재 신 이화여자대학교 교수
이 영 한 서울과학기술대학교 교수
조 희 철 에코넥스이엔씨건축사사무소 대표
정 유 나 상명대학교 교수
전 봉 희 서울대학교 교수
이 강 주 창원대학교 교수
西垣安比古 교토대학교 교수
조 창 한 경희대학교 명예교수
이 경 회 연세대학교 명예교수
김 진 균 서울대학교 명예교수
전 봉 수 전우구조 대표
강 철 구 동우건축 회장
윤 재 옥 호서대학교 명예교수
이 현 수 서울대학교 명예교수
최 재 필 서울대학교 교수
이 태 완 대한건축학회 사무국장
강 지 은 호서대학교 교수
황 준 SOM 뉴욕
유 경 재 안동교회 원로목사
이 형 기 PARA클럽 전 회장

머리글

소우(筱愚) 윤장섭 선생님께서 우리 곁을 떠나신 지 벌써 3년이 넘었습니다. 선생님 정년식날 모인 제자들이 만든 소우회는 회원들의 연구 성과나 설계작품 등에 대한 발표와 토론 외에도 새로운 연구 성과를 낸 저명인사를 초대하여 진지하게 귀 기울여 학습하기를 연간 3회 이상, 그리고 선생님 모시고 연 1회 이상의 국내외 작품 또는 문화재 답사를 선생님 편찮으시기 전까지 거의 20여 년을 계속 했습니다. 이렇게 끈끈한 모임을 해온 소우회도 2019년 선생님께서 소천하시고 이어서 터진 코로나 사태로 2년여 동안 모이지 못한 채 지내다 작게나마 선생님을 기리는 조그만 행사로 〈소우와 건축〉을 기획하여 스승의 날이 있는 5월에 발간하게 되었습니다. 아울러 소우회에서는 선생님 3주기가 있는 금년에 한국 건축계의 큰 어른이시었던 소우 선생님의 업적 등을 간략하게나마 기록한 기념비 건립을 함께 기획하였습니다. 이번 일은 아드님인 이화여대 윤재신 교수의 기여도 큰 보탬이 되었으니, 선생님은 물론 사모님 신경희 여사께서도 크게 기뻐하시리라 믿습니다.

이번 〈소우와 건축〉 발간은 김정신 교수를 위원장으로 하는 위원회에서 몇 번의 모임 끝에 5월로 목표일을 정하고 추진하여 이렇게 성과를 낼 수 있었습니다. 김정신 교수는 추모비 건립과 기념행사 준비에 크게 수고해 주셨고 아울러 귀한 시간과 노고를 아낌없이 내어준 추모편집위원회 여러분들의 애정어린 기여에 깊이 감사드립니다.

〈소우와 건축〉은 총 3부로 구성하였습니다. 1부 '소우, 건축을 세우다' 는 선생님의 글을 모은 것입니다. 생전에 선생님께서는 작은 일까지도 세세히 기록 정리하시어 늘 세상과 공유하셨습니다. 이런 선생님의 글 중에서 세월의 흐름 속에서 더욱 빛날 글 세 편을 선별하기로 합의하였습니다. 그 첫째는 선생님 하면 단번에 떠오르는, 47세에 쓰신 '한국건축사 서설' 입니다. 선생님의 저서 한국건축사가 지니는 의미는 서울대 전봉희 교수가 본문에 잘 설명해 놓았으므로 참조하시기 바랍니다. 선생님의 두 번째 글은 69세에 쓰신 '건축 수업 회상' 입니다. 일제 강점기인 10대부터 MIT에서 수학하신 30대 초반까지 선생님의 건축에 대한 치열한 열정을 회고하신 글입니다. 지금 보아도 정말로 치열하게 공부하신 모습이 절절합니다. 선생님의 마지막 글로 83세에 쓰신 '대교약졸(大巧若拙)'을 만장일치로 정했습니다. 만년에 쓰신, 우리가 도달해야 할 최후의 목표를 지목하시는 것이 아닌가 하는 의미가 되새겨졌습니다.

2부 '소우와의 만남'은 선생님과의 인연에 대한 이야기입니다. 많은 분들이 선생님과의 만남에 대해 귀한 사연을 흔쾌히 써 주셨습니다. 조창한, 이경회, 김진균, 전봉수, 이현수, 최재필, 이태완, 유경재, 이형기 님께 진심으로 감사의 말씀을 드립니다. 귀한 분들이 함께하여 〈소우와 건축〉이 더욱 풍성해지고 의미가 깊어졌습니다.

3부 '소우 제자, 잇다'는 소우회 회원들의 작품과 논문을 모은 것입니다. 선생님이 세우신 우리 모임의 오랜 전통은 공부하는 것이었습니다. 소우회는 선생님이 계실 때는 물론이고 떠나신 뒤에도 그 전통을 지키려고 노력하였습니다. 한편으로 제자들의 성과물을 싣는 것이 많이 부족하고 부끄러운 일이지만, 선생님의 제자로서 계속 정진하며 살겠다는 의미를 더 크게 생각하여 3부를 구성하였습니다.

끝으로, 금번 소우 선생님을 기리는 모든 작업을 부드럽게 잘 마무리해 준 만년 총무 창원대 이강주 교수의 노고에 칭찬과 감사의 말씀을 드립니다.

임인년(壬寅年; 2022년) 스승의 날

소우 회원의 마음을 모아

홍 대 형

축하의 글

〈소우와 건축〉 발간을 축하합니다

소우 선생님은 건축에 대한 애정과 정열 그리고 능력까지 함께 지닌 참으로 훌륭한 학자였습니다. 전문분야의 학술서적은 평생에 한 두 권 쓰기도 쉽지 않은 일인데 무려 30여 권 이상을 쓰셨다면 누구나 경탄을 금할 수 없을 것입니다. 선생께서는 고령이신데도 젊은 사람보다 기력이 왕성하여 100세까지도 능히 장수하실 것으로 보였는데 삼 년 전 부음 소식을 듣고 참으로 애석한 마음을 금할 수 없었었습니다. 그런데 최근에 소우 제자들이 중심이 되어 선생님을 가리는 작업을 한다는 소식이 들리더니 〈소우와 건축〉이라는 기념 책자를 발간하게 된 것을 알고 참으로 기뻤습니다. 제자들이 매우 장한 일을 한 것에 대해 수고했다는 말과 함께 진심으로 축하를 보내 드립니다. 그리고 이와 함께 축하의 글을 쓰게 된 것을 참으로 영광으로 생각합니다.

소우 선생님을 처음 뵌 것은 60여 년 전인데 그간 함께 지냈던 많은 날들은 나에게는 큰 보람과 즐거운 시간으로 기억됩니다. 2004년에는 선생님의 추천으로 대한건축학회 소우 저작상을 받게 되는 영예도 누렸습니다. 만년에는 운 좋게도 중국을 비롯하여 유럽과 인도까지 함께 여행하였는데, 그때마다 건축 탐구에 대한 선생님의 열의가 대단하였던 것을 지금도 또렷이 기억하고 있습니다.

우리 건축계에는 건축 활동을 위한 여러 모임이 있습니다. 그 중에서도 소우 제자들의 모임인 소우회는 다른 모임보다 유달리 활기차게 보였습니다. 소우회는 선생께서 직접 창설하고 주도하셨는데, 이 모임이 30년 넘게 계속 이어지고 있는 것을 보면 회원들의 애정과 열의가 대단하다는 것을 능히 이해할 수 있습니다. 이번에 소우회에서 발간한 〈소우와 건축〉도 그러한 역사의 한 열매라고 생각하면 그 뜻이 매우 크다고 할 것입니다.

소우회가 정성으로 만든 〈소우와 건축〉이 우리 건축계와 사회 발전에 크게 기여할 것으로 기대하면서 앞으로 소우회의 무한한 발전을 기원합니다.

마지막으로... "소우 선생님, 축하드립니다."

(서울시립대학교 명예교수) **안 영 배**

소우,
건축을 세우다

01

한국 건축사 서설

한국 건축사 연구

건축 문화의 관점

건축 문화는 원시 시대의 미개하고 단순한 생활 양태로 삶을 영위하였을 때부터 발전하기 시작했으며, 점차로 인간의 생활 양상이 다양해짐에 따라서 개인적, 사회적, 국가적, 또는 종교적 활동에 대응할 수 있는 건축 공간을 마련하여 오는 가운데, 건축 기술이 발달되고 그 내용이 많은 발전을 가져오게 되었던 것이다.

건축은 인간의 활동 공간을 준비하여 제공하는 것으로서 점유하는 공간과 사용하는 인간이 건축을 성립시키는 기본 조건이 되는 것이다. 따라서 한 지방의 건축 형태 및 성격은 그 지방의 고정적인 공간으로서 토지 환경과 유동적인 시간으로서 인간 경험의 연관 관계에 의하여[1] 여러 가지 양상을 나타내게 되는 것이라 생각된다.

한 지방의 기후, 지리, 산출 재료 등은 건축 형성의 고정적인 조건이 되고, 한 민족의 풍습, 신앙, 취미, 의욕들은 건축 형성의 유동적인 조건이 되는 것으로 특히 인간의 의욕에 의한 문화 전파 현상은 상호간에 영향을 주고받게 되며 변이하여[2] 문화의 끊임없는 발전을 가져오게 되는 것이라 하겠다.

이와 같이 한 나라의 건축 문화는 그 국토의 기후, 지세 및 산출 재료 등의 자연 조건과 그 나라의 정치적, 사회적, 종교적 및 민족성 내지는 집단 의지 등의 인문 조건에 의하여 발전되고, 문화의 전파 현상에 따라 각 시대와 각 나라마다 다과(많고 적음)의 차이는 있으나 세계적으로 연관성을 갖는 문화 요소를 나타내게 되는 것이라 생각된다.

한 나라의 건축 문화 현상을 고찰할 때에는 과거의 건축에 관한 사실 및 자료들을 적절히 선택하여, 이것을 심미적, 윤리적, 기술적 관점에서 연대 순서에 따라 역사적으로 체계화하여 생각하는 것이 가장 좋은 방법이라 하겠으며, 이와 함께 이것을 세계 건축 문화의 발전 양상과 연관시켜서 적정한 관점에서 평가하는 것이 옳을 것으로 생각된다.

---

1. 스기야마 신조오(杉山信三), 『일본 조선 비교 건축사(日本朝鮮比校建築史)』, 10쪽.
2. 무라타 지로(村田次郎), 「동양 건축 계통사론(東洋建築系統史論)」, 『일본 건축학회 잡지(日本建築學會雜誌)』 45권 544호, 396쪽.

종래의 문화를 고찰하는 방법에 있어서는 일면의 양식에 편중한 관점에서 명쾌하고 장중한 형식을 구비한 시기를 그 양식의 완성기로 보고, 그 이전을 준비기, 그 이후를 쇠퇴기로 보는 까닭으로, 그 완성기의 양식을 기준으로 평가하여 성숙기의 문화만을 찬양하고, 여타에 대해서는 잘못하면 편벽한 판단으로 과소평가하는 경향이 없지 않았다. 그 반면에 문화의 예술적 의욕을 편중하는 관점에서는 문화 현상을 준비, 완성, 퇴화의 율동적인 현상으로 고찰하는 것을 반대하고, 연속적인 발전만이 문화사를 지도한다고 봄으로써, 때에 따라서는 퇴화적 문화 현상까지도 과다하고 적극적인 의의를 부회(附會)하는 결과를 초래하여, 그 예술의 가치적 평가가 배제되는 경우도 있었다.[3] 또 다른 관점에서는 문화 현상을 나선형 운동과 같이 기하 도형적인 동적 운동 현상으로 해석하여 문화 발전 현상이 시간적인 차원에 있어서 어느 시점에서는 후퇴 운동을 한다고 생각하는 것이다.[4] 이와 같은 방법은 한 나라의 문화에 있어서 관찰하기가 비교적 용이한 국한된 현상을 고찰하는 데는 도움이 되리라 생각되나, 매우 복잡하고 다면적인 문화 현상을 천체의 물리적인 운동에 흡사한 것으로만 이해할 수는 없을 것으로 생각한다.

한국의 건축 문화를 고찰하는데 있어서는 그 관점이 어느 한 면에만 치우치지 않도록 하여 종래의 방법의 좋은 점을 절충하고, 공평하고 정당한 관점에서 보다 정확한 기본 자료를 종합적으로 조화 있게 파악하여 체계화하는 동시에 일반적인 건축 문화의 이념과 가치관에 비추어서 평가함으로써, 각 시대를 통하여 뒷받침하고 있는 건축 문화에 대한 한국 사람들이 가지고 있는 기본 이념과 가치관[5]을 살펴보아야 할 것으로 생각한다.

건축 문화의 이념과 가치

건축 문화의 이념과 가치는 인간의 정신적 요구에 대응하는 건축의 결구(結構) 및 시공의 성실성과 재료 및 표현의 진실성으로 이루어지는 건축적 진(眞)과, 인간의 이지적 요구에 대응하는 건축의 기능과 효용성을 뜻하는 건축적 선(善)과 인간의 정서적 요구에 대응하는 건축의 미관 및 우아성 즉 건축적 미(美)의 세 가지를 들 수 있을 것으로 생각한다.

건축은 용도와 기능을 충족시킬 수 있으며, 합리적인 구조를 형성하는 동시에 효용성과 경제성이 있어야 하므로 다른 예술과는 판이한 이질적인 차원을 가진 예술이라 할 수 있다. 건축적 선을 얻기 위해서는 건축이 첫째로 기능과 용도에 적합하여야 하며, 건축 공간 안에서 편리하고 안락하게 활동할

3. 고유섭, 『조선 미술사료 유고(朝鮮美術史料遺稿)』, 143쪽.
4. Pitirim A. Sorokin, Social Cultural Dynamics, 1권, p.184.
5. Philip Bagby, Culture and History, p.109.

수 있어서, 목적하는 바 수요에 맞게 공간을 활용할 수 있어야 할 것이다. 둘째로 건축 구조가 합리적이며 견고하고 안전하여야 하며, 셋째로 경제적인 효용성을 가진 것이어야 할 것이다. 역사를 통하여 훌륭한 건축들은 미관을 위하여 기능과 효용성이 경시된 예를 찾아볼 수 없으며, 건축의 일차적 요건인 기능 및 효용성의 합리적 해결은 건축의 미관을 제고하는 역할을 하였다고 생각된다.

건축적 선은 인간의 물리적 수요를 충족시키는 것으로서, 이지적 요구에 대응하는 것이라 하겠으나, 이것만으로는 건축의 목적이 달성될 수 없으며 인간이 가지고 있는 천성적인 미에 대한 요구를 충족시킬 수 있도록, 아름답고 우아하며 유쾌한 감정을 느낄 수 있는 건축 환경을 만들어야 할 것이다.

건축적 미는 건축 공간의 적절한 구성과 건축 구상의 특성 있는 표현에 의하여 이루어지는 것이며, 우선 이를 위한 기본 원리는 우주 만상의 아름다움과 모든 예술미에 공통되는 것으로서, 통일성을 주조로 하여 변화성을 갖는 건축 공간을 구성하는 데 있다.

이 목적을 달성하기 위해서는 비례, 조화, 균형, 반복, 대비, 점이(漸移), 선율(旋律), 계서(階序, hierarchy), 절정 또는 초점 등의 미적 속성을 가지고 있는 건축 공간을 구성하여야 한다. 이에 더하여 상대적으로 요구되는 것은 건축 의장 계획에 있어서 인간 생활의 특수성을 반영하는 표현미가 추가되어야 한다. 이와 같은 표현이 가장 힘있게 나타나는 것은 국가적 활동, 사회 집단 활동, 종교적 활동 등을 위한 건축인 궁전건축, 도시건축, 종교건축 등에서 나타나게 되는 것이며, 적은 것으로는 개인적 생활을 위한 주거건축에서 그 개성적 표현이 잘 나타나게 되는 것이라 하겠다.

건축은 인간의 이지와 정서적 요구에 대응하는 것 이외에, 정신적인 요구를 충족시킬 수 있는 건축적 진이 있어야 한다. 인간 정신은 건축에 있어서 진실성과 확고한 의지의 표현을 원하며, 그 내용이 진실하고 형성 과정이 성실할 것을 요구한다. 건축은 진실한 구조적 표현을 가져야 하고 재료 사용에 있어서도 재료가 가지고 있는 자연적 성상을 참되게 살려서 진실한 표현을 갖도록 하여야 하며 허구, 허식 및 허위는 배제되어야 할 것이다. 그뿐만 아니라 건축 조영 과정에 있어서 건축주로부터 시작하여 건축가, 시공자 및 한 사람의 기능공에 이르기까지 모든 사람들의 성실성 있는 건축 활동 관여는 건축적 진에 기여하는 바가 매우 큰 것이라 하겠다. 이와 아울러서 건축에서는 인간의 개인적 및 집단적 정신과 의지가 힘 있게 표현되어야 하는 것으로 생각된다.

모든 건축 문화는 상술한 바와 같은 건축 문화의 가치와 이상인 건축적 진, 건축적 선 및 건축적 미를 추구하는 방향으로 발전되어 왔던 것이며, 그 목적이 달성된 정도에 따라 건축 문화를 평가할 수 있다고 생각한다.

건축 문화의 계통

세계 문명의 발전 과정에 있어서 구석기 시대를 거쳐 신석기 시대에 들어서자 인간의 종족이 분화되며, 농경하는 방법을 알게 되고, 정착 생활을 하게 되어 건축 기술이 발달하기 시작하고, 이 기술이 인간 생활의 중요한 역할을 하게 되었다. 고대의 사람들은 기후가 좋고 토지가 비옥하며 건축 재료를 손쉽게 얻을 수 있는, 인간 생활 영위에 적당한 지역을 찾아서 정착하게 되었으며, 이 지역을 중심으로 하여 세계 오대(五大)의 건축 문화가 발생하게 되었다.

세계 오대 건축 문화는 중부 및 북부 유럽의 건축 문화, 지중해 연안의 건축 문화(이집트계 및 그리스계), 중부 아메리카의 건축 문화, 중앙 아시아의 건축 문화(인도계 및 회교계), 동부 아시아의 건축 문화(중국계)로 생각할 수 있으며[6], 그 초기적인 발전 단계에 있어서는 각각 독립된 발전 과정을 거쳤다고 하겠다. 그러나 시대가 경과함에 따라서 교통 수단이 발전되고, 교역의 규모가 확대되며 인간의 욕망이 점차 다양화해짐으로써, 오대 건축 문화는 그 발전 과정에서 상호간에 문화를 교류하고 전파하여 영향을 주고받는 가운데 어느 정도의 연관성 있는 발전을 가져오게 되었다.

오대 건축 문화는 역사적으로 더 광범한 관점에서 계통화 하여 생각할 때, 동양의 건축 문화와 서양의 건축 문화로 더 크게 분류하여 고찰할 수가 있을 것이며, 한국의 건축 문화는 동양의 건축 문화에 속하는 것으로서 동양 건축 문화의 삼대 계통인 중국계, 인도계, 회교계 중에서도 중국계에 속하는 건축 문화이다.[7]

중국계의 건축 문화는 고대에 주로 한(漢) 민족에 의하여 창시되었으며, 중국 본토를 중심으로 발전하여 아시아 각 지방에 전파된 것으로서, 동으로는 한국을 거쳐 일본으로, 북으로는 몽고, 서로는 신장, 남으로는 인도차이나 반도 및 태국 등 여러 나라를 포함한 광대한 지역에 전파되어 발전된 건축 문화이다.

중국계의 건축 문화는 고대부터 수 천년 동안 연면하게 발전되었으며, 그 건축 문화가 발전되는 과정에 있어서 인도 불교의 영향을 비롯하여 간단없이 서방 문화의 전파 영향을 받아왔다. 그럼에도 불구하고, 처음부터 가지고 있는 건축 문화의 특성을 일관성 있게 발전시켰으므로, 수 천 년 동안 고유한 건축 문화의 특성을 계속 보존하고 있는 것은 세계 건축 양식사에서 특이한 현상이라 할 수 있다. 그 건축 양상은 서양 건축과는 판이하게 차이가 있을 뿐만 아니라, 같은 동양의 건축 문화에 속하는 인도계의 건축 문화 및 회교계의 건축 문화와 많이 다른 특성을 가지고 있다.

---

6. 윤장섭, 『서양 건축사』, 17쪽.
7. 이토 추타(伊東忠太), 『지나 건축사(支那建築史)』, 『동양사 강좌 권II (東洋史講座 II卷)』, 5쪽.

한국은 아시아 대륙의 동안에 돌출되어 태평양에 면하여 있는 반도에 위치하고 있는 까닭으로 고대부터 중국 대륙의 선진 문화를 받아들였으며, 그 후 이 문화는 해협을 건너서 인접한 일본에 전달되었다. 각 시대마다 다과의 차는 있으나 계속하여 전래되어온 대륙의 건축 문화의 영향은 한국과 일본의 건축 문화를 형성하는 데 매우 중요한 역할을 하였던 것이라 생각된다.

그러나 한국과 일본은 원래 가지고 있던 고유한 원시 문화와 전래된 외래의 문화를 시대가 경과함에 따라 융합하고 동화시키는 방향으로 발전시켰으며, 건축 문화의 발전 과정에 있어서, 그 나라의 자연적 환경 여건과 인문적 환경 여건에 의하여 각기 특성 있는 건축 문화를 형성하였다고 하겠다. 그러므로 같은 중국계의 건축 문화에 속한다고 할지라도 중국, 한국, 일본은 그 건축 양상에 있어서, 각각 적지 않은 특성의 차이를 나타내게 되는 것이다. 이 특성의 차이는 간단히 설명할 수 없다 할지라도 그 차이를 통속적인 개념으로 이해하기 쉽게 표현한다면, 건축 문화의 전반적인 면에 있어서 중국은 대륙성, 한국은 반도성, 일본은 도서성의 차이를 가지고 있으며, 건축 외관에 있어서 중국은 장중성, 한국은 유려성, 일본은 단순성의 차이를 가지고 있다고 하겠고, 건축 색채의 면에 있어서는 중국은 번화성, 한국은 청초성, 일본은 농연성[8]을 가지고 있다고 말할 수 있다.

시대 구분

시대가 변천됨에 따라 한 나라의 정치적, 사회적, 경제적 및 종교적 여건이 변화하게 되고, 이와 같은 변화는 그 나라 사람들에게 새로운 이념과 가치관을 가지게 만들며, 이에 따라서 문화의 특성도 시대마다 다르게 나타나게 되는 것이라 하겠다. 한 시대를 통하여 공통되게 나타나는 문화적인 특성을 그 시대의 양식이라고 하게 되며,[9] 이 양식의 특성을 연관하여 고찰하기 위한 관례적인 시대 구분의 방법은, 인문적 여건의 변혁에서 기본 원인을 가져오는 국가의 정치 상황의 변화, 즉 왕조의 변화에 따르게 된다. 이 방법은 충분한 타당성과 근거가 있는 것으로 생각되며, 한국의 건축 문화의 양식 발전을 고찰하기 위한 시대 구분에 있어서도 이와 같은 원칙에 따라 다음과 같이 구분하여 생각할 수 있다.

1. 원시 시대

역사 이전의 시대로서 구석기 시대와 신석기 시대를 거처 금석(金石) 병용의 시대에 이르기까지를 말하며, 고조선, 부여, 삼한 시대까지를 포함하여 생각하고자 한다. 원시 문화의 상태인 이 시대의 건축 문화는 볼만한 것이 없으며, 오히려 고고학적 연구 분야에 속한다고 하겠으나, 신석기 시대부터는 한

8. 윤희순, 『조선 미술사 연구(朝鮮美術史研究)』, 30쪽.
9. Talbot Hamlin, Architecture through Ages, p.19.

국의 원시적 주거 형식이 발달되기 시작하여, 건축 기술 발전의 서광이 비치기 시작하는 시대라 할 것이다. 이 시대의 건축 유지(遺址)로는 원시 주거지 및 원시 분묘지들이 있다.

2. 고대

북한에 한(漢) 문화가 이식되기 시작한 낙랑군 시대를 비롯하여, 실질적으로 고대 한국이 국가적 활동을 하기 시작한 삼국 시대의 말기까지에 이르는 시대로서, 한 문화가 들어와서 원시 문화의 상태를 벗어난 한국의 건축 문화는 삼국 시대에 이르러서 큰 발전을 보게 되었던 것으로서, 삼국 시대는 한국의 건축 문화의 발화기라고도 할 수 있을 것이다.

삼국 시대는 문헌상으로는 기원전 1세기로 올라가지만 실제로 고구려, 백제, 신라의 삼국이 명실상부한 왕국으로 발전된 것은 4세기 경부터 시작되었으며, 그 후 7세기 전반까지 계속되었다. 이 시대는 육조(六朝)의 문화와 불교의 전래로 말미암은 영향으로 건축 양식이 전반적으로 같은 범주에 속하는 것으로 생각되나, 지역적으로 삼국이 갈라져서 각각 양식상 다른 특성을 가지고 있었다고 생각된다.

이 시대의 대표적 건축 유구는 낙랑의 고분들과, 만주의 지안 및 평양 지방에 있는 고구려의 고분들, 부여의 백제 탑, 경주의 분황사지 탑 등을 들 수가 있다.

3. 중고대(中古代)

신라가 삼국을 통일한 시대이며 정치적으로나 문화적으로 매우 중요한 시기로서, 그 이전에 한국이 가지고 있던 시대적, 지역적 및 민족적 잡다성을 통일하게 된 시대이다. 이 시대는 7세기 후반부터 10세기 전반까지고, 10세기는 고려 시대로 넘어가는 과도기라 생각할 수 있다.

이 시대의 한국 문물은 현저하게 변혁되고 건축 문화에 큰 발전을 보았다. 당(唐) 문화의 많은 영향을 받았으며, 불교가 융성하여 국가 진호의 종교로 존숭을 받음으로 국력을 기울여서 장대한 규모의 불사들이 건축되었던 것이다. 현재 남아있는 이 시대의 대표적인 건축은 불국사 및 석굴암 등을 들 수 있을 것이다.

4. 중세

이 시대는 고려 시대이며 10세기 전반부터 14세기 말까지 4세기 반이 된다. 그 중 14세기는 고려부터 조선에 이르는 과도기라 하겠으며, 몽고군의 침입을 전후하여 전기와 후기로 나누어 생각하게 된다. 전기에는 고려 왕조가 신라의 오랜 역사와 전통을 이어받고, 고구려의 계승자임을 자처하여 북진 정책을 써서 고구려의 옛 강토의 일부를 회복하였으며, 한국 전체에 신흥의 기풍이 일어났다.

불교는 태조의 십훈으로 말미암아 더욱 융성하여, 나중에는 차차로 국민 생활을 강압하게 되어 그 폐단이 나타나기 시작했다. 그 뿐만 아니라 점차적으로 문신 또는 무신으로 된 새로운 지배 세력이 대두하여 정권을 좌우하게 되었으며, 마침내 1231년부터 시작된 20년간에 걸친 몽고군의 침입으로 전무후무한 피해를 입게 되었다.

전기에는 송(宋) 문화의 영향을 받았으며, 불교 융성의 시대로서, 그 대표적인 건물로는 한국 최고(最古)의 목조 건축물에 속하는 안동 봉정사의 극락전과 영주 부석사의 무량수전을 들 수 있다.

후기에는 몽고군의 침입으로 큰 타격을 받아서 기력을 상실하고 말았으며, 예술 활동의 원동력이 되는 불교가 타락하고 부패함으로써, 삼국 시대나 통일신라 시대와 같은 기력에 넘치는 문화를 이루지 못했다. 이 시기에는 원(元) 문화의 영향을 강하게 받았으며, 불교의 폐해가 적지 않게 나타나게 되었고, 그 대표적인 건축으로는 예산 수덕사의 대웅전, 서울에 옮겨져 있는 경천사지 탑 등이 있다.

5. 근세

이 시대는 조선시대로서 혁명으로 고려 왕조를 계승하기 시작한 15세기부터 20세기 초까지이며, 임진왜란을 전후하여 전기와 후기로 나누어 생각할 수 있다. 전기에는 불교를 배척하고 지도 원리로서 유교를 내세워 정신적 기반으로 삼았으며, 혁신의 기풍이 농후하였고, 조선의 특성이 확립되기 시작한 시기로서, 한글의 창제를 비롯하여 전기의 문화 진흥은 특기할 점이 많으며, 어딘지 모르게 신흥 국가의 권력이 장인들을 정신적으로 통솔한 듯한 인상을 주는 점이 있다고 하겠다.[10] 전기에는 명(明) 문화의 영향을 받았으며, 대표적인 건축으로는 서울 창경궁 및 남대문, 평양 보통문 등을 들 수가 있다.

16세기 말에 있었던 전후 7년에 걸친 왜란은 고려 시대의 몽고군 침입에 못지 않은 큰 피해를 가져왔으며, 많은 건축 문화재가 전재(戰災)로 소실되었다. 17세기 초에는 다시 북방으로부터 침입을 받아 정유호란(1627년)과 병자호란(1637년)을 겪게 되어 적지 않은 피해를 재차 입게 되었다. 이와 같은 환경 속에서 양반들은 당쟁을 일삼았고, 정부의 권력이 약화되었으나, 어느 면으로는 예술 활동에 있어서 자유로운 분위기가 조성되었던 것으로 생각된다.

후기에 있었던 서양 문명의 전래는 세계관에 변혁을 가져오게 되어 실학이 발전되고, 문운(文運)이 흥기하여 새로운 민족 사상이 고취되며 조선 문화의 발전이 촉진되기도 했으나, 큰 발전을 보지 못하고 근세의 급진하는 세계정세 속에서 낡고 약한 후진국으로 뒤떨어진 조선 왕조는 마침내 일본 제국주의에 짓밟힘을 받게 되었다. 이 시기는 주로 청(淸) 문화의 영향을 받았으며, 대표적인 건축으로는 서

10. 김원룡, 『한국 미술사(韓國美術史)』, 14쪽.

울의 경복궁과 창덕궁, 구례 화엄사의 각황전 등을 들 수 있다. 상술한 시대 구분과 건축 양식의 구분을 각 시대의 정치적 변천과 연관시켜서 표시하면 다음과 같다.[11]

시 대	양 식	왕 조	연 대	국 도
원시시대	원시건축	신석기시대 고조선 부여 삼한	BC. 3000년경~BC. 7세기경 BC. 7세기경~BC. 108 BC. 1세기 이전~494 BC. 3세기경~369	
고대	낙랑건축 고구려건축 백제건축 신라건축	한사군 고구려 백제 신라	BC. 108~313 BC. 37~668 BC. 18(?)~663 BC. 57(?)~657	낙랑토성지 통구, 평양 공주, 부여 경주
중고대	통일신라건축	통일신라	657~935	경주
중세	고려건축	고려	전기 918~1275 후기 1275~1392	개성 개성
근세	조선건축	조선	전기 1392~1592 후기 1592~1910	한양 한양

건축 문화 발전의 자연적 요인

한국은 아시아 대륙의 동안에 돌출한 반도로서, 북쪽은 압록강과 두만강을 건너서 중국대륙에 연접되어 있으며, 동쪽에 동해가 있고, 서쪽에는 황해를 거쳐 중국의 산둥과 저장 지방을 마주보고 있으며, 남쪽에는 해협 너머에 일본 열도가 바라다 보이는 위치에 놓여있다. 따라서 육로 또는 수로로 중국과 왕래가 용이하여, 고대부터 중국 문화가 전파되어 왔으며, 일본의 쓰시마, 큐슈, 시마네현 지방과 교통도 원시 시대부터 있었던 것으로 추측되며, 대륙 문화는 한국을 통해 일본에 전달되게 되었던 것이다.

한국은 지리적 위치로 보아서 대륙 문화와 대양 문화가 연합되는 지역이 되므로, 대륙 문화와 대양 문화를 가지고 있어,[12] 이 두가지 문화를 융합하는 역할을 하였다고 생각된다. 그 반면에, 역사적으로 세계의 요충지가 되어 대륙과 대양 방면에서 오는 강대한 세력에 누차 침해를 받아 수난과 시련이 되풀이되기도 하였으며, 이와 같은 재화로 건축 문화재의 손실이 막대하였다.

11. 이기백, 『국사신론(國史新論)』, 57쪽.
12. 조지훈, 『한국 문화사 서설』, 43쪽.

지세는 아름다운 산이 많고 강물이 맑으며, 사계절이 분명하여서, 청명한 일기를 가지고 있으므로 한국 자연의 아름다움은 금수강산이란 말을 만들어 냈다. 그러므로 자연의 지세를 존중하며, 자연의 아름다움을 즐기고, 자연에 순응하려는 한국 사람들의 생활 경향이 양성되었으며, 이와 같은 생활 경향은 건축 문화 발전에 있어서도 자연을 존중하고 자연에 조화하는 특성을 갖게 만들었다.

기후는 해양 관계로 남쪽은 일본의 큐슈 및 시고쿠 지방과 대차가 없는 온난한 기후를 가지고 있으며, 고대로부터 대양계 문화에 유래되었다고 생각되는 마루 구조가 사용되었다. 북상함에 따라, 대륙의 영향으로 한서(寒暑)의 차가 커져서 대체로 하기(夏期)의 더위보다도 동기(冬期)의 추위가 견디기 어려운 관계로 건축에는 방한과 방온에 대한 고려를 하게 되었으며, 이로 말미암아 한국 고유의 온돌 난방 방식이 고대부터 사용되어왔던 것이다.

한국에서 산출되어 고대부터 사용되어 오던 건축 재료로서 목재, 와전(瓦塼), 진흙(泥土), 및 석회 등을 들 수 있다. 우량(雨量)이 비교적 적고 공기가 건조하여, 수림의 장성(長成)에 불리하므로 삼림이 적고, 양질의 대재(大材)를 쉽게 얻기 어려운 형편에 놓여 있었으므로, 목재를 유효하게 활용하는데 많은 배려를 한 것으로 생각되며, 이와 같은 제약은 한 면으로는 한국 건축 문화의 특성을 형성하는 한 요인이 되었다고 생각할 수 있다. 석재는 풍부하여 양질의 화강암, 편마암, 안산암, 석회암 및 사암 등을 산출할 뿐만 아니라 지진의 빈도가 많은 일본에 비하여 한국은 지진이 거의 없었으므로, 고대부터 조적식 석조물의 건축이 발달하였으며, 훌륭한 석굴, 석탑, 석불, 석부도(石浮屠), 석비(石碑) 등의 조영물을 남기고 있다. 역사상 수차의 외침으로 인한 재화로 대부분의 목조 건축물이 회진(灰盡)하였지만 수많은 훌륭한 석조물들은 현재까지 남아있어서 한국 건축 문화의 옛 면모를 잘 보여주고 있다. 그뿐만 아니라 고대부터 석조(石彫)에 대한 기술이 많이 발달되고, 특히 그 표현에 있어서는 부드럽고도 강한 면을 겸하여 가지고 있어 매우 특수하다.[13]

한국은 고대부터 중국에서 와전(瓦塼)의 제조법이 전래되어 왔으며, 궁전, 불사, 주택, 분묘 등의 주요 건축 재료로 사용되었다. 그 유물 중에서는 중국과 일본에서 찾아볼 수 없는 훌륭한 문양을 가진 것들이 많으며[14] 특히 백제 시대 및 신라 시대에 사용되었든 산수문(山水文), 봉황문(鳳凰文), 와운문(渦雲文), 보상화문(寶相華文) 등을 조각한 전(塼)들은 그 시대의 건축 문화가 훌륭하였음을 잘 입증하는 것이다.

13. 후지시마 카이시로(藤島亥次郎), 『민족과 건축(民族と建築)』, 「(조선 건축 구조 재료)朝鮮建築構造材料」 항목 참조.
14. 세키노 타다시(關野貞), 『조선의 건축과 예술(朝鮮の建築と藝術)』, 6쪽.

건축 문화 발전의 인문적 요인

한국 민족은 고문헌에 부여, 예맥(濊貊) 등의 이름으로 나타난 동이계의 족속이 근간이 되고, 춘추전국 시대와 진한 시대 이래 다수 귀화하여 온 한(漢)족들에 의하여 형성된 것으로 생각되며, 인류학적으로는 몽고 인종에 속하고, 언어한적으로는 알타이어를 사용하여 왔다.

한국의 건국 신화에 나타난 세계관을 살펴본다면 그들은 세계를 수직선으로 분포되어 있는 것으로 생각하고, 그 최고의 나라는 광명이 가득 찬 이상향인 하늘(桓)이라는 나라였다.[15] 이와 같은 세계관과 한국이 가지고 있는 깨끗하고 맑은 하늘, 아담한 풍토 환경 등은 저절로 결백과 청초를 상징하게 되는 흰빛을 사랑하게 만들었고, 백의민족이라 칭함을 받게 되었으며, 소박하고, 아담하고, 청초한 문화적 특성[16]을 형성하였다.

한국 고대의 정치적 사회 형성은 원시적인 부족 단위의 국가 형태로부터 발전하여,[17] 국가를 형성하게 되었다. 고대 한국 민족들은 하늘과 사람의 교섭 관계를 믿어왔으며, 하늘의 뜻을 받는 통치자는 인민의 뜻을 이해하는 사람이라는 생각, 즉 민심이 천심이라는 생각을 가지게 되었으며, 왕위의 선거(選擧)와 선양(禪讓)의 형식이 존중되어 왔던 것이다.

따라서 군주는 곧 천자요 천자는 만민의 머리로 생각하였던 까닭에 하늘 다음으로 높은 군주의 거처가 최고의 전당이 되어서, 궁전건축이 그 시대를 대표하는 건축이 되었던 것으로 생각된다.

한국 민족은 문화 예술 활동이 태동하던 원시 시대부터 세계의 다른 어느 민족에 비하여도 뒤지지 않는 훌륭한 재능을 가지고 있었음을 그들이 원시 시대에 사용하였던 정교하고 우수한 신석기 유물을 봄으로써 쉽게 알 수가 있다.[18]

이와 같은 민족의 자질을 뒷받침으로 하여서 발전한 한국의 문화는 동양 문화의 원시적 기반을 형성하였던 북동아(Schyto-Siberian) 문화에서 요람기를 보내고, 한(漢) 문화에서 배우고, 인도 불교 문화에서 성숙하는 과정을 거쳐,[19] 이를 순화하고 집약하며 동화시켜서 한국 고유의 문화로 발전하게 된다.

15. 조지훈, op. cit. 113쪽.
16. 윤희순, op. cit. 27쪽.
17. 이기백, op. cit. 24쪽.
18. 김용준, 『조선 미술사 대요(朝鮮美術史大要)』, 7쪽.
19. 조지훈, op. cit. 33쪽.

요람기에 있어서는 원시 민간신앙에 의한 자연숭배 및 영혼불멸 사상 등으로 사자(死者)를 후장(厚葬)하는 풍습이 있어서 수많은 거석(巨石) 분묘들을 남겨놓게 만들어 그 시대의 문화를 잘 설명하여 주고 있다.

한(漢) 문화에서 배운 건축 가구(架構)의 기본 형식은 현재까지도 계승하여 사용되고 있으며, 특히 음양오행설, 풍수지리설, 천문사상, 유교 및 도교 등의 동양 사상과 철학은 건축 활동에 직접 또는 간접적으로 많은 영향을 끼쳤다.

인도 불교의 전래와 그 융성 및 쇠퇴는 한국 건축 문화의 발전에 다대한 영향을 미쳤으며, 각 시대를 통하여 수많은 불사가 건립되었다. 그중에서 대부분이 수차의 전재(戰災)로 말미암아 오유화(烏有化)하였으나, 아직도 현재 남아있는 불교 건축이 현존하는 한국 고건축물의 대다수를 차지하고 있다고 할 수 있다.

신라 및 고려 시대에 있어서는 불교의 수용이 지나쳤던 까닭으로 폐단이 적지 않았음으로 조선 시대에 와서는 불교가 정책적으로 억압되어 불교 건축이 일시 쇠퇴하게 되었고, 유교가 융성하여 문묘, 향교 및 서원들이 건축되고, 특히 조선 시대에 들어와서는 외래 문화의 영향을 집약하고, 이를 순화하고 동화하여 한국 고유의 문화로 발전시켰으며,[20] 건축 문화의 면에 있어서도 특성 있는 발전을 가지고 온 시기라고 생각된다.

건축구조 형식의 특성

한국 건축은 중국계 건축구조의 형식을 따라서 목재가 주요 가구재로 사용되는 가구식 구조를 사용했다. 그 구조는 재료의 성능을 잘 살려서 기단 및 주초에는 내압력이 많은 석재를 사용하고, 기둥과 보는 가구에 편리하며 결구의 내력이 좋은 목재를 사용하였으며, 벽체는 조적하기 좋은 석재, 전(塼), 진흙(泥土), 석회 및 모래 등을 사용하여 쌓아 올렸고, 지붕은 기와를 입히는 것이 일반적인 구조 방법이라 할 수 있다.

그러나 고대부터 조적식 구조도 일부 병용되었으며, 건물의 벽체 구조에 일반적으로 사용됨은 물론 고대의 석조 및 전축(塼築) 분묘, 불교 석탑 등에 많이 사용되었고, 따라서 아치와 볼트의 구조법이 고대부터 사용되었다. 특히 석구조법(石構造法)에 있어서 고구려의 석조 묘실에 일반적으로 사용된 모서

20. 김원룡, op. cit. 4쪽.

리 삼각형 내쌓기(抹角藻井天障; Lantern Deck)에 의한 천장가구법은 특이한 것으로서, 그 시대의 건축문화가 서방문화와 연결성을 가지고 있던 것으로 생각된다.[21]

한국 건축에서는 기단이 매우 중요시되었으며 건축 규모의 대소를 막론하고 이것이 사용되었다. 고대 초기에는 판축(版築)의 방법이 사용되었을 것으로 생각되나, 고대에는 거대한 자연석을 쌓아서 기단부를 형성한 예를 사지(寺址) 등에서 볼 수 있다. 그 후에는 잘 다듬은 석재 또는 전축(塼築)으로 기단을 쌓아 올리는 방법도 사용되었다. 불국사의 기단 부분은 각 시대의 다른 공법을 볼 수 있으며 훌륭하게 구성하여서 쌓은 좋은 사례라고 생각된다. 특히 한국의 기단부는 복잡한 장식없이 단순하게 처리되는 것이 특징이라고 하겠다.

기단 위에 주초를 놓는 방법에는 초석의 상면을 다듬어서 모든 초석면을 동일한 수평면의 위에 맞추어 놓는 정평주초 방식과 초석의 상면을 가공하지 않고 큰 자연석을 그대로 사용하는 것으로 따라서 그 상면이 평탄하지 않고 동일한 수평면의 위에 놓을 수 없으며, 주재(柱材)의 하단을 그랭이질 해서 초석의 형상에 맞추어서 가공하여 세우게 되는 덤벙주초의 방식이 있다. 이것은 한국에서 근래까지도 사용되고 있는 특수한 주초 방식이라 생각된다. 가공한 초석의 형상으로서는 고대부터 원형의 주좌(柱座)를 가진 것을 많이 사용하였으며 그 원형의 연변(緣邊)을 한 겹 두 겹 또는 세 겹으로 둥글게 조출(彫出)하여 사용하였고, 그 수법은 연대에 따라 조금씩 차이를 나타내고 있다고 생각된다. 그중에는 원형 주좌의 연변 부분에 돌아가며, 복련판(伏蓮瓣)을 조출한 사례도 많이 볼 수 있다.

각주(角柱)에는 각형의 주좌(柱座)가 조출되어 사용되었으며, 한국에서는 주초로 고복석(鼓腹石)을 사용한 사례는 매우 드물다.

대규모의 건축에는 주로 원형 단면의 기둥이 많이 사용되었으며, 주신에 배흘림과 민흘림을 가지고 있는 경우가 많으나 후기에 와서는 주신이 원통형인 것도 많이 사용되었다. 주장(柱長)은 주하단경(기둥 하단의 지름)의 6~9배가 되는 것이 많이 사용되었으며,[22] 각주도 민흘림을 가지고 있는 것이 많이 사용되었다.

기둥과 보를 결구하여 지붕을 받치는 공포(栱包) 구조법은, 중국계 건축에 공통되는 독특한 방법으로 이 공포는 선진(先秦) 시대부터 초시적(初始的) 형태가 사용되었던 것으로,[23] 이것이 점차 발전되어서 처음에는 첨차(檐遮)와 소로(小累)로 짜서 기둥의 상부에만 공포를 갖는 주심포식이 사용되었다. 그 이후 공포 형식은 더 발전되어 주간(柱間)에도 공포(栱包)를 갖는 다포식(多包式)을 사용하게 되었다.

---

21. 무라타 지로(村田次郎), 「동양 건축 계통사론(東洋建築系統史論)」, 『일본건축학회잡지(日本建築學會雜誌)』 45권, 657쪽.
22. 신영훈, 김동현, 「한국 고건축 단장(韓國古建築斷章)-7 기둥」 『공간잡지(空間雜誌)』 1968. 3, 참조.
23. 루위퀀(盧毓駿), 『중국 건축사와 영조법(中國建築史與營造法)』, 19쪽.

주심포식은 주두 위의 창방에 직교하여 첨차를 놓고, 그 위에 소로를 놓고 그 소로 위에 다시 첨차와 소로들을 중첩해 받치고, 이것이 도리(道里)를 받치는 장혀(長舌)와 도리를 받도록 되어 있다. 외목도리(外目道里)를 받치는 장혀와 외목도리는 살미(山彌) 위에 행공첨차(行工檐遮)를 놓아서 받도록 하는 것이 일반적인 방법이라 하겠으나, 살미 위에 소첨(小檐)만 놓고 받도록 하는 경우도 있다. 특히 오래된 건물에는 외목도리 받침으로 단장혀(短長舌)를 사용했다. 외부에 첨차가 놓인 출목(出目)이 하나만 있는 것이 많고, 내부에는 출목을 만들지 않고 살미를 겹쳐 놓아서 보아지 형식으로 만들어, 보를 받도록 한 것은 현재까지 남아 있는 한국의 주심포계 건축의 특징이라고 생각된다.

주두와 소로의 형상은 굽이 곡선으로 된 것과 이 곡선 굽 밑에 받침을 가진 것이 있으며, 이것은 고대부터 고려 말기까지 사용된 형식이라고 생각된다. 그 후에는 주두와 소로의 굽 단면이 사선이 된 것을 많이 사용했다.

한국의 주심포계 첨차의 밑변 모양은 일반적으로 S자형을 두 개 겹쳐서 마치 중괄호(中括弧)의 표식을 기울여 놓은 모양으로 된 조각을 하여 사용하였음은 매우 특이한 점이라고 생각된다. 주심포계의 공포 형식은 헛첨차 없이 주두 위로부터 시작되는 것이 오래된 형식이고, 후에는 주두의 하부에 헛첨차를 사용하는 경우가 많아지게 되었다.

다포계의 형식은 중국의 송(宋) 시대부터 사용되기 시작했으나,[24] 한국에서는 고려 말기부터 사용되기 시작한 것으로 생각된다. 이 형식은 공포를 기둥의 위만이 아니라 주간(柱間)에도 배치하는 것이다. 따라서 상부의 하중을 잘 분산시키기 위해 창방의 위에 평평한 각재인 평방(平坊)을 두게 되며, 기둥 위치에서 평방 위에 주두를 배치할 뿐만 아니라, 보간포작(補間包作)이 놓이는 곳에도 같은 모양의 좌두(坐頭)를 배치하게 된다. 또한 출목수가 많아져서 1출목, 2출목, 3출목 등이 사용되고, 외부와 내부의 출목수가 같은 경우가 일반적이며, 대규모의 건축에서는 내부의 출목수가 많은 경우도 있다.

주두와 소로의 형상은 굽의 단면이 사선으로 되고 첨차의 하단부는 교두형(翹頭形: 둥근모양, 교두란 끝이 살짝 들어올린 모양)으로 만들었으며, 중첩되는 제공(諸工)과 한대(限大)는 그 단부(端部)가 외부에서는 쇠서(牛舌)로 처리되고, 내부에서는 교두(翹頭)로 만들어지는 것이 초기적인 수법이다. 그 단부는 후에는 외부의 쇠서 모양이 다양화하고, 내부도 장식화하면서 운공(雲工) 형식으로 변하게 되었다. 양두(樑頭: 보의 머리)의 형상도 주심포계에서 간결(簡潔)하게 처리했던 것이 다포계에서 초각(草刻)이 많이 사용되게 되었으며, 기둥에는 주두로부터 평방을 감싸고 창방까지 내려오도록 하여, 내외로 기둥을 감싸는 안초공(按草工)을 사용하게 되었다.

---

24. 이계(李誡), 「30권, 9장 귀포의 본보기(卷三十 鋪作轉角正樣 第九)」, 『영조법식(營造法式)』 참조.

기둥 위에 있는 공포의 상부에는 지붕의 하중을 떠 받들기 위해 들보를 두고, 그 위에 대공(臺工) 혹은 화반(華盤)을 놓고 도리를 건 다음 서까래를 얹어서 지붕 구조를 형성하게 된다. 이 외에도 종도리(宗道里)를 튼튼하게 고정시키기 위한 소슬합장과, 지붕 구조의 횡방향의 안정성을 좋게 하기 위한 횡가재(橫架材)로서 우미량(牛尾梁), 계량(繫梁: 뻗침 보) 등이 고려시대 건축에 사용되었다.

기둥, 보, 서까래 등의 주요 가구재의 가공과 구법에 있어서는 목재 원형의 생김새를 검토하여 최대한으로 활용하는데 주의를 기울였으며, 도구는 주로 자귀를 사용하여 치목하게 되므로, 외관이 소박하고 자연스러운 특색을 가지게 되었다.

바닥 구조는 생활양식이 고래(古來)로 좌식생활을 하여 왔음으로, 입식생활을 하는 중국과는 그 생활양태가 다르며, 따라서 건축 내부의 마감이 다르다. 일반적으로 바닥은 마루 또는 온돌로 하여 그 바닥 높이가 일정하고 좌식생활에 편리하도록 되어있다. 고대에 바닥을 전(塼)으로 깔던 사찰들도, 조선시대 이후에는 대부분 마루를 놓아 사용하게 되었다.

지붕의 형태는 건물의 다른 부분에 비해 매우 장중하게 형성되었으며, 일반적으로 주건물에는 팔작지붕, 우진각지붕, 맞배지붕 등이 사용되었고, 정각(亭閣), 대사(臺榭) 등에는 네모지붕, 육모지붕, 팔모지붕 등이 사용되었으며, 더러는 원추형 지붕도 사용되었다. 지붕의 처마의 곡선은 수평면 상으로는 후림을 가지고 수직면 상으로 조로를 가짐으로, 삼차원 곡선이 형성된 한국 건축의 지붕은 중국계 건축 중에서도 가장 아름다운 형태를 가지고 있는 것이 특색이라고 할 수 있다.

지붕의 기와는 암키와가 연접되는 곳 위에 수키와를 덮게 되며, 처마 끝에는 와당(막새기와)으로 암막새와 수막새 기와를 사용하였고, 이 막새기와에는 연화문, 보상화문 등 각종의 아름다운 문양이 새겨져 있어, 삼국시대의 막새 기와의 유물들은 그 때의 건축문화의 훌륭함을 잘 보여주고 있다. 그뿐 아니라 대규모의 건물에는 지붕 요소(要所)로 치미(鴟尾), 취두(鷲頭), 잡상(雜像) 및 귀면(鬼面) 등의 장식을 하여 지붕을 한층 돋보이게 만들었다.

건축 의장 계획의 특성

1. 친근감을 주는 척도

한국의 건축은 그 규모가 지나치게 크고 장대하여 건축의 외관이 보는 사람에게 중압감을 주는 건물이 비교적 적다. 그러므로 대부분의 건물이 인간적 척도로 헤아릴 수 있는 크기와 내용을 가지고 있는 것이 보통이다. 따라서 외관이 아담하고 친근감이 가는 것으로 이러한 점에서 생각할 때 대부분의 한국 건축은 인간적 척도를 가지는 건축이라고 생각할 수 있다.

한국 건축에 있어서도 건물의 규모에 따라 척도 기준(모듈)이 사용되었던 것으로 생각된다. 대규모의 건축에 있어서는 중국과 같이 공포의 기본이 되는 첨차(檐遮)의 단면 폭을 척도 기준으로 사용하였으나,[25] 그 척도 기준의 사용이 천편일률적으로 고수된 것은 아니었고, 건축 영조를 주관하는 도편수에 따라서 어느 정도의 변화를 가할 수 있었던 것으로 추측된다. 이와 같은 척도 개념은 건축에 있어서 기술적인 계획성을 줄 수 없는 결점이 있다고도 하겠으나, 척도 기준의 획일적인 사용이 지나칠 경우에는 건축 외관이 딱딱하고 단순하게 되는 폐단이 생기는데 이것을 막을 수 있으며, 오히려 건축 외관이 전체적으로 부드럽고 아름다운 요소를 가지게 만들었다고도 생각된다.

위에서 말한 바와 같은 건축 규모의 특징은 당당하며 거창하고 장중한 아름다움을 갖게 하지 못하는 단점이 된다고 하겠다. 물론 한국 건축에서도 신라 시대에 90년이 걸려서 만든 황룡사(皇龍寺)는 탑고(塔高)가 225척이었고, 금당(金堂) 길이는 150척이었다. 경복궁(景福宮)의 근정전(勤政殿) 및 경회루(慶會樓), 화엄사(華嚴寺)의 각황전(覺皇殿) 등 비교적 장대한 규모의 건축이 있기는 하였으나, 전반적으로 보아서 대륙적인 기질과 부강한 국력에 의하여 이루어진 중국 건축의 장대한 규모에는 비교가 안되는 점이 있는 것으로 생각된다.

2. 자연과 사회

한국의 건축은 위치 선택에서부터 자연을 존중하며 지세에 잘 적응하여 조화하도록 많은 배려를 한 것으로 자연의 세(勢)를 제압하고 자연과 대항하여 경쟁하는 방향으로 건축이 시도된 사례는 거의 찾아볼 수가 없다고 할 수 있다. 특히 풍수지리 사상을 중요시하여 현세의 건축인 양택(陽宅)을 정할 때나, 사후의 분묘인 유택(幽宅)을 마련할 때도 풍수설의 이치(理致)에 순응하도록 하였다. 풍수설은 고려 시대와 조선 시대를 통하여 그 당시의 상식이요 과학이었다고 생각된다. 사실상 풍수설에는 미신적인 요소가 다분히 내포되어 있으나, 기본 원리는 자연 지세와 환경을 잘 분석하고 활용함으로써 인

25. 량쓰청(梁思成), 「제4,5집 두공 간설(第4,5集斗栱簡說)」, 『중국 건축 설계의 참고 도집(中國建築設計參考圖集)』, 참조

간 생활의 복리를 도모하고자 하는 것으로, 이와 같은 기본 경향은 현대에 있어서도 불변하는 하나의 설계 원리로 중요시되고 있는 것이라 할 수 있다.

건축 계획의 측면에 있어서 인위적인 기교를 많이 쓰지 아니하였으며, 시공 방법에 있어서도 기교 없는 자연미(自然美)를 나타내도록 하였다고 생각된다. 이 특성은 한국의 아름다운 지붕의 처마 곡선(詹牙曲線)을 형성하는 방식에서 좋은 사례를 볼 수 있으며, 그 공법을 설명한다면 다음과 같다. 우선 지붕의 네 모퉁이에 건물 규모에 따라 추녀(春舌)와 사래(蛇羅)의 크기 및 높이를 정해 얹고, 그 사이에 자귀로 다듬은 몇 개의 서까래를 걸쳐서 시각적으로 후림과 조로의 크기를 알맞게 정하여 처마 곡선을 형성할 기준점(基準點)을 잡고, 그 위에 직선재(直線材)로 된 평고대(平交臺)를 휘어서 걸어 놓아서 이 평고대로 말미암아 자연적으로 형성된 처마 곡선에 맞추어서 서까래를 놓게 되는 것이다. 이와 같이 형성되는 처마 곡선은 평고대 재료의 성질과 지붕의 중량(重量)에 의해 처지는 영향 등으로, 자연적 요소 내지는 우연적 요소가 많이 작용하여 형성되는 것으로서, 평고대의 형상을 지상에서 미리 계획된 일정한 곡선으로 성형(成形)한 후에 지붕에 걸어서 만드는 방법(일본건축에서 사용되는 방법)과 비교하면 계획성이 부족하다고도 하겠으나, 결과에 있어서는 유려하고 나는 듯한 아름다운 지붕의 형태를 만들게 하였다고 생각된다.

건축 재료의 가공과 사용에 있어서도 목재가 가지고 있는 자연의 특성을 잘 살려서 쓰는 경향이 많았으며, 그 좋은 사례로는 초석에 사용되는 자연석에 의한 덤벙주초(柱礎) 방식이 이와 같은 특성을 잘 나타내고 있다. 기둥의 목재를 다듬을 때도 자연적인 형상에 따라서 다듬게 됨으로, 때에 따라서는 기둥의 하단 일부에 원목(原木)의 자연적 형상이 그대로 남아있는 것을 사용한 사례가 정교하게 잘 지어진 건축에서 흔히 볼 수 있는 것으로서, 이와 같은 무작위한 기법의 요소가 한국 건축에 있어서 자연과 조화하는 특성을 더 많이 가지게 만들었다고 할 수 있겠다.

한국의 장인들이 만든 것은 형식에 맞춘 것이 아니고, 인간 이외의 자연이 많이 작용하는 것으로 결코 개인의 역량과 지혜에 의존한 것이 아니라, 어느 측면에서 시대와 환경 및 풍습 등 여러가지 요소가 종합되어 본능적으로 표현되는 것으로서, 작위가 없고 인간적 이지와 기교가 크게 작용한 것이 아니어서 어느 점에서 어리숙한 면도 있겠으나 순박한 면이 있어 매우 친근감을 주는 것이라고 생각된다.[26] 이와 같이 장인들에 의해 만들어진 한국 건축은 자연과 잘 조화되어 무기교의 자연미를 나타내도록 하였으며, 외관은 간소하고, 질박하여 어느 면으로는 조야하고 겸허한 맛을 풍기기도 하는 것이라 생각된다.

26. 야나기 무네요시(柳宗悅), 「조선의 목공품(朝鮮の木工品)」, 『조선과 예술(朝鮮と藝術)』, 참조.

3. 조형 의장적 특징

한국 건축의 조형 의장적 측면에서 특징은 안정되고 아름다운 외관을 만들기 위하여 특별한 고려를 하였음을 알 수 있다. 중국 및 일본의 건축 양식과 비교하여 볼 때 기교면에서는 떨어지는 점이 있다 하여도, 미적 감각이 매우 예리하게 표현되어 있으며, 전체적으로 조형 의장의 기본 원리를 잘 나타내는 건축 외관을 형성했다. 이와 같은 경향은 고대부터 계속되어 거의 전통화 된 것으로서 근래의 한국 고건축을 짓는 도편수들은 무심히 일하는 가운데에도 이와 같은 결과를 만드는 것을 종종 볼 수 있는 것이라 하겠다. 이와 같은 조형 의장적 특징을 나타내는 요점들을 들어보면 다음과 같다.

1) 기둥에 배흘림(entasis)이 있는 것

기둥의 상하가 같은 크기일 때는 그 중앙부가 가늘게 보이는 착시 현상이 생긴다. 이와 같은 착시를 교정해서 기둥 중앙부의 직경을 크게 하여 소위 배흘림을 가지게 하는데, 이와 같은 방법은 고대 그리스 건축에서 그 사례를 볼 수 있다. 다른 나라에서는 배흘림이 여러 시대를 통하여 계속하여 사용되지 않았으나, 한국에서는 고대부터 시작하여 고려 시대와 조선 시대는 물론이고, 근래에 와서도 한국 고건축의 조영에 많이 사용되고 있는 것을 볼 수 있다.

2) 기둥의 안쏠림과 우주(隅柱)의 솟음을 두는 것

기둥의 상단을 수직면에서 미소(微小)한 각도로 안쪽으로 쏠리게 세우는 것을 안쏠림이라 칭하는데, 이와 같이 하게 되면 건축 전체가 시각적으로 안정감을 갖게 된다. 지붕의 처마 형상이 직선적인 고대 이집트, 그리스 건축 양식에서도 이와 같은 특성을 볼 수 있으나, 특히 처마의 윤곽선이 곡선으로 되는 중국계 건축 양식에서는 매우 중요한 의장적 의의를 갖는 것이라고 생각된다. 이와 같은 방법은 다른 중국계 건축 양식에서는 고대에서만 찾아볼 수 있으나, 한국 건축에서는 고대 건물부터 근세에 이르기까지 대부분 기둥이 안쏠림을 가지고 있을 뿐만 아니라, 석탑에도 사용되었다.

그뿐 아니라 우주(隅柱: 모서리 기둥)를 중간에 있는 평주(平柱)보다 약간 길게 하여 우주를 솟아 올리도록 하며, 창방(昌枋)도 이에 따라 우주에서 약간 올라가도록 함으로써, 창방의 끝이 수평면보다 위로 기울어 올라가도록 만들어서 지붕 곡선과 조화가 되도록 만드는 것이다. 이와 같은 고려는 평면의 형상에까지 미치게 된 것이 있으며, 평면의 사각 우부(隅部: 모서리 부분)를 직각보다 약간 적게 예각으로 만들어서 각 변의 중앙 부분이 약간 들어가도록 하여 평면과 입면의 전체 형상이 지붕의 처마 곡선과 조화되도록 만든 사례도 찾아볼 수 있다.[27]

---

27. 오가와 케이키치(小川敬吉): 「조선 건축의 기둥 안쪽 모서리(朝鮮建築に於ける柱内轉び)」, 『일본 건축학회 대회 문집(日本建築學會大會文集』 1940, 58쪽.

3) 지붕 처마의 곡선미

앞서 설명한 바와 같은 공법으로 지붕의 처마가 만들어지므로 처마의 곡선미는 장중한 모양의 지붕을 나는 듯하게 아름다운 윤곽을 가지게 만드는 것이다. 이와 같은 윤곽선의 표현은 수많은 여러 석탑에서도 나타나 있으며, 이와 상통하는 세련된 한국 사람들의 곡선미의 감각은 모든 예술 문화의 현상에서 찾아볼 수 있어서 한국 조형예술의 아름다움은 선과 형의 아름다움에 있다는 말을 흔히 듣게 만드는 것이다.[28] 지붕의 처마 곡선미와 같이 건축 및 조형 예술에서 많이 나타나 있는 무의자재의 유창한 선을 기조로 하여 구성된 청초한 자태는, 형식상으로 본 한국의 전통미라고 할 수 있다.[29]

4) 공간 구성의 특징

한국 건축의 평면 구성은 고대로부터 비대칭적 특성을 나타내고 있다. 고구려 시대의 고분인 삼실총(三室塚)의 벽화에 그려진 건축도(建築圖)는 그 당시의 도성을 묘사한 것으로 도성의 평면 배치가 중국과 같이 좌우 대칭이 아닌 것을 쉽게 알 수 있다.

한국의 도시 가로는 중국과 같이 바둑판 형상을 따라서 일률적으로 형성한 것이 아니고, 자연 지세를 활용하여 계획된 것으로 중국의 도성제를 모방한 고구려 시대의 속칭 기자정전이 현재 평양의 서남부에 그 흔적을 남기고 있기는 하나, 이와 같은 방식이 전면적으로 사용되지는 않았다.

조선 시대에 조영된 한양 도성도 그 배치에 있어서 『주례(周禮)』「고공기(考工記)」에 있는 '좌조우사면조후시(左祖右社面朝後市)'의 원칙을 따랐으나 당(唐) 장안성과는 그 도시 가로의 형상이 판이하게 다름을 알 수 있다.

특히 주택 등 일반 건축에는 비대칭적 평면이 많이 사용되었으며, 대부분의 평면 형식이 중앙에 안뜰을 두고 ㅁ, ㄱ, ㄷ 형으로 구성하여 폐쇄 공간을 형성하도록 하였다. 궁궐 및 사원 건축에서도 주요부분의 건물은 대칭적 평면을 가지고 있으나, 건축의 전체 배치는 지형에 따라 비대칭적 형상이 되는 것이 보통 있는 사례라고 할 수 있다.

건축 평면의 계획에 있어서는 건물 용도의 필요에 따라 독립하여 따로 짓기도 하였으나, 일반적으로 여러 용도의 건물을 연결하여 계획하게 되었고, 한 건물로 만들어서 그 안에 용도에 따라 벽, 문, 미닫이 등으로 구분하여 사용하게 되며, 따라서 방의 독립성을 위하여 천장이 꼭 필요한 요소가 되었다.[30] 이에 비하여 중국은 기술이 발달된 후에도 일반적으로 용도에 따라 별동으로 짓는 방법이 그대

28. Evelyn McCune, The Arts of Korea, p.19.
29. 윤희순, op. cit. 12쪽.
30. 스기야마 신조(杉山信三), op. cit. 22쪽.

로 사용되었다. 그 뿐만 아니라 건축의 배치 계획과 평면 계획, 및 조형 구성에 있어서 아름다운 비례 관계를 얻기 위하여 조영 계획적인 기법과 정연한 계획적 비례 관계를 사용한 것이 사찰, 석굴, 석탑, 궁궐 등 모든 건축물에서 실증되고 있다.[31]

5) 장식과 색채의 특징

한국 건축의 세부 장식은 상당히 중요하게 다루어졌으며 비교적 다양하고 변화가 있는 장식 수법을 사용하였다. 중국 건축의 평면과 입면은 일률성으로 말미암아 장식이 자연히 풍부하고 교묘하게 되고, 천변만화하여 지나칠 경우에는 괴기적 또는 번쇄적 표현을 갖게 된 감이 없지 않으며, 일본 건축의 장식은 가볍고 단순한 표현의 특성을 가지고 있다고 하겠다. 이에 비하여 한국 건축의 장식은 그 중간인 중용의 미를 가지고 있다고 생각된다.

장식 문양에 있어서는 중국의 영향을 받아서 여러가지 문양이 사용되었으며, 이를 분류하면 기하형문, 식물문, 동물문, 자연물문, 문자문, 전설문 및 기구문 등이 사용되었다. 장식의 중요한 부분을 차지하고 있는 문과 창의 창살은 한국의 은은한 정취를 잘 나타내는 것이라 하겠다. 중국의 창살은 보다 더 장식적이고 복잡하며 정교하고 곡선은 즐겨서 사용하는 특징이 있는데 비하여, 일본의 창살은 간결하고 단조롭다. 한국의 창문은 일본의 창문에 비하여 창살의 모양과 짜임새가 보다 더 중후하면서도 쾌적한 멋을 가지고 있는 것이 특색이다.

색채에 있어서는 음양오행 사상에 따라서 청색은 목(木)·동방(東方)·춘(春)·평화·발전, 적색은 화(火)·남방(南方)·하(夏)·행복·희열, 황색은 토(土)·중앙·토용(土用)·권력·황제, 백색은 금(金)·서방(西方)·추(秋)·평화·비애, 흑색은 수(水)·북방(北方)·동(冬)·파괴·유현(幽玄) 등을 상징하는 것으로 해석되었으며,[32] 단청 및 화문장(花紋牆) 등에 나타난 색채는 한국 사람들의 청초한 색감으로 말미암아 비교적 소박하고 온화한 표현을 가지고 있는 것이 특색이다. 이에 비하여 중국 건축은 색채에 있어서도 눈이 부실 정도로 강렬한 색채가 주로 사용되었다.

6) 건축미의 특징

한국의 건축은 단아한 아름다움과 순박한 큰 맛을 겸하여 갖고 있다고 생각된다. 단아한 아름다움은 건축의 규모가 장대한 중국 건축에서는 찾아볼 수 없는 아름다움이다. 이와 같은 단아한 맛은 한국의 자연적 및 지리적 환경에 연유된 것으로 생각된다. 그러나 한국의 건축은 규모에 있어서 비록 적다 하더라도 순박한 큰 맛이 있다. 이와 같은 큰 맛은 한국 사람들의 순박하고 순후한 생활의 태도에서 오는 것이며, 자연에 순응하는 무기교에서 오는 것이고, 인위적 기교에서는 찾아볼 수 없는 아름다움이다.

---

31. 요네다 미요지(米田美代治), 『조선 상대 건축의 연구(朝鮮上代建築の研究)』, 185쪽.
32. 이토 추타(伊東忠太), op. cit. 78쪽.

한국의 장인들은 세부에 집착하지 않고 전체적인 미적 구성에 보다 더 관심을 기울였던 것으로 말미암아 이와 같은 큰 맛을 나타내게 만들었다고 생각한다. 이것은 입체적으로 온축 있는 맛이며 천박하고 경망한 것과 교혜스러운 점이 없다. 그러나 이것이 예술적 승화를 얻지 못하였을 때는 텁텁하고 무디고 어리석은 면을 나타내게 되는 것이다.[33]

한국의 예술은 그 표현에 있어서 번화하며 복잡하고 강인한 면이 비교적 적으며, 담백하고 유연해서 어딘지 모르게 현세에 집착하지 않는 적요한 아름다움 즉 적조미를 갖고 있다고 생각된다. 이와 같은 정취의 표현은 민요, 아악(雅樂), 회화, 조각, 도자기 등의 모든 예술에서 볼 수 있으며, 건축 예술에 있어서도 이와 같은 표현이 나타나고 있다. 고대의 패기가 넘쳐흘렀던 고구려의 건축 예술을 제외하고는 백제, 신라, 고려, 조선의 각 시대를 통하여 공통적으로 적조한 미를 찾아볼 수 있는 것으로서, 백제탑과 분황사지 탑에서 볼 수 있는 외관의 부드러운 아름다움과 불국사의 기단, 다보탑 및 석굴암에서 느끼는 부드럽고 아담한 표현 등을 비롯하여, 고려 시대는 불교의 영향으로 이 경향이 더 강해졌으며, 조선 시대는 유교의 요소가 가해져서 이와 같은 특성이 지속되었다.

한국 예술이 지니고 있는 적조미는 사상적으로 탐구하여 얻은 외부적인 것이 아니고, 생활과 체험을 통하여 잠재하게 된 내면적인 것으로서 이와 같은 특성이 예술적으로 고양되면 생명적인 심오한 깊이를 갖게 되지만 그렇지 못하면 애조로 흐르게 되므로,[34] 일면 결점 또한 내포하고 있다.

※ 건축 16권 47호(1972.8)에 본 논문을 쓸 때 소우는 47세로 타이완(臺灣) 청궁(成功) 대학의 객좌교수(파견)로 있었다.

33. 고유섭, 『한국 미술사 및 미학 논고(韓國美術史及美學論攷), 9쪽.
34. 고유섭, 『한국 미술문화사 논총(朝鮮美術文化史論叢), 22쪽.

건축 수업 회상

나는 미국 유학의 건축수업에서 습득한 건축설계의 원리와 현대적 건설 공법에 대한 지식을 나의 동료와 학생들에게 전달 소개하는 한편 우리나라 건축분야의 연구와 교육 및 실무 참여를 통해 우리나라 건축문화 발전에 공헌해 보고자 하는 소망을 품고 귀국을 했었다. 그러나 35년이 경과된 지금 그동안 나의 건축계 활동을 회상할 때 그 소망한 바의 일부분도 충분히 이루지 못한 것을 유감으로 생각한다.

건축 수업의 시작

일제시대 공업학교 건축기능교육을 받는 것으로 나의 건축 수업은 시작되었다. 큰형의 권고로 경성공업학교 건축과에 입학한 것이 나의 생애를 결정하게 만들었다. 나의 키에 맞먹을 정도로 기다란 T자를 추스리며 넓은 제도실에서 늦게까지 열중하며 도면을 그리던 일들을 생각해 본다. 또한 큰 목재 실습장에서 한주에 3시간씩 톱 · 대패 · 끌 등을 사용하며 목공 작업을 손에 익히던 일도 추억으로 되살아 난다. 그 당시에 동급생 21명 중 대부분은 일본인이었고, 현재 서울에 남아있는 동기 동창은 삼부토건 창업주의 한사람인 조창구 회장, 대원산업토건사 강상희 사장, 설계사무소 신현범 소장이며, 모두 고희가 넘었지만 함께 서로 마주 앉을 때면 지금도 옛적 동심으로 돌아갈 수 있어 즐겁다.

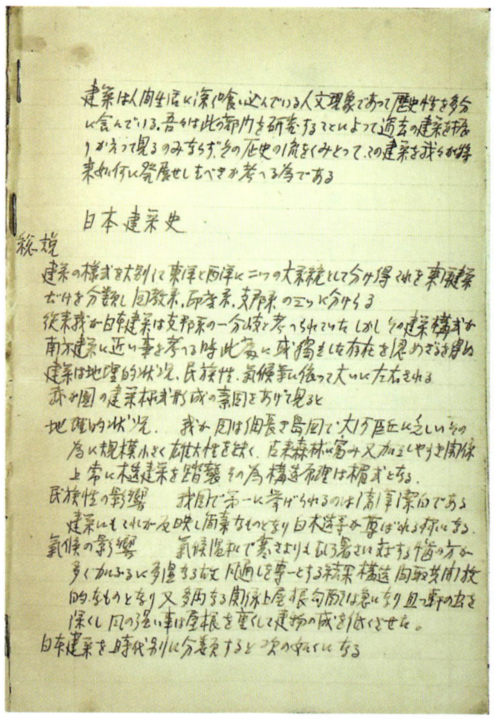

나는 늦게 철이 들었다. 그러나 일본인들에게 지지 않게 열심히 공부했다. 모든 과목이 매우 개론적인 것에 불과했지만 건축역사, 일본건축구조, 구조역학, 건축제도 등의 과목에 흥미를 느꼈다. 그때 나의 졸업계획안 '이상의 여학교'는 프랑스의 르렝시 노트르담 교회당(어거스트 페레 설계)을 모방한 여학교 부속 예배당이 있는 미션 스쿨을 계획한 것이었다. 조선건축회 잡지 1942년 4월호에 그 계획안이 게재되어 있다. 공업학교 5년을 졸업한 후에 조선주택영단 기술과에서 2년간 실무경험을 가졌다. 그때에 김순하 선배가 공사 계장이었으며, 김중업, 박학재, 이희태, 성락천 제씨 등이 함께 근무했었다. 나는 상급학교 진학의 필요성을 느끼게 되였으며, 6개월 간 입시 준비를 하여, 1944년 봄에 경성공업전문학교 건축과에 입학하는 행운을 갖게 되었다.

그때 일본 제국주의 전시체제 밑에서 동원 계획에 따라 3학년생들은 이미 동원되어 없었다. 1,2학년생들은 1년 동안에 2년간의 교과과정을 이수한 다음 동원될 예정이었다. 따라서 토요일, 일요일 없이 여름과 겨울 방학도 취소하고 매일 8시간씩 강의와 실습이 진행되었다. 1학년을 전, 후반기로 나누고 4학기로 편성하여 수업이 강행되었고, 우리 1학년 학생들은 20여 권이 넘는 건축 전문 서적을 정독하는 기회를 가졌다. 건축 실무 경험을 바탕으로 다시 건축 공부를 하게 되니 나는 과목에 흥미를 느끼며 이해가 증진되고 학습에 많은 진전을 보았다. 그 반면에 일본인 학생들의 한인 학생 탄압이 노골적으로 기승을 부리기 시작했다. 첫 학기 초에 나는 토목과의 일본인 학생들에게 불려가 조선어를 사용한 것을 트집 잡히어 몰매를 맞았었다. 그때 눈물을 머금고 공부하여 수모를 회복하기로 나는 결심을 하고 열심히 학업에 정진하였다. 매번 학기가 끝날 때마다 대형 게시판에 전체 학년 모든 학생의 성적표가 공포되었는데 나의 성적은 첫 번 학기부터 4학기 동안 계속해서 1,2학년 중 수석으로 발표되었다. 이와 같은 성적 발표를 볼 때마다 한인 학생에 대한 탄압을 주도했던 일본인 학생들은 경각심을 느끼는 것 같았다.

1945년 1월부터 동원되어 철도국 건설사무소에 근무하였으며, 그곳에서 8·15 해방을 맞이했다. 해방 직후는 혼란이 계속되었다. 그러나 특히 기억에 남는 것은 이규재 동문과 함께 뜻있는 친구들이 모여 신홍휴 화백을 지도교수로 모시고 미술부를 만들어 매일 늦게까지 그림 공부에 열중한 일이다.

1946년 서울대학교가 창립되어 미국식 학제로 변경되었다. 이때 순수 과학인 수학, 물리 또는 철학을 새로 공부하여 보고자 방황하기도 했지만 결국 계속해 건축을 전공하기로 정했다. 학제 변경으로 1년 반 동안 기초 과목을 이수하고, 전공 과목을 이수하였다. 일제시대의 경성공업전문학교 때부터 재직한 이균상 교수는 건축학과 주임 교수로서 전공과목 교육과 학생 지도에 많은 역할을 하였다. 당시 교육은 자리가 안잡혀 휴강이 많았다. 그러나 김형걸 교수의 구조역학 강의는 가장 충실하였으며 휴강 없는 것으로 정평이 나 있었다. 해방 후 경제 형편이 매우 나빠서 학비 조달을 위해 1년 선배인 유희춘(전 제일제당 사장) 형을 따라 1947년부터 경기공업고등학교의 교사로 근무했다. 그 당시 이해성 교수(전 한양대 총장)와 유희준 교수는 재학생으로 우수하고 뛰어난 모범 학생이었다. 또한 장기인 선배를 여기서 처음 만나 한국건축용어 조사 연구에 정진하는 그분의 모습을 대하며 친교를 갖게 됨은 다행한 일이었다.

학부 때의 졸업설계는 학생교회 계획이었다. 당시 서울대 종교학과 신사훈 교수가 목회한 학생교회의 회원으로 약 4년간 참여해서 많은 은혜를 받았다. 신앙고백과 성도의 교제(코이노니아)를 함께 하던 믿음의 형제들이 현재 각 분야에서 많은 공헌을 하고 있음을 자랑스럽게 생각한다. 그때 학생 종교 운동의 중요성을 실감했던 나는 학생교회 계획을 주제로 택해 졸업설계를 만들었다. 그러나 6·25사변으로 인해 그 계획안이 망실된 것은 유감으로 생각한다. 1950년 5월 12일 서울대학교를 졸업한 후에, 6월1일부터 대학원에 진학했다. 그러나 한 달도 되기 전에 한국동란이 발발하여 대학원 건축수업은 중단되고 말았다.

미국 대학원 유학

1951년 4월 공군 중위로 임명되어 4년 반 동안 시설 장교로 근무했다. 사천 기지의 시설 대대장으로 있을 때에, 미군 고문 장교에게 문의하여 미국 20개 대학원 건축과에 입학 안내와 장학금 신청에 관한 서신을 보냈다. 모든 대학에서 한결같이 장학금은 줄 수 없다는 답변이 왔다. 1955년 공군 소령으로 제대한 후에 다행히 한양대학교 공과대학 전임강사로 임명이 되었다. 이때 건축과 주임이었던 홍붕의 교수를 보좌하여 학생건축작품 전시회를 최초로 준비하면서 지도하던 일들은 매우 귀중한 경험이었다. 1956년 11월에는 뜻밖에 행운을 맞이하여 서울대학교 전임강사로 임명을 받게 되었다. 당시 서울대에는 교수요원 미국 파견 교육계획이 있었다. 나는 그것에 희망을 걸었지만 유학의 기회는 쉽게 오지 않았다. 그러나 다행히 연세대학교 초빙교수로 와있던 박관두(하와이 교포, MIT 출신) 선생의 추천을 받아서 USOM의 주택사업 프로그램으로 미국 파견 교육 요원이 되어 미국에 유학한 것은 나의 일생에서 큰 전환점이 되었다.

1958년 2월 초부터 MIT 대학원 건축과에 청강생으로 등록하면서 정규 학생과 같이 이수과목을 건축설계(실기 9시간), 의장특론 (강의 3시간, 실기 3시간), 철근콘크리트구조 특론(강의 3시간) 등으로 정하고 불철주야 열심히 공부했다. 세계적으로 명성이 높으며 훌륭한 교수들의 열성적인 지도와 하나님의 도우심을 힘입어 첫 번째 학기 나의 성적이 전부 A가 되었다. 이에 따라 첫 학기부터 정규 대학원 학생으로 인정을 받게 되었고, 한 학기를 더 이수한 다음 졸업설계와 논문을 작성해서 건축 석사 학위를 받을 수 있게 되었다.

지도교수인 카탈라노(Eduardo Catalano) 교수를 처음 만났을 때의 일이었다. 입학원서에 첨부된 나의 경성공업전문학교 성적표에서 수학 성적이 4학기 동안 계속 100점인 것을 보고 관심을 갖게 되었다고 말하면서 열심히 공부하라고 격려해 주었다. 첫 번째 학기의 건축설계 담당교수가 카탈라노 교수였으며 설계 시간에 수시로 적절한 지도를 받게 되었다. 의장특론을 담당한 케피스(Gyorgy Kepes) 교수는 모호리나기 교수와 함께 바우하우스에서 교편을 잡았던 헝가리인으로 동양적인 인품을 느끼게 하였다. 그의 강의 시간에는 의장 전공 교수들 3명이 함께 배석하여 보조역할을 하며 대형 스크린에 환등기를 2대 사용해 생동감 나게 강의를 진행했다. 디자인 실기 연습은 개별적인 면담을 통해 실기 발전 과정을 직접 지도하면서 나에게 용기를 항상 북돋아 주어 디자인 원리와 실기 습득에 많은 진전을 갖게 되었다. 첫 학기에는 색채 및 형태 구성을 실습한 다음 모자이크 제작을 하였다. 철근 콘크리트 구조 특론은 토목공학과에 가서 강의를 들었으며 당시 새로 발전되고 있던 극한강도(Ultimate Strength) 설계법과 프리스트레스 콘크리트 이론을 배우면서 최신의 구조 발전 내용을 학습할 수 있었다.

1958년 5월 하순부터 시작된 4개월의 방학 중에는, 특별히 계획된 시찰 여정에 따라 워싱턴 D.C., 뉴욕, 필라델피아, 시카고, 디트로이트, 엔아버, 메디슨, 뉴헤이븐, 애틀란타, 타스케기, 마이애미, 푸에토리코 등 미국 각 지방을 순방하여 각 대학교의 건축 교육 상황, 각 도시의 도시계획 및 주택사업 활동을 시찰하며 저명한 건축가들과의 면담 및 그 작품들을 견학할 수 있어 견문을 매우 많이 넓힐 수 있었다. 특히 푸에토리코에 가서는 1개월 이상 체류하면서 그곳에서 성공적으로 시행되고 있는 공공주택사업 수행 과정을 자세히 보고 배울 수 있었다.

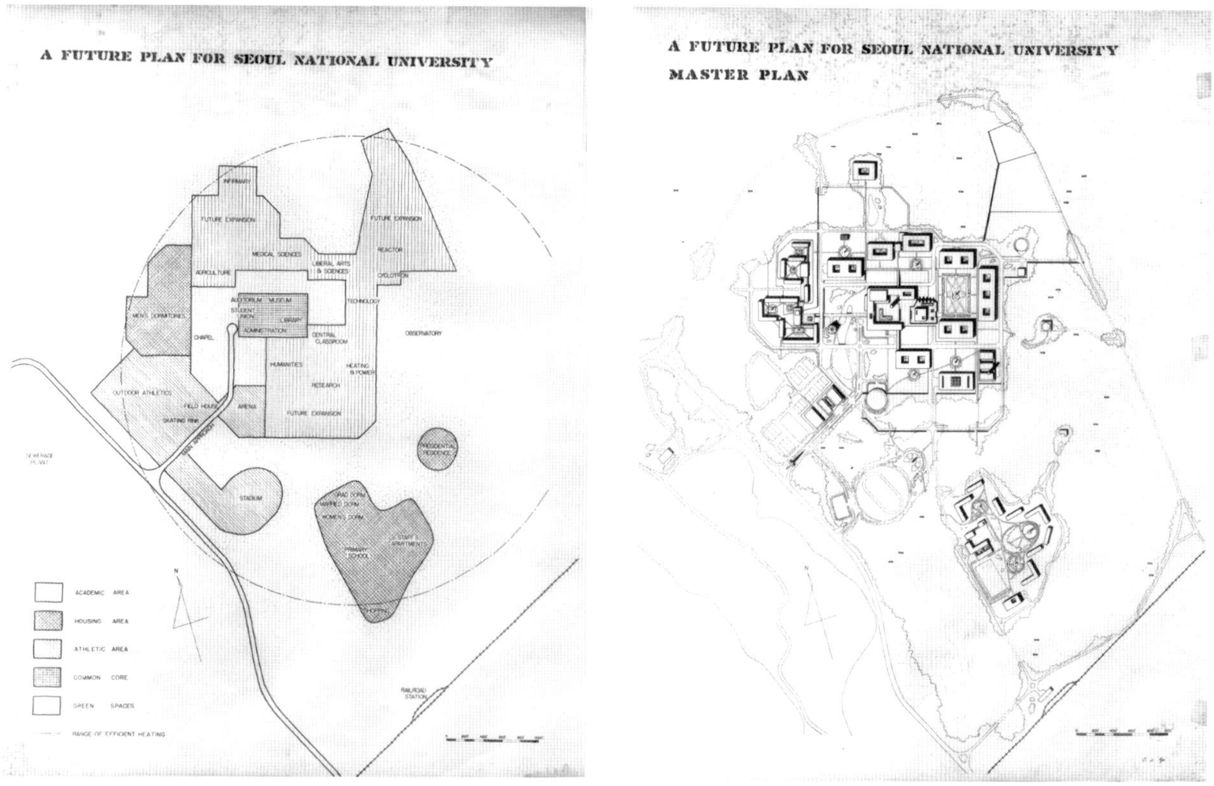

서울대학교 종합계획안 조닝계획, 배치도

9월 중순경 MIT로 돌아와서 나의 두 번째 학기 건축 수업이 시작되었다. 이번 학기에도 3개 과목을 등록하였다. 건축설계 과목은 건축 대학장이었던 벨루스키(Pietro Belluschi) 교수와 건축학과 주임 교수이었던 앤더슨(Lawrence B. Anderson)이 담당하였다. 의장특론 과목에서는 유색 벽돌의 벽체 구성 디자인을 해서 그 모형을 제작했고, 다음에는 색유리 블럭을 사용한 스테인드 글래스 제작을 했다. 철근콘크리트구조 특론 과목에서는 평판구조, 곡면구조, 철판구조, 기타 특수구조 등의 설계를 내용으로 한 강의가 진행되었다. 1959년 2월 초부터는 한학기 동안 졸업설계와 논문을 작성하였다. 나의 졸업설계와 논문의 제목은 「서울대학교 종합계획(A Future Plan for Seoul National University)」이었다. 서울대학교는 지역적으로 분산된 여러 학교들의 병합으로 시작되어 여러가지 모순과 결함을 갖고 있어 대학교 발전에 큰 장애요소가 되어왔다. 이것에 대한 해결 방안을 협의하고 추진하기 위해 1958년 10월에 서울대학교 종합계획위원회가 설치되었다.

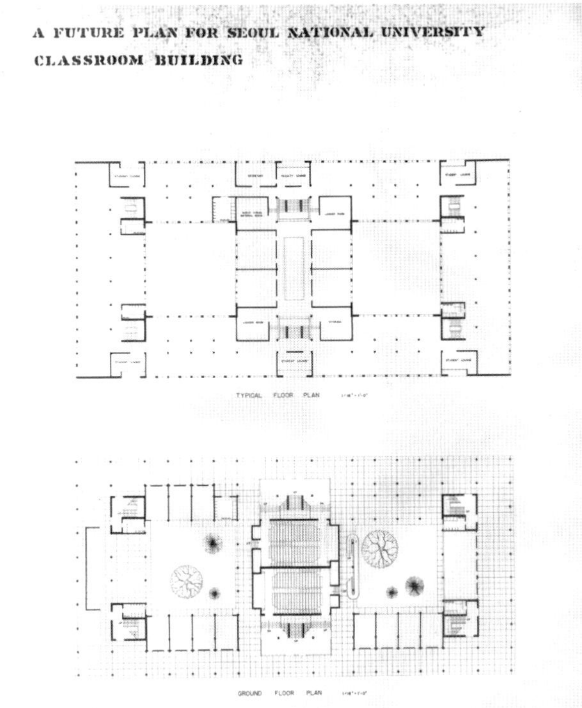

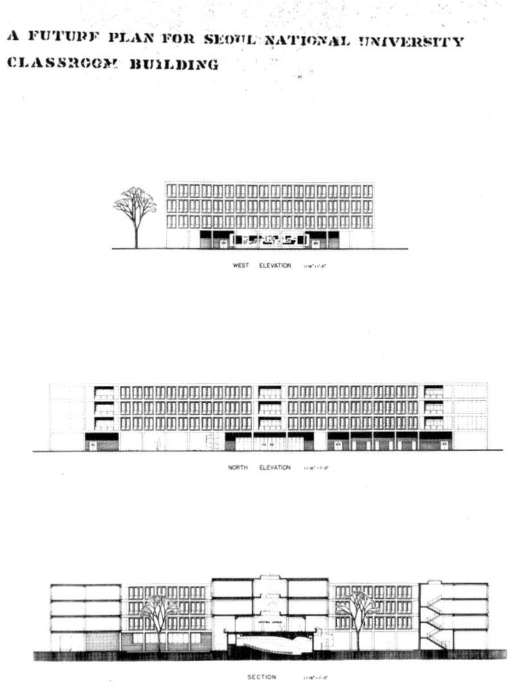

서울대학교 종합계획안 강의동 평면도, 입면도

이와 같은 시대적인 요청에 부응하고자 이 제목을 선택했다. 종합계획의 방안으로는 현실적인 가능성을 감안하여 그 당시 공릉동에 위치했던 서울공과대학 캠퍼스의 기존 시설을 이용하여 종합캠퍼스를 건설하는 계획을 발전시켜 제안하였다. 졸업설계와 논문의 내용은 서울대학교 연구논문집 제2권 자연계(1962)에 게재되어 있다. 졸업설계를 발전시키는 과정에서 카탈라노 교수의 친절한 지도와 편달은 고마운 것이었으며, 조언을 구할 때면 명쾌한 방안을 제시해 주어 큰 도움이 되었다. 특히 그로피우스 교수를 찾아가 여러 가지 참고 자료를 얻고 친절한 지도를 받은 것은 잊을 수 없는 일이었다.

카탈라노 교수는 그로피우스 교수의 제자이므로 나는 제자의 또 제자가 되는 격이라고 생각할 때 더 많은 친근감을 그로피우스 교수에게서 느낄 수 있었다. 대학원을 졸업한 후 1959년 6월 초부터 미국 서부지방의 시찰이 시작되었다. 아리조나 피닉스에 있는 웨스트 탈리아센을 방문했을 때는 7개월 전에 고인이 되어버린 프랑크 로이드 라이트의 거실을 돌아보며 그의 명복을 빌던 일이 생각난다. 로스엔젤레스에 있는 빅터 그루엔(Victor Grucn) 건축사무소에서 3개월 간의 설계업무 연수를 한 다음 샌프란시스코, 솔트레이크를 거쳐서 워싱톤 D.C로 돌아와 9월초에 귀국 길에 올랐다. 귀국할 때에는 런던, 파리, 로마, 밀라노, 베니스, 아테네, 이스탄불 등의 도시를 방문하여 역사적인 건축물과 현대적인 건축물들의 유명한 실례들을 탐방하고 많은 감명을 받았다. 특히 베니스의 산마르코 광장과 파리의 그랜드 오페라 하우스에 가서 건축 공간이 위계화 되어 있는 포커스—클라이막스의 공간 분위기를 음미하고 체험함으로써, MIT 대학원 과정 첫 학기 건축설계 과목에서 연구했던 내용을 되새겨 볼 수 있었음은 매우 큰 소득이었다.

서울대학교 종합계획안 강의동 중정 투시도

건축설계 수업

1958년 봄학기의 첫 번째 건축설계 과제는 '자기의 발견' 이었으며 건축설계의 원리를 조사하고 정리하여 도면으로 발표하는 것이었다. 지금까지 몇 년 동안 건축설계 시간에 집중적으로 설계제도 작업을 계속해 왔으나, 건축설계에 관한 신념을 탐구하기 위해 이성과 감성을 포커스(클라이막스)할 시간적 여유가 없었다. 이번 작업을 통해 각자의 편견을 떠나 건축설계의 보편적인 원리 요소들을 재확인하고, 협동작업을 해서 훌륭한 건축작품들에 나타나 있는 건축설계 체계의 공통분모가 되는 요소를 찾아보자는 것이 목적이었다.

이 과제를 수행하기 위해 3개 팀으로 나뉘어 사례조사와 연구작업이 진행되었으며 그 결과를 종합하여 발표하고 평가를 받게 되었다. 처음 등록한 학생 수는 36명이었으며 그중 외국 유학생이 10명이었다. 첫 번째 설계과제가 시작되고 2주일쯤 경과되자 10명의 학생들(미국인 7명, 외국인 3명)이 과목 취소를 하고 다른 곳으로 옮겨 갔다. 한국인 학생으로는 박기서 동문(현재 Gruen Architects & Planners Associates

사장)이 나와 함께 석사과정을 시작해서 그와 친교를 맺게 되어 서로 큰 힘이 되었고, 그와 같은 팀에 참여하여 많은 것을 배웠다. 우리 팀은 연구 대상을 서로 협의해서 베니스의 산 마르코 광장, 산 마르코 대성당 및 파리의 그랜드 오페라 하우스로 정하고, 건축설계 원리를 공간의 위계성(Hierachy of Spaces), 사람의 움직임(Movement), 상대적인 척도 개념(Relative Dimensions), 출입구의 진입(Access) 형성이라는 관점에서 종합하여 발표하였다. 그 요지는 다음과 같았다.

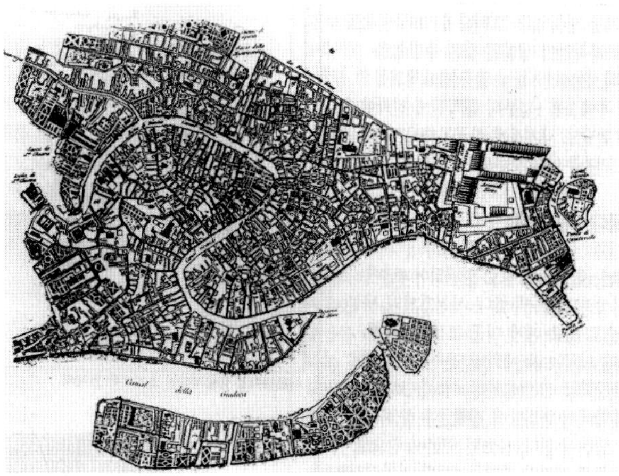

운하의 도시 베니스 큰 운하에 인접하여 산 마르코 광장이 위치한다.

산 마르코 광장 공간속의 활기찬 삶과 움직임을 묘사한 스케치

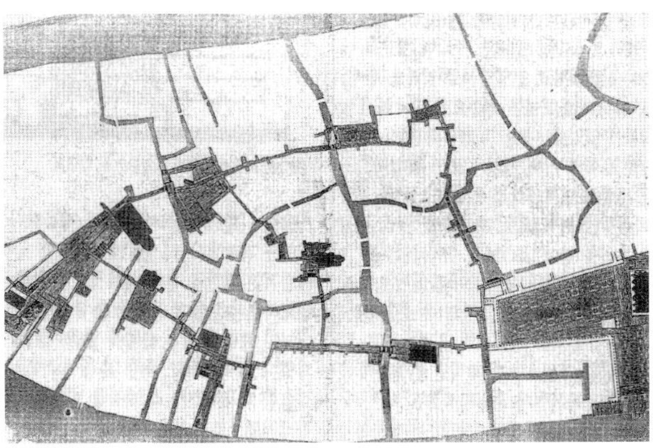

산 마르코 광장 부근의 소광장들의 배치도 소광장들이 서로 연결되어 베니스 전체시민 활동 중심인 산 마르코 광장으로 연합된다.

소광장 독립기둥 부근에서 본 산 마르코 광장의 경관

큰 운하 앞의 섬에서 본 산 마르코 광장의 광경 판화

훌륭한 도시에는 중심 광장이 있으며, 여러 개의 소광장들과 연관성 있게 계획되어 도시공간의 최고 클라이막스를 형성한다, 소광장들은 근린주구단위의 활동 중심인 핵과 같은 역할을 하며 서로 연합되어 중심 광장으로 사람들의 움직임을 유도한다, 포커스-클라이막스가 없는 도시공간 안에서는 생동하는 삶을 발견할 수 없다. 산 마르코 광장은 베니스 도시 전체의 시민이 활동하는 진정한 핵심이며, 이곳을 중심으로 모든 삶의 활력이 순환된다. 포커스-클라이막스는 삶의 힘과 풍요함을 주는 집합요소들에 의해 형성된다. 이 광장에서 변화와 연속성을 갖고 활기에 차있는 움직임을 유발하는 요소들은 산 마르코 대성당, 궁전, 도서관, 상점, 노천에 배열된 휴식용 좌석이다. 감싸져 있는 이 광장 공간에서 사람들이 움직이는 동선의 주된 방향은 사다리꼴 평면의 큰 광장 길의 방향 축과 바다 쪽으로 개방된 소광장의 축 방향과 일치한다. 이것이 연관된 여러 방향에서의 사람들의 움직임과 그 공간 속에서 시각적 긴장, 대조 및 활력을 창출하고 있다. 계속되어 있는 아케이드들은 광장 출입구들에 방패막이 역할을 해서 광장의 감싸인 공간 분위기를 보존하고 있다. 2개의 광장 축이 만나는 곳 부근에 메인 포커스-클라이막스가 형성된다. 광장 공간이 꺾이는 위치에 높이 솟은 독립 종탑(99m)은 고조된 이 광장의 공간 분위기를 수직방향으로 승화시키며 이 종탑은 광장 공간의 회전축과 같은 역할을 한다. 경관을 돋보이게 하며 그 개구부를 통해 초점을 형성하는 흥미로운 경관들을 바라볼 수 있게 배치되었으며, 산 마르코 대성당 건물의 중요한 형태는 중심 광장의 주접근 방향에서 바라볼 수 있게 설계되어 있다. 그 건물의 세부 공간에서는 깊이의 변화로 인해 건축 형태의 풍요함을 느끼게 만든다.

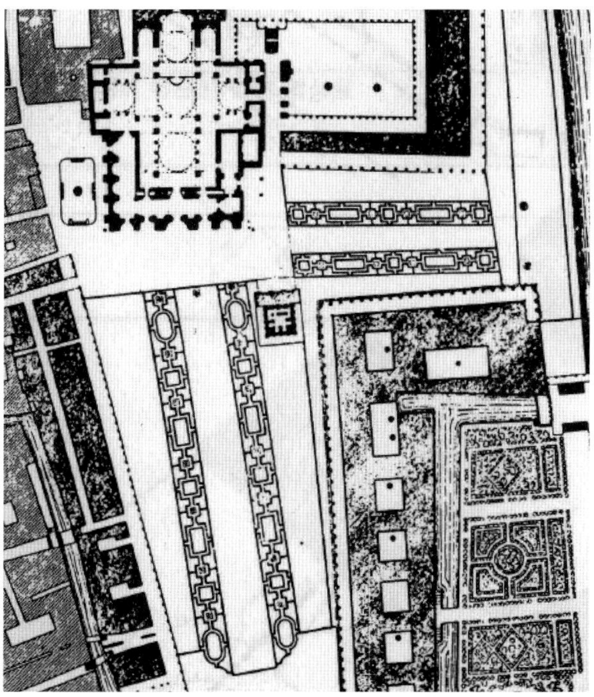
산 마르코 광장 평면도

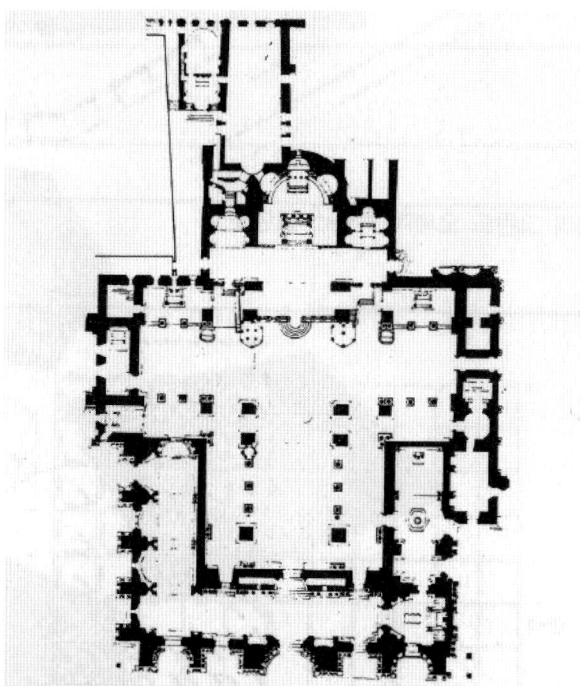
산 마르코 대성당 평면도

산 마르코 대성당 외관

산 마르코 대성당 중앙 돔 하부의 공간

성당 내부공간의 부차적 초점을 형성하는 요소들로서 회중석, 성가대석, 제실 등은 사람들의 움직임에 따라 공간의 감흥을 고조시킨다. 네이브의 축과 트란셉트의 축이 교차되는 곳에 메인 포커스-클라이막스가 형성되며, 이 상부에 있는 크고 높은 중앙 돔은 고조된 공간 분위기를 수직 방향으로 승화시킨다. 척도 개념으로 본 내부공간의 비례 관계는 사람의 움직임과 활동의 강도를 반영하게 배려되어 있다. 파리 그랜드 오페라 하우스에서 내부공간의 중심인 관중석과 무대는 삶의 활력 있는 표현들과 일련의 초점 형성 요소들이 관중석부터 무대 공간을 향해서 연계가 유도되어 종국적인 메인 포커스-클라이막스를 형성하도록 설계되어 있다. 무대로 향한 공간의 움직임은 관중석의 중앙 상부에서 높은 원형 공간으로 수직 상승하는 분위기를 창출하였다. 또한 발코니와 중첩된 수많은 부스의 공간들은 내부공간을 매우 풍요롭게 만든다. 대 계단실과 그 전면에 있는 그랜드 홀은 관중들이 출입할 때와 중간 휴식기간 동안에 연출되는 많은 사람들의 활기 넘치는 움직임으로 클라이막스를 형성하게 계획되어 있다. 상대적인 척도 개념은 각 공간에서 사람의 움직임과 삶의 활력을 강조하며 의미를 부여하고 있다.

파리 그랜드 오페라 하우스 정면

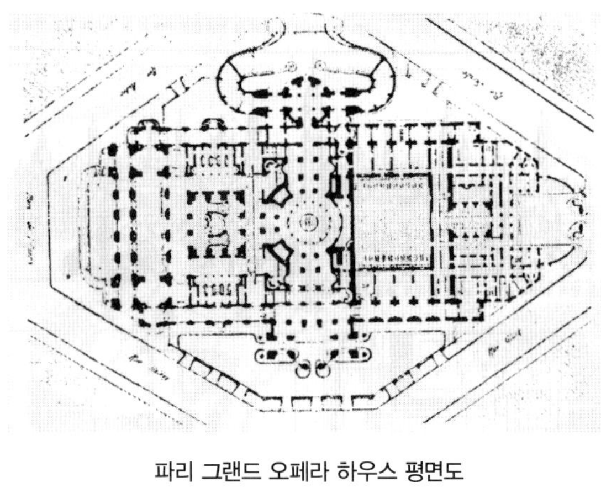

파리 그랜드 오페라 하우스 평면도

파리 그랜드 오페라 하우스 단면도

이 조사 연구를 통하여 체득한 건축설계의 핵심은 건축 공간 안에서 사람의 움직임과 삶의 활력을 고취하는 요소들을 적절히 계획 설계하여 위계화된 공간의 포커스-클라이막스를 형성하는 것은 매우 중요하다는 결론에 도달했다. 이와 같은 우리의 연구 결과의 발표는 도면으로 프리젠테이션 되었으며, 건축설계 과제의 평가 심사회에서 3개의 발표 중 제일 좋은 평점을 받게 되었다.

두 번째 설계과제는 건축 공간과 구조가 일체화되어 통합적으로 형성되는 큰 스팬의 건축 공간을 설계하는 것이었다. 직선 혹은 곡선으로 된 준선(Directrix)을 따라, 직선 혹은 곡선으로 된 모선(Generatrix)을 변이시켜 생성되는 1차 또는 2차 곡면을 선정하고, 그 곡면의 기하학적 및 구조적 성상을 조사 연구하는 것으로 작업이 시작되었다. 끝에 가서는 각자가 연구 발전시킨 곡면 구조를 중앙의 높은 중심 공간으로 만들고 그 주변에 부차적 공간을 프래트 슬래브구조로 결합하여 바람직한 건축 공간을 설계하는 것이었다.

처음에 카탈라노 교수의 건축작품 소개와 설계 제목에 연관된 연구 결과가 발표되었다. 그가 발전시킨 휜 표면(Warped Surfaces)을 활용한 여러 가지 새로운 공간 구성의 예가 제시되었으며, 그 때의 강의 내용들은 매우 인상적이고 감명 깊은 것이었다. 당시 강사로 있던 와이드링거(Paul Weidlinger)씨의 곡면 구조 특강을 듣기도 했다. 또한 네르비(Pier L. Nervi)와 토로하(Eduardo Torroja)의 건축작품 실례들을 분석 연구하기도 했다. 특히 스페인 학생(Mariano R. Marm)은 직접 토로하 교수로부터 마드리드 경마장의 설계 도면과 자료들을 받아 서로 참고할 수 있어서 다행이었다. 나는 여러 가지로 연구한 끝에 퓨헤

(Pucher) 곡면을 선택하여 설계 문제를 발전시켰다. 퓨헤 곡면은 4각형 평면의 주변을 준선으로 모선은 주변에서 직선이 되게 하며 중앙에서는 孤形이 되게 모선 모양을 점차로 변이해서 만든 곡면이다. 퓨헤 곡면 돔을 중심 주공간으로 하고 그 주위에 왓풀 슬래브를 돌려서 부차적인 공간을 만들기로 계획하였다. 구조적으로 가장 합리적인 지지점의 위치를 계산하여 정한 다음, 4개 기둥의 주두 부분에는 드로프 패널을 설치하여 펀칭 시어를 담당하도록 설계하였다.

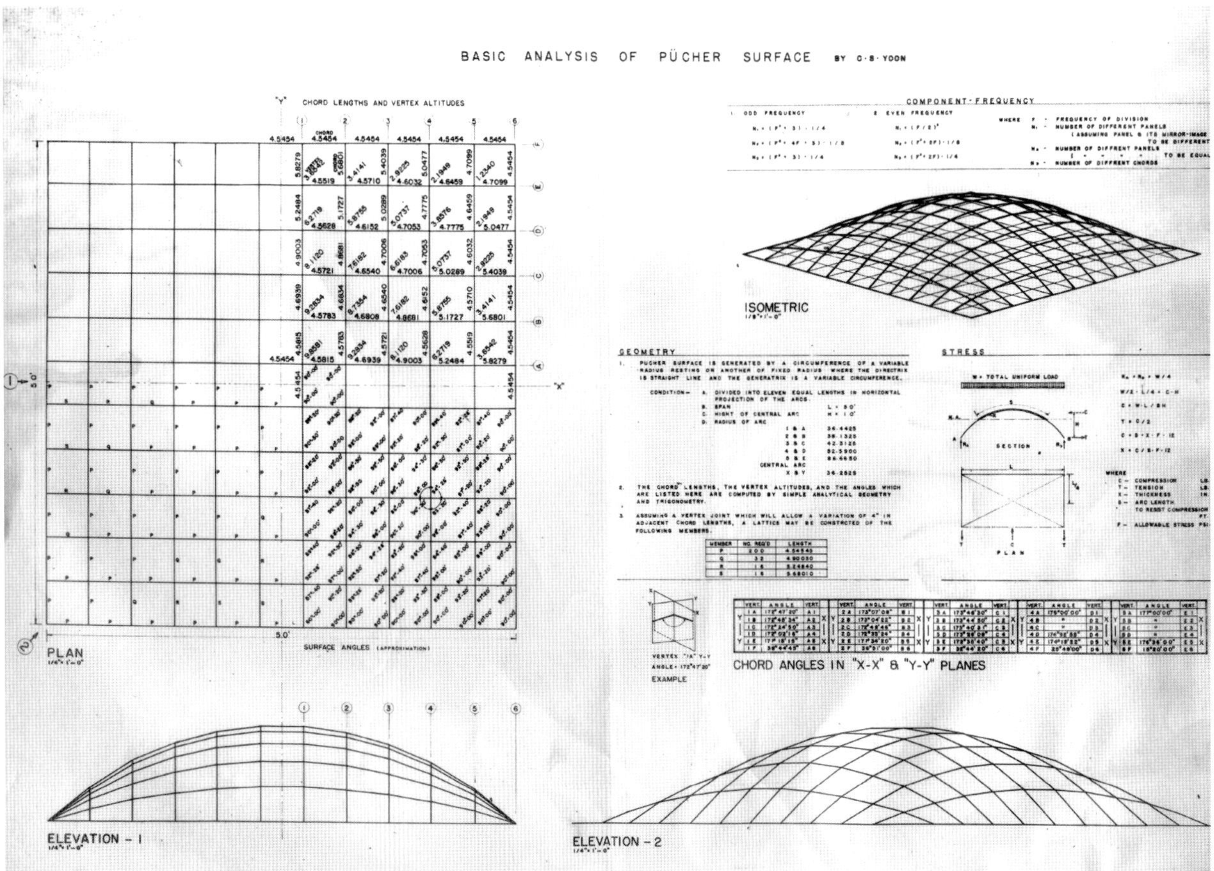

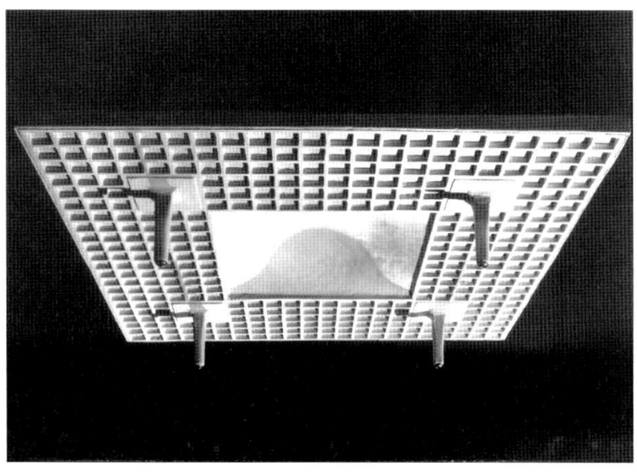

퓨헤 곡면 작업

학생들 각자가 설계한 각양 각색의 건축공간을 모형으로 만드는 단계가 되었다. 모든 학생들은 한결같이 발사 우드를 사용해서 만들었다. 그러나 설계한 건축공간의 실현 가능성을 설득력 있게 증명하여 보이고자 나는 석고를 사용해서 모형을 만들었다. 이때 철근콘크리트 구조 특론 과목을 이수했던 것은 나에게 많은 도움이 되었다. 철근과 석고의 구조를 상정하고 개략적인 구조설계를 하여 필요한 철근량을 계산한 다음 구조단면 속에 고성능 철선을 세심하게 배근하고 석고를 부어 성형하였다. 형판을 제거한 다음 4개의 기둥으로 안정하게 지탱되어 튼튼하게 서 있는 건축공간을 처음 보았을 때 그동안의 피로를 잊고 큰 보람과 기쁨을 느꼈다. 건축설계 작품의 평가 심사회 때 심사 교수들은 석고로 만든 나의 작품을 보고 모두 신기하게 생각했다. MIT 건축대학장 베루스키 교수는 나의 작품을 보고 '마블러스(Marvelous)! 마블러스!' 하면서 감탄해마지 않았다. 칭찬하던 그 때 그 분의 음성이 내 귀에 지금도 다시 되살아남을 느낀다. 당초 나의 미국 파견 유학은 1년 예정이었고, 연기가 불가능한 조건이었다. 그러나 첫 학기 좋은 성적을 받아 MIT 교수들과 USOM 교육 당국의 적극적인 추천으로 말미암아 나의 교육 기간이 연장되고 석사 학위를 취득하게 되었다. 모든 일이 기적과 같이 생각되며 그저 감사히 생각할 따름이다.

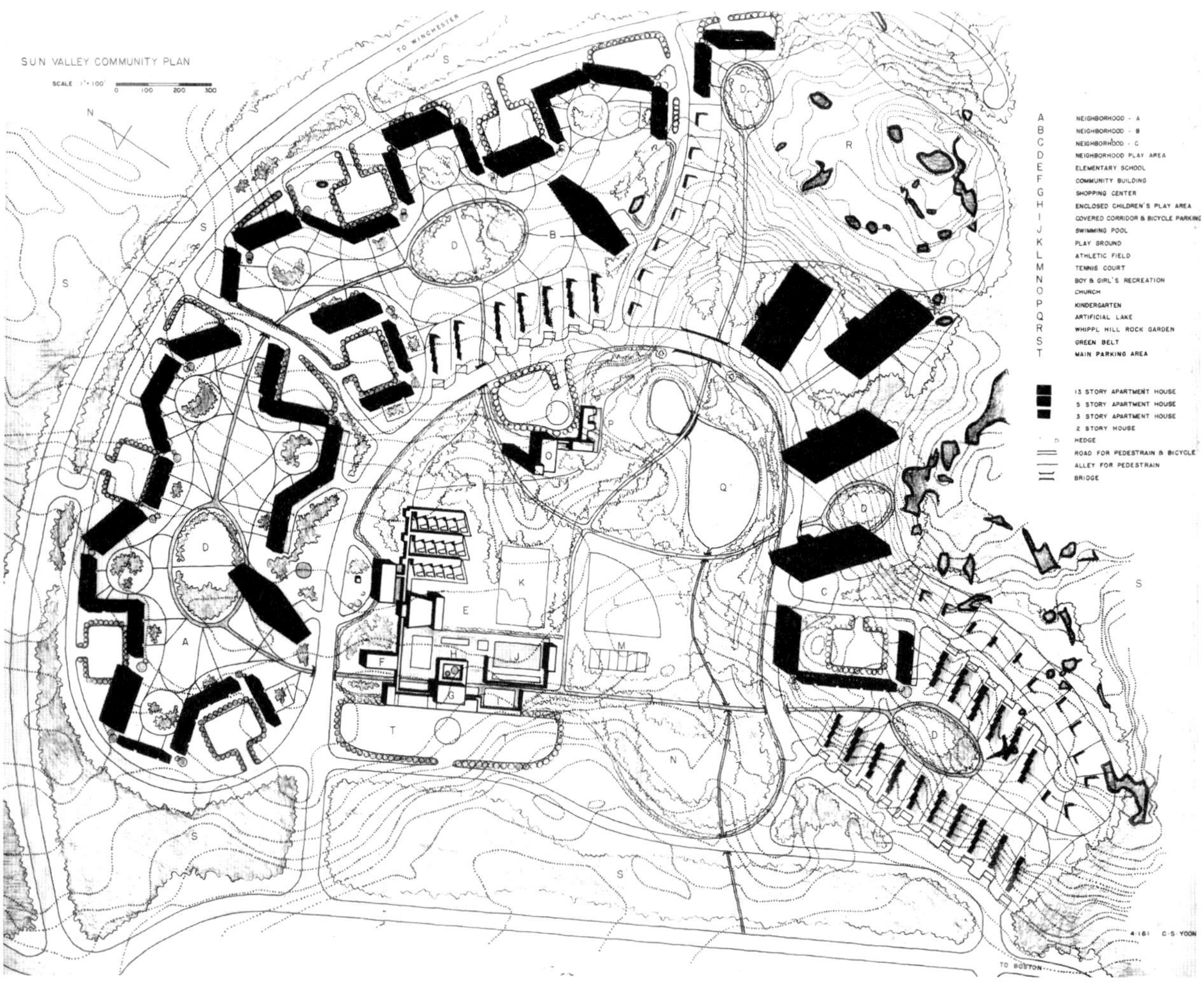

선밸리 주거단지 배치도

1958년 가을학기 건축설계의 첫 번째 과제는 가든 파빌리온 설계(평면, 입면, 단면 및 실내투시도)를 3일간에 완성해 제출하는 것이었다. 학생들은 설계실에서 밤을 새다시피 하면서 과제를 만들어냈다. 이것은 학기 초에 학생들의 설계 작업 활동을 워밍업 하는 상례적 행사인 것 같이 보였다. 두 번째 건축설계 과제는 선밸리 주택단지계획이었다. 이 과제는 도시계획과 학생들도 함께 참여해서 진행이 되었다. 우선 나의 옆자리 제도판에서 설계작업을 했던 노엘즈(Ralph Knowels : 현재 남가주대학 교수)씨와 함께 계획 대상지의 현장 답사를 하였다. 학생들이 몇 개의 그룹으로 나누어져 계획 자료의 조사 연구 및 토론을 하여 설계 기준을 작성한 다음, 각자의 단지 계획안을 발전시켰다. 한 달 후에 중간 심사평가회를 가진 다음, 11월 20일경 최종 설계 심사회가 있었다.

가든 시티의 아이디어와 레드번(Radburn)의 슈퍼블럭 개념 및 근린주구 계획 개념 등 3가지 원리를 바탕으로 주거단지 계획안을 발전시켰다. 개발 대상 지역의 기존 지형과 자연 경관을 감안하여서 남쪽 중심에 배치한 커뮤니티 센터 지구를 둘러싸고, 슈퍼블럭으로 계획한 근린주구들을 배치하였다. 각종 도로들은 사용 기능에 따라 분리해 계획하였다. 근린주구 중앙에 어린이 놀이터와 유아원이 놓이

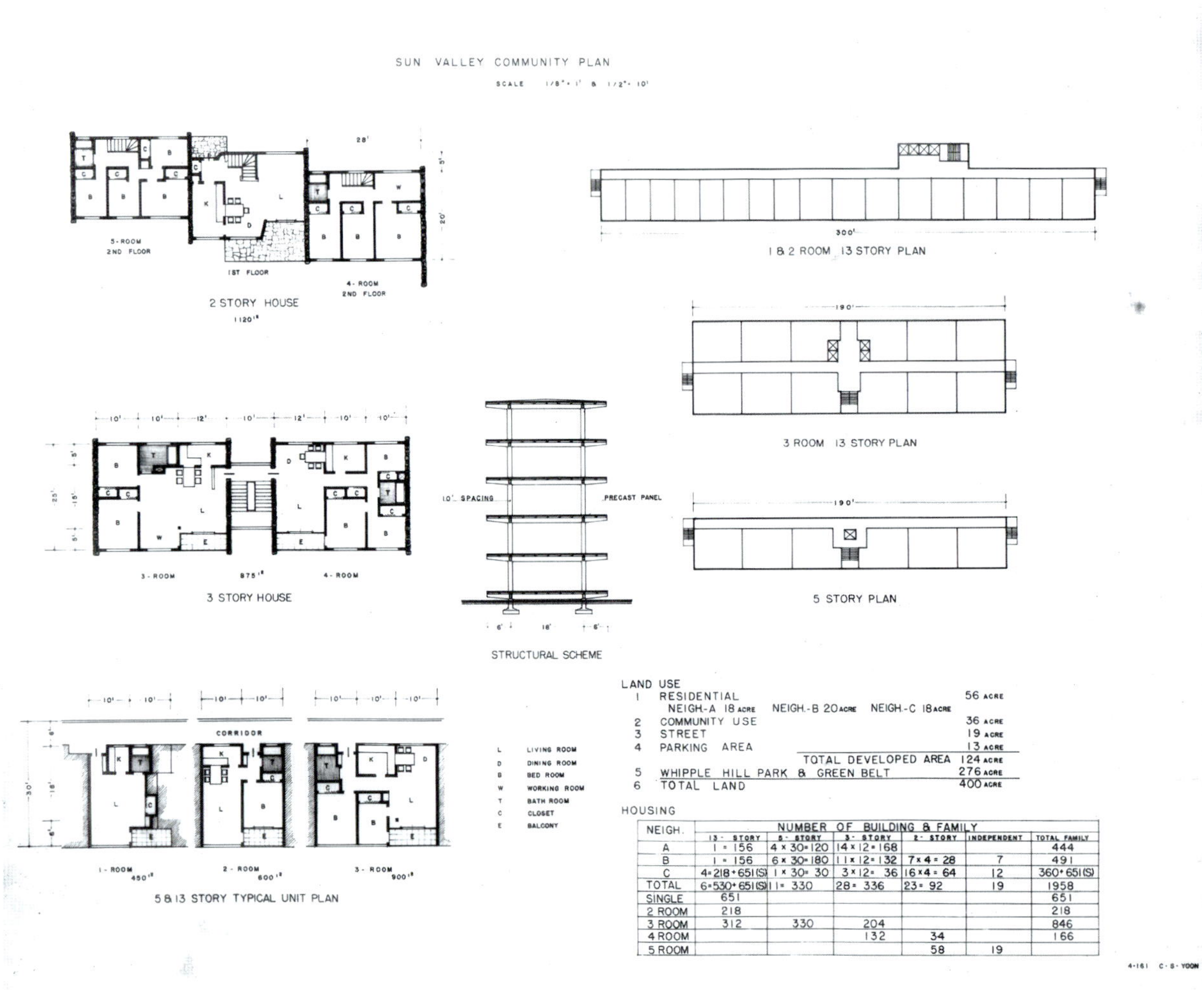

선밸리 주거단지 계획

게 배치하였다. 커뮤니티 센터의 동쪽 지역에 자연 암석들이 노출된 언덕 밑에는 13층의 고층 아파트들을 배치하고, 다른 근린주구들에는 대부분 5층과 3층의 저층 아파트들을 배치했다. 전체 토지 400에이커(Acre)는 커뮤니티 협동회사가 공동 소유하며 전체 주민의 이익에 상반되게 용도변경을 할 수 없는 개발 원칙을 채택했다. 전체 토지 면적의 3분의 2는 개발을 제한하여 그린벨트로 보존하며, 개발비가 적당하고 건강한 환경을 갖는 주거단지가 되게 배려하였다. 커뮤니티 센터에는 넓은 공원과 운동장, 초등학교, 쇼핑센터, 교회 및 유치원을 상호 연관성 있게 배치하였다. 주거단지 개발 비용을 개략적으로 산출한 결과(용지비, 기계와 전기 설비, 공공시설 건설비는 제외) 주택 건물, 도로, 주차장 건설비용만 당시 가격으로 총계가 $28,200,000이었다. 최종 평가의 심사회에서 나의 계획안은 매우 좋은 평점을 받았다.

세 번째 건축설계 과제는 MIT 건축학과의 교육시설 확장을 위한 건축대학 분교를 계획하는 것이었다. 그 위치는 대서양에 인접한 마르사스 빈야드(Martha's Vineyard)의 왓차 호수(Watcha Pond) 옆으로 가상되었다. 이 분교에는 건축학과 학부과정과 대학원 석사과정 학생들의 졸업설계 작업을 하는 곳으로 학생수 30명, 지도교수 5명의 설계작업과 교육 및 숙박 급식 등의 활동을 수용하는 시설을 계획하는 것이었다. 나의 건축 설계안은 호수에 연접하여 중정을 배치하고 그 북쪽에 설계 스튜디오를 중심으로 배치하며 교수실, 주출입구, 사진실, 실험실들을 스튜디오의 동쪽에 계획하였다. 스튜디오의 동북쪽에는 독신 학생의 기숙사와 커먼룸(Common Room) 및 식당을 두고 남쪽에는 기혼 학생의 기숙사를, 동남쪽에는 교수 사택을 배치했다. 중정 남쪽에는 수영장과 요트 정박 시설을 계획하였다.

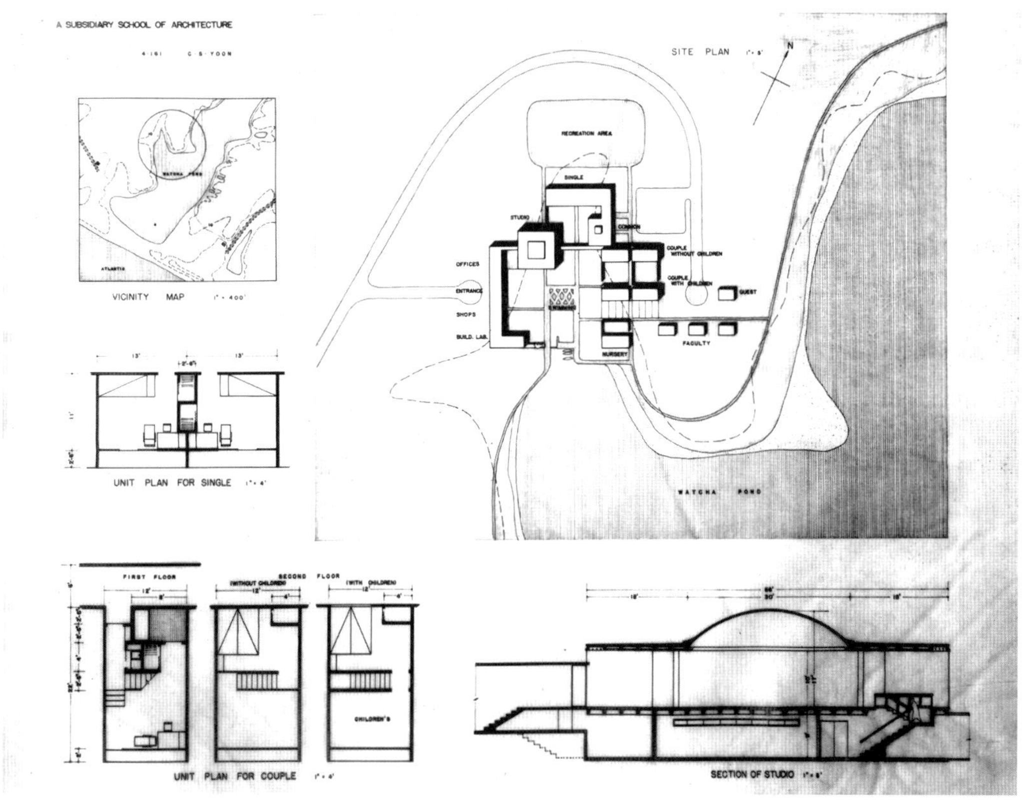

미국 유학과 시찰의 소감

MIT 건축학과의 석사과정에서 뜻있는 건축 수업을 했다. 나 자신을 재평가하며 건축설계에 관한 중요한 기본 원리들을 체득하였고, 건축 문제를 해결하기 위한 접근 방법을 배웠다. 디자인의 원리는 시대와 장소 차이에 관계없이 변함이 없다. 다만 지역적인 조건, 기후, 사회의 관습, 가치관들과 계승되어온 문화적 유산이 그들 자신의 건축 특성을 형성하게 만든다는 것을 인식하게 되었다. 내가 미국에 유학하기 전에는 우리나라의 문화적 유산에는 무관심했고, 서방 세계로부터 모든 것을 차용해 보고자 시도했었다. 그러나 이 방법은 올바른 방법이 아닌 것을 깨닫게 되었다.

우리 현대 건축의 발전 방향은 우리 문화적 유산 속에 깊숙이 뿌리를 가져야만 할 것이다. 우리 자신의 현대적인 건축 표현을 찾기 위해서는 우선 건축 디자인의 원리에 정통해야 한다. 다음에는 우리 문화유산의 장점과 단점들을 이해하기 위해 연구하며, 좋은 문화유산을 현대적으로 변용하여 계승해 나가는 방안을 계속 추구해야 할 것이다. 끝으로는 현대적인 건축 과학 및 기술과 재료들에 관하여 연구하며 그 활용 방법에 통달해야 한다. 이와 같은 모든 요소들을 통합하는 프로세스를 통해, 우리들의 특유한 현대적 건축 해결 방법을 발전시켜 나갈 수 있다고 생각하였다. 이와 같은 성취는 단기간 안에 또는 개별적인 노력만으로는 이루어질 수 없지만 모든 사람들이 협력하여 끈기 있는 노력들을 집적해 나간다면 점차 가능해질 것이라 생각하였다.

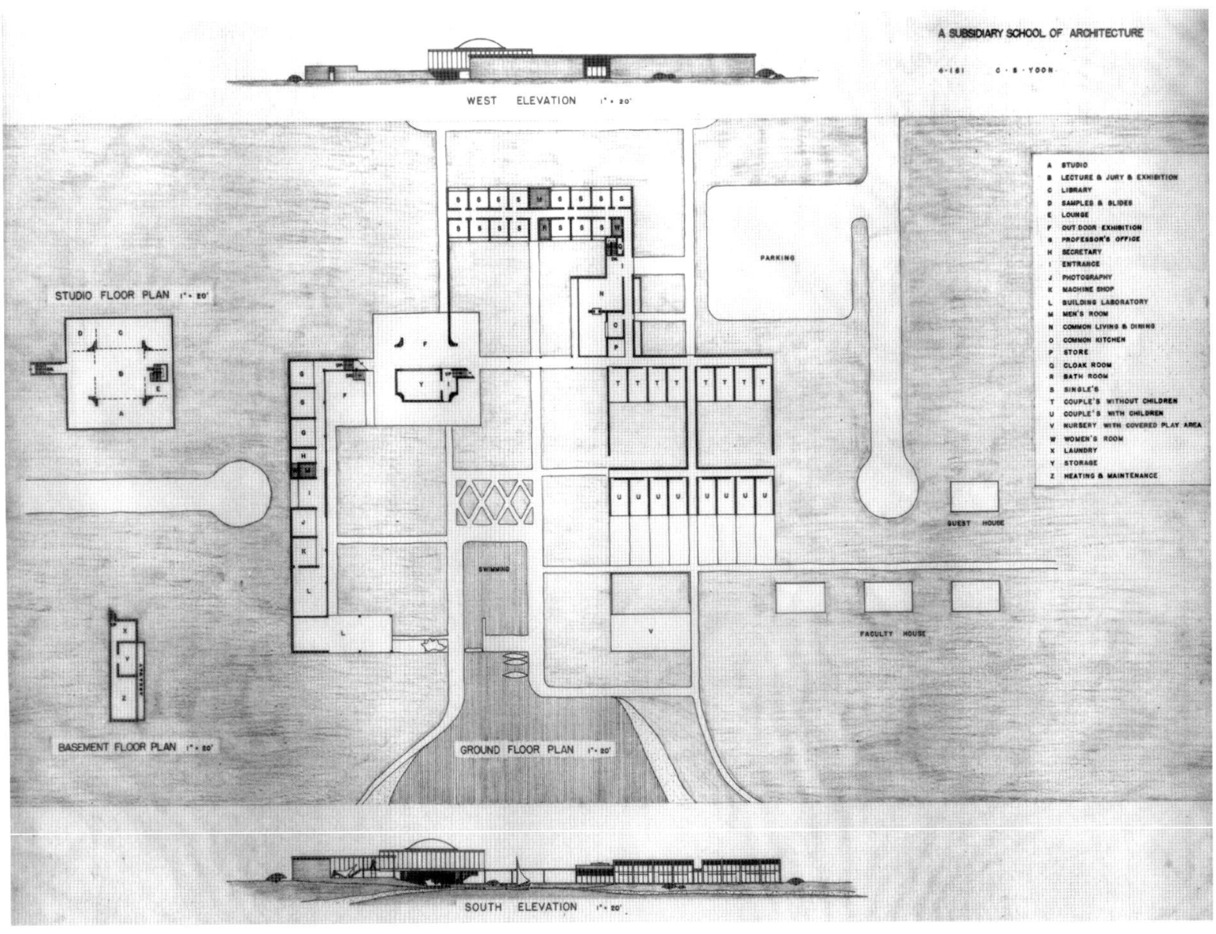

MIT 건축대학 분교 계획안

훌륭하게 준비된 여정 계획에 따라 미국 내에 건축분야의 활동 상황을 7개월 동안 견학할 수 있었던 것은 귀중한 경험이었다. 유명한 대학들의 건축 교육 실정, 유명한 건축가들의 건축설계 활동, 도시계획 및 주택사업 활동 등을 직접 보고 배우면서 백문이 불여일견임을 여러 번 실감했었다. 특히 월터 그로피우스, 프랭크 로이드 라이트, 피에트로 벨루스키, 루이스 칸, 아이 엠 페이, 오스카 스토노로프, 리차드 노이트라, 에스몬드 베이콘 등 세계적인 건축가와 도시계획 전문가들을 직접 대하며 그분들의 인품과 사상을 이해하게 됨은 나에게 진정 감명 깊은 일이었다. 그중에도 프랭크 로이드 라이트의 건축작품들은 우리가 탐구해야 할 방법의 기능성을 제시해 주는 것 같았다. 그는 서구문화 속에 동방 문화를 혼성하는 선구자였다. 그러나 우리들은 동방문화속에 서구문화를 융합하는 일을 시도해야 할 것이라고 느꼈다.

나는 미국 유학의 건축수업에서 습득한 건축설계의 원리와 현대적 건설 공법에 대한 지식을 나의 동료와 학생들에게 소개하는 한편, 우리나라 건축분야의 연구와 교육 및 실무 참여를 통해 우리나라 건축문화 발전에 공헌해 보고자 하는 소망을 품고 귀국했었다. 그러나 35년이 경과된 지금 그동안 나의 건축계 활동을 회상할 때, 그 소망한 바의 일부분도 충분히 이루지 못한 것을 유감으로 생각한다. 다만 남은 여생을 통해 기회 있을 때마다 못다 이룬 그때의 소망을 계속 성취해 보고자 하는 뜻을 마음속에 되새기고자 한다.

※ 건축가(1994.8)에 본 글을 쓸 때 소우는 69세였다.(그림과 사진들은 이번에 다시 작업)

대교약졸(大巧若拙)

대교약졸(大巧若拙: 큰 기교는 졸박한 듯함)은 노자 『도덕경』제45장에 기록되어 있다. 이와 함께 대변약눌(大辯若訥: 훌륭한 웅변은 말을 더듬는 듯함), 대성약결 기용불폐(大成若缺 其用不敝: 크게 완성된 것은 결함 있는 듯이 보이나 그 쓰임새는 쇠약하지 않음), 대영약충 기용불궁(大盈若沖 其用不窮: 가득 차 있는 것은 텅 비어 있는 듯이 보이나 그 쓰임새는 무궁함)이란 기록도 있다. 도덕경에 관심을 갖고 읽기 시작한 것은 1958년 MIT에 유학했던 때부터였다. 1958년 7월경 미국 필라델피아를 여행하던 중 유명한 건축가 오스카 스토노로프(Oscar Stonorov: 당시 프린스턴 대학 객원교수) 선생 저택에 초청되어 유숙했을 때의 일이었다. 스토노로프 선생은 서재에서 “The Existence of Intangible Content in Architectonic Form”이라는 책을 꺼내 보이면서 당시에 건축공간론을 저술한 것으로는 가장 훌륭한 책이라고 극구 칭찬하던 일이 지금도 새삼스럽게 생각난다.

이 책의 저자 아모스 이 티아오 장(Amos Ih Tiao Chang: 張一調) 교수는 중국인으로 미국에 유학하여 1945년 프린스턴 대학에서 석사학위, 1952년 박사학위를 받았다. 이 책의 내용은 그의 박사학위 논문이라고 생각된다. 이 책은 당시 절판되었으나, 1981년에 “THE TAO OF ARCHITECTURE”라는 표제로 다시 출간되었다. 이 책의 연구 내용은 건축적인 형태에 관해서 시지각적인 분야에 국한하여 연구 논술하였으나, 노자 사상을 통하여 건축 공간의 설계에 대한 예지와 통찰력을 새롭게 일깨워 주는 바가 적지 않다. 본인이 노자 사상에 깊은 관심을 갖게 된 것은 이 책을 읽고 난 후부터였으며, 특히 우리나라의 건축 문화를 비롯하여 모든 전통 민속 문화의 바탕에는 도가사상의 영향이 짙게 깔려 있음을 감지하게 되었다. 한국 문화에 대한 폭넓고 보다 깊은 체험을 하면서 이 같은 특성을 점점 많이 느끼게 되었다.

MIT에 유학하면서 한국 건축 문화를 연구하려는 뜻을 품기 시작하였고, 귀국한 후 1960년 여름에는 본인과 함께 당시에 건축설계 및 조사연구를 했던 사람들, 홍성철(서울대 11회 졸업, 재미 건축가), 이영희(당시 서울대 4년생, 희림건축 회장), 이동(당시 서울대 2년생, 전 서울시립대 총장) 후배들과 함께 각 지방에 있는 한국 전통 건축물의 조사 시찰을 시작했다. 그때 수덕사를 시작으로 서산 개심사, 안동 봉정사, 도산서원, 옥산서원, 구례 화엄사, 승주 선암사, 풍기 소수서원, 영주 부석사, 경주 황룡사지, 첨성대, 불국사, 석굴암, 최준 씨 고택 등을 답사해 보고 느낀 감격은 매우 컸다. 그 다음부터 계속하여 여름 방학이 되면 뜻을 함께하는 후배 및 제자들과 각 지방을 찾아다니면서 한국 전통건축을 조사했다. 그 때 동행한 후배 중에는 이경회(연세대 명예교수), 주남철(고려대 명예교수), 최용완(서울대 15회 졸업, 재미 건축가) 등이 있었다.

한국 전통의 건축 문화를 계속하여 조사 연구하면서 발견하게 된 것은 다음과 같이 요약할 수 있다. 한국의 전통 건축은 위치 선택에서부터 자연을 존중하며 지세에 잘 적응하고 조화하도록 많은 배려를 했다. 설계와 계획 면에 있어서도 인위적인 기교를 많이 쓰지 않았으며, 시공 방법도 기교가 적은 자연미를 잘 나타내도록 배려했다. 건축 재료의 가공과 사용에 있어서도 재료가 갖고 있는 자연 본래의 특성을 잘 살려서 사용했다. 기둥을 만들 때에도 나무의 자연적 형상이 그대로 나타나게 의도적으로 만든 것이 있다. 대표적 사례는 대구 동화사 대웅전 동북쪽 모서리 기둥과 논산 쌍계사 대웅전 기둥들로, 수간(樹幹) 밑 부분의 자연적인 형태가 그대로 나타나게 가공하지 않고 사용했다. 수덕사 대웅전의 우미량(牛尾梁)은 수간에서 굽어져 나온 부분을 치목하여 나뭇결의 방향이 우미량 형상과 같게 되어 있어서 부재의 강도에도 합리적이며, 부재 형태의 아름다움이 뛰어나다고 생각된다. 한국의 장인들이 만든 것은 개인의 역량과 지혜에만 의존한 것이 아니라 작위가 적고 자연과 잘 조화되며 무기교의 자연미가 나타나도록 했다. 따라서 한국 전통 건축에는 무위자연의 멋과 대교약졸의 멋이 나타나 있다고 깨닫게 되었다.

1972년 3월부터 1년 동안 타이완(臺灣) 청궁(成功) 대학 초빙교수로 있었을 때, 본인이 10여 년간 한국 전통건축에 관해 조사하고 연구한 자료들을 수집하고 정리하여 한국건축사연구(韓國建築史硏究) 논문을 작성해 8회에 걸쳐서 대한건축학회지에 발표했다. 당시에 타이완 청궁대학 건축학과는 교육 방법과 교육 시설들이 미국 대학에 못지않게 매우 좋았으며 도서실의 장서들도 매우 많고 훌륭했다. 본인은 그 당시 청궁대학 건축학과 도서실에서 명(明) 시대의 계성(1582~1644)이 지은 『원야(조원에 관한 기본 원리 및 기법을 기술한 책)』를 처음 찾아보고 감명 깊게 읽었다. 또한 20세기 초부터 활동한 중국 고건축 연구 분야의 선구자 양쓰청(梁思成) 교수의 문집과 연구 자료집성, 『영조법식주석(營造法式注釋)』, 『청식영조칙례(淸式營造則例)』 등을 참고할 수 있어서 본인이 한국건축사연구 논문을 작성하는데 많은 도움이 되었다. 특히 『고금도서집성(古今圖書集成) · 고공전(考工典)』 제6권 「공교부 예문(工巧部藝文)」에 기록되어 있는 당(唐) 시대의 유명한 시인 백거이가 쓴 〈대교약졸부(大巧若拙賦)〉를 찾아보고 매우 신기하게 생각했다.

〈대교약졸부〉의 글을 번역해 보면 다음과 같다. 이 번역문은 타이완 청궁대학 쑨취안원(孫全文: 당시 청궁대학 건축학과 대학원생으로 본인의 강의를 수강했음) 교수의 번역과 청주대학교 한문학과의 김갑기(金甲起) 교수의 번역을 본인이 참고하여 만든 것이다. 쑨취안원 교수는 부친이 중국 사람으로 서울 효자동에서 중화 요리점을 경영했으며, 모친은 제주도 사람이다. 그는 서울에서 출생하여 매동초등학교를 졸업한 후에 서울 화교 고등학교를 거쳐서 청궁대학 건축학과 및 대학원 과정을 마치고 1982년 독일 Stuttgart 대학에서 박사학위를 취득했으며 한국어에 매우 능통한 중국 사람이다.

대교약졸부(大巧若拙賦)

"기교가 작은 것은 인위적인 흔적이 남아있어서 능히 엿볼 수 있으나, 큰 기교는 인위적인 흔적이 드러나지 않음으로 능히 알 수 없다. 이는 주역의 손괘(巽卦)에서 취하여 수괘(隨卦)로 받은 것이니 운용함에 절도가 있고 실천함에 반드시 법규에 맞는다. 그러므로 큰 기교는 졸박함과 같다고 한 것이니 그 뜻이 여기에 있다. 마치 산에서 재목을 가려내고 만들 물건을 잘 고려하며 온 마음으로 일을 하니, 장인이 헤아리는 것은 번듯하게 만드는 것을 중요하게 생각하지 않는다. 그러므로 대들보를 올릴 때는 하늘로부터 부여 받은 대로 곧으며 수레바퀴를 만들 때는 땅에 연유하는 것을 취하여 굽은 것으로 만든다.

물건을 만들 때 감정을 누르고 올바르게 일하며 원칙과 순서를 따르는 것이니 이같이 하여 결국 멋있게 목수 일을 마칠 수 있고 만든 물건을 집안에 잘 놓을 수 있다. 이렇게 만든 물건은 눈으로 볼 때 크기가 적당하고 쓸데없는 데가 별로 없다. 쓰고 버리는 것이 순간적 판단에 의함으로 보는 즉시 그 쓰일 곳을 가려냄으로써 자재를 놓고 수고로운 고민을 할 까닭이 없다. 이런 후에 도에 맡긴 채 마음대로 쓸 수 있고, 재료 형태에 따라 물건을 만드니 진실로 인위적으로 하는 바가 없어도 절로 되고 쓰기에 따라 용도를 정해서 대상물에 너무 얽매이지 않고, 반드시 해야 할 일에 간결히 대응하게 될 것이다. 어찌 아침에 피곤해하고 저녁에 지치면서 매일 성찰하고 매달마다 시험한 후에야 큰 기교가 이루어지고 모든 물건이 버릴 게 없음을 알게 될 것인가!

그러한 즉 이 같은 뜻에 비교해서 그 유(類)를 취한다면 정치를 잘하는 자는 사물이 그 마땅한 자리에 쓰이게 하고, 사람을 잘 다스리는 자는 적재적소에 사람이 그 지위에 나아가게 하는 것과 같다 할 것이다. 크기가 알맞고 규칙에 따라 일에 어긋나지 않고, 비록 작은 조각칼이 없어도 일이 되며 재주를 자랑하지 않고 작은 조각의 기교를 중요하게 생각하지 않으니, 그 누가 무심의 기교라는 것을 이해할 것인가! 모든 사람이 졸박하다 하지만 그 물건의 본질이 변하지 않았으므로 나는 오히려 그런 것이 큰 기교라고 생각한다. 그런 점의 성공이란 바로 물건을 상하지 않고 고치지 않아서 완전한 물건이 되며, 또한 상하지 않아 일이 더 잘되니 마치 신의 도움을 받는 것 같이 되는 것이다. 초나라 서울의 뛰어난 장인(郢匠: 사람 코끝에 묻은 티를 손자귀로 단 한 번에 살갗을 다치지 않고 날려 버렸다는 전설적 장인)의 기술은 결국 도에 맞는 것일까?

노자의 가르침은 바로 여기에 있는 것이다. 아! 배와 수레는 기물이 다르고 기(杞: 소태나무)와 재(梓: 가래나무)는 서로 특성이 다르니 나무를 팔 도구가 없고, 술잔을 만들 도구가 없을 지라도 반드시 너비를 재고 크기를 정하여 원형과 네모형을 정하고 계획을 짤 때 물건의 길고 짧은 것만 아니라, 나무를 고를 때 곧은 것과 굽은 것만이 중요한 것이 아니다. 이야말로 공예의 요점이 되고 도의 중심이 된다. 이것을 일러 마음의 술(術)이라 하니 어찌 재주가 없다고 걱정하겠는가. 이를테면 크게 밝은 것은 약간 흐리게 보이고(大

明若蒙), 크게 차서 넘치는 것은 텅 비어 있는 것 같다(大盈若冲). 이 때문에 큰 기교(大巧)는 그 사소한 재주(末工)를 버리는 것이니 비로소 기교의 참 뜻을 알게 되는 것이다. 그것은 천진함을 어기지 않고 억지로 교묘하게 하지 않는다. 사람의 깊은 기교는 사물의 본성을 바꾸지 않고, 애를 써가며 작은 기교를 보이지 않는 것이다. 정말 이럴 수가 있다면 어찌 평범한 무리들과 더불어 재주를 뽐내며 공을 겨룰 필요가 있겠는가!"

이상의 백거이(자는 낙천, 772~846)가 만든 특수한 형식의 시문인 〈대교약졸부(大巧若拙賦)〉를 읽어보면 우리들은 대교약졸의 뜻을 한 층 더 깊게 되새겨 볼 수 있음을 느끼게 된다. 한국 전통건축에서는 기둥을 세울 때 반드시 자연의 이치에 맞게 나무의 자연적 특성을 살려서 사용했다. 기둥을 세울 때에 나무를 절대로 거꾸로 사용하지 않았으며, 수간(樹幹)의 밑 부분이 반드시 아래로 가게 세웠고, 나무의 자연적인 형상을 최대한 활용해서 사용했다. 박공지붕의 박공판을 설치할 때는 나무의 밑 부분을 처마도리에 위치시키고 수간(樹幹)의 윗부분이 최상부 종도리(宗道里)에 부착되게 하였다.

자연 그대로의 거대한 자연석을 사용하여 만든 고구려시대 광개토왕비는 무위자연의 멋을 매우 잘 나타내고 있는 대표적 실례라고 생각된다. 고대부터 우리 조상들이 갖고 있었던 무위자연과 대교약졸의 가치관 및 세계관은 계속 이어져 내려와서 조선왕조 시대까지 계승되어 내려왔다. 사실상 조선왕조 시대에 장인들이 만든 모든 것을 자세히 살펴보면 노자의 사상이 깊게 반영되어 있음을 알 수 있다. 역사책 『규원사화(揆園史話)』와 이능화(李能和) 선생의 『한국 도교사(韓國道敎史)』를 읽어보면 노자사상의 영향이 옛날부터 계속 이어져 내려왔음을 알 수 있다. 우리들은 장래에 있어서도 한국의 건축문화 활동과 예술문화 활동에 있어서 대교약졸의 멋과 무위자연의 특성을 계승해 나가도록 힘써야 할 것이다.

※ 건축 52권 6호(2008.6)에 본 글을 쓸 때 소우는 83세였다.

가훈

무위자연(無爲自然) 유순겸허(柔順謙虛)
순진우졸(純眞愚拙) 소요자적(逍遙自適)

인위적인 것과 억지로 꾸미는 일들을 없이 하고, 하나님께서 창조하시고 영원히 섭리하시는 자연의 아름다움과 오묘한 신비를 느끼고 깨달아 겸손과 양보를 명심하면서 욕심을 버리고 마음을 비우자. 어린이와 같이 순진하고 교혜(巧慧)스럽지 않으며, 어리숙하면서도 졸박(拙朴)한 멋을 즐기고 좋아하자. 그렇게 함으로써 아름다운 자연의 승경 속을 산책하듯이 스스럼없이 마음 편하게 이 세상을 살자.

숭신애인(崇神愛人) 이신득의(以信得義)
언행경성(言行敬誠) 도통지락(道通至樂)

하나님을 예배하고 숭경(崇敬)하며 이웃사람 사랑하기를 내 몸같이 하여 자비하는 자가 되자. 삼위일체이신 사랑의 주 하나님을 믿고, 순종하므로 의롭다 함을 얻자. 사랑과 믿음을 늘 간직하고 실천하면서, 말하는 것과 행동함에 있어 경건하며 성실하게 하여서 사랑과 믿음이 우리 가운데서 행동으로 성취되도록 하자. 마침내는 우리 주 하나님의 말씀과 그 뜻을 통달하여 지복(至福: 최상의 복)과 지락(至樂: 최상의 즐거움)의 경지에 들어가서 지상낙원을 이루며 내세에 가서는 천국 낙원에 이르러 영원한 복락을 누리자.

·
·
·

내 자신을 포함해서 우리 가족, 우리 친지와 우리의 모든 후손들이 몸과 정신(魂)과 영(靈)이 있는 힘을 다하여 사랑의 주 하나님을 믿고 선친의 가훈과 소우 가훈을 명심하며 훌륭한 우리 선조들의 언행을 귀감 삼아 선하게 살아감으로써 이 세상에서 도(道)와 덕(德)에 형통한 아름다운 삶을 영위하여 현세에서 즐겁고 건강하게 장수하며 내세에 가서도 영원한 복락을 우리가 함께 누리게 되기를 기원한다.

연보

•가족

1925. 1. 7. (음력 갑자 12. 13.) 서울 창신동 634번지에서 부친인 고 윤병순 박사(서울 법대 전신 법관양성소 졸업, 성균관 박사, 호 송은松隱 및 우졸옹愚拙翁)와 모친인 고 김순희 여사(권사)의 4남 1녀 중 3남으로 출생함.

1952. 9. 10. 고 신동완 선생의 장녀 신경희 여사와 결혼하여 2남 2녀를 둠.
장남 재신 이화여자대학교 교수/ 서울대 건축학과 졸업, 서울대·Strathclyde대·MIT 석사, MIT 박사
자부 이경림 이화여자대학교 교수/ 이화여대 약학과 졸업, 서울대 석사, Tufts대 박사
차남 재욱 한국외국어대학교 교수/ 서울대 산업공학과 졸업, KAIST 석사, Michigan대 박사
자부 최진영 서울대학교 교수/ 서울대 심리학과 졸업, Harvard대 석사·박사
장녀 재옥 호서대학교 명예교수/ 연세대 생화학과/건축공학과 졸업, 연세대 석사·박사
사위 강철구 동우건축 회장/ 연세대 건축공학과 졸업, 연세대 석사, 건국대 박사
차녀 재영 안산대학교 명예교수/ 이화여대 식품영양학과 졸업, 이화여대 석사·박사
사위 황병국 고려대학교 명예교수/ 서울대 농생물학과 졸업, 서울대 석사, Göttingen대 박사

외손녀 강지은 호서대학교 교수/ Virginia대 건축학과 졸업, Michigan대 석사
외손녀사위 김현우 호원대학교 교수/ Berklee음대 졸업, AAU 석사 // 외증손녀 김지우
외손녀 강효은 호서전문학교 교수/ Pratt Institute 석사, 세종대 박사 수료
외손자 황준 SOM 뉴욕/ 서울시립대 건축학과 졸업, Texas대(오스틴) 석사
외손자부 오미현
손녀 효선 조경건축가/ Parsons대 그래픽디자인 졸업, 서울대 환경대학원·Harvard대 석사
손녀사위 권용찬 Elkus Manfredi Architects 근무/ 서울대 건축학과 졸업, 서울대·Columbia대 석사, 서울대 박사 // 친증손녀 권예나
외손녀 황규라
손자 경호
손녀 설호, 진호

본관(本貫)은 남원(南原)이고 시조(始祖) 윤위(尹威), 남원백(南原伯), 호 벽송거사(碧松居士)의 24세손이며, 지후공(祗侯公)파, 봉례공(奉禮公, 之安)파에 속하고, 황해도 관찰사 윤반공의 9세손이며 윤덕준공(호 일암)의 8세손.

• 연보

1925. 1. 7. 서울 창신동 출생
1937. 3. 창신공립보통학교 졸업
1941. 12. 경성공립공업학교 건축과 5년 졸업
1942. 1. 조선주댁영단 기술과 근무(~1944.3.)
1944. 4. 경성관립공업전문학교 건축과 입학
1946. 7. 경성관립공업전문학교 2년 수료
1946. 9. 서울대학교 공과대학 건축공학과 입학
1946. 9. 경성공업고등학교 전임대우 교사(~1950.12.)
1950. 5. 서울대학교 공과대학 건축공학과 4년 졸업
1950. 6. 서울대학교 대학원 입학(1951.7. 1년 수료)
1951. 4. 공군 근무(~1955.10. 소령 예편, 재임 중 금성화랑무공훈장 수훈)
1952. 9. 신경희 여사와 결혼
1953. 3. 청구대학(영남대 전신) 건설공학과 시간강사
1953. 6. 장녀 재옥 출생
1955. 10. 한양대학교 건축공학과 전임강사(~1956. 11.)
1955. 10. 서울대학교 공과대학 및 육군사관학교 시간강사
1956. 4. 차녀 재영 출생
1956. 11. 서울대학교 공과대학 전임강사
1957. 12. 도미 유학, MIT 대학원 건축학과 입학
1958. 6. 장남 재신 출생
1959. 6. MIT 대학원 졸업, 건축학 석사
1959. 6. Victor Gruen 건축사무소 실무 수련
1959. 9. 서구 시찰 여행 후에 귀국
1960. 8. 차남 재욱 출생
1960. 8. 서울대학교 조교수
1965. 7. 서울대학교 부교수
1965. 7. 1급 건축사 면허 취득
1966. 3. 국회의사당 건립 상임위원(~1975. 8.)
1970. 1. 서울대학교 교수
1972. 3. 자산중국(自山中國) 행정원 소개 成功大學 객좌교수(~1973. 2.)
1974. 2. 서울대학교 대학원 공학박사 학위 취득(주제: 한국 건축사 연구)

1976. 5. 문화공보부 문화재위원

1980. 4. 대한건축학회 회장

1981. 8. 학술원 회원

1986. 3. 서울대학교 공과대학 건축학과 동창회장(~1988. 2.)

1987. 5. 문화재 위원회 부위원장

•수상

1974. 한국일보 출판문화상 저작상

1975. 대한건축학회 논문상

1975. 국회의장 감사 표창

1981. 서울시 문화상(건축부문상)

1983. 한국과학기술도서상 저술부문상

1983. 대한건축학회 공로상

1987. 대한민국 학술원상(자연과학 응용부문) 수상

•저서

〈서양건축〉

1970. 서양건축사, 문운당

1975. 서양건축사, 동명사

1987. 서양근대건축사, 보성문화사

1987. 서양현대건축, 보성문화사

1994. (신편)서양건축사, 동명사

1996. 서양건축문화의 이해, 서울대학교출판부

1998. 서양근대건축, 서울대학교출판부

2003. (신편)서양건축사, 동명사

2004. 서양근대건축사, 기문당

2009. 서양건축사(개정판), 동명사

2014. 서양건축문화의 이해(신판), 서울대학교출판문화원

2015. 서양 근대 건축, 서울대학교출판문화원

〈한국건축〉

1973. 한국건축사, 동명사(한국일보출판문화상 저작상)

1982. 한국건축사론, 동명사

1983. 한국건축연구, 동명사(한국과학기술도서상 저작상)

1990. 한국건축사론, 기문당

1996. 한국의 건축, 서울대학교출판부

1998. 석불사(공저), 학천

2000. (신개정)한국건축사, 동명사

2002. 한국의 건축(신판), 서울대학교출판부

2003. 韓國の建築(西垣安比古 번역), 東京:中央公論美術出版

2003. (신판)한국건축사, 동명사

2008. 한국건축사(증보판), 동명사

2008. 한국의 건축(최신증보판), 서울대학교출판부

〈주거학〉

1981. 주거학(공저), 서울대학교출판부

1982. 주거학(공저), 서울대학교출판부

1982. 주거학, 교문사

1986. 주거학(공저), 한국방송통신대학출판부

〈동양건축〉

1982. 동양건축사, 동명사

1999. 중국의 건축, 서울대학교출판부

2000. 일본의 건축, 서울대학교출판부

2002. 인도의 건축, 서울대학교출판부

〈건축음향〉

1983. 건축음향계획론, 동명사

2007. 건축음향계획론(수정판), 동명사

〈건축계획〉

1984. 건축계획연구, 기문당(문화공보부 추천도서)

1984. 건축설계연구, 기문당

1985. 건축학연구, 태림문화사

1985. 건축학개론, 태림문화사

1999. 주거건축계획(공저), 교문사

〈건축수필〉

1984. 건축수기, 태림문화사

1994. 삶의 길목에서, 기문당

1995. 전통과 창작(공저), 서울대학교출판부

2003. 영원한 동반자들, 이석미디어

2007. (신판)영원한 동반자들, 학천

2012. 소우 미수 기념문집, 기문당

2017. 그가 있었기에: 최순우를 그리면서(공저), 진인진

〈번역〉

1984. 건축공간과 노자사상, 기문당

1986. 건축설계방법론, 태림문화사

1988. 디자이너의 사고방법, 기문당

1988. 건축공간과 노자사상(개정판), 기문당

1990. 커뮤니티 참여 디자인 방법론, 태림문화사

1990. 건축사, 동일출판사

〈건축기행〉

2003. 기독교 성지순례, 이석미디어

2005. 북유럽 건축기행, 기문당

2005. 중국 건축기행, 기문당

2006. 서유럽 건축기행, 기문당

2007. 기독교 성지순례(신판), 이석미디어

2007. (신판)기독교 성지순례, 학천

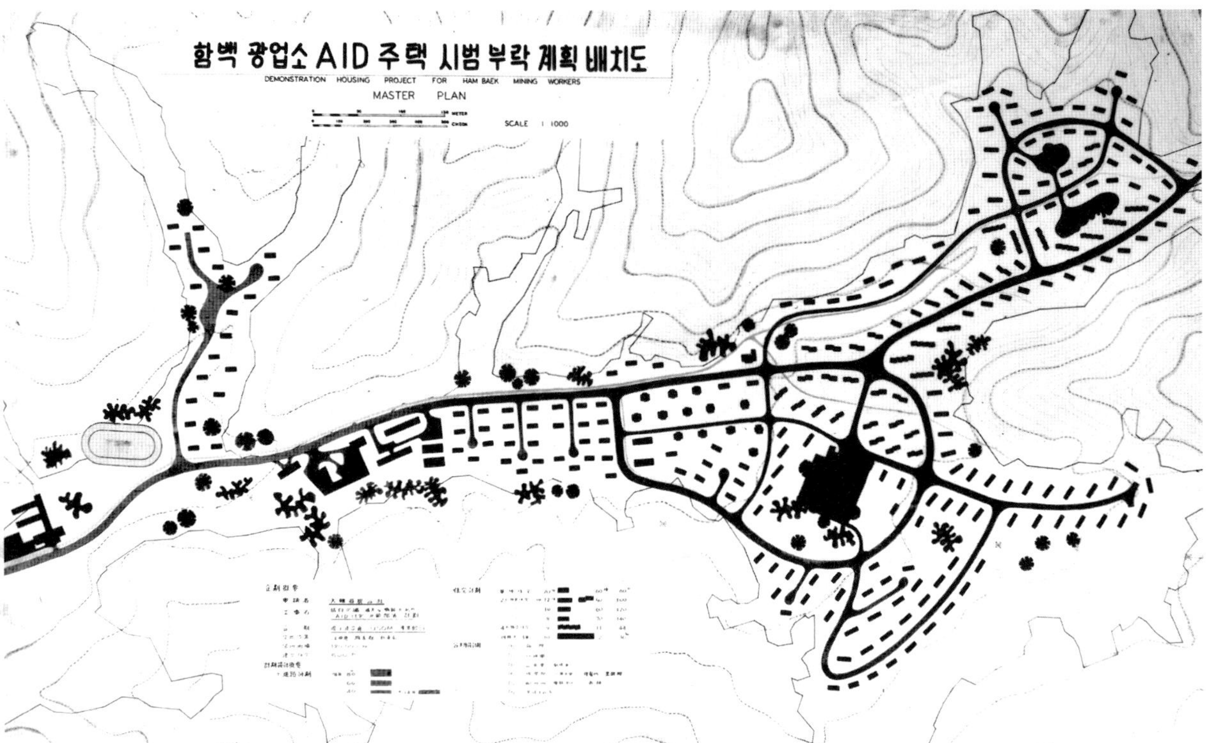
함백 광업소 AID 주택 시범 부락 계획 배치도
DEMONSTRATION HOUSING PROJECT FOR HAM BAEK MINING WORKERS
MASTER PLAN
SCALE 1:1000

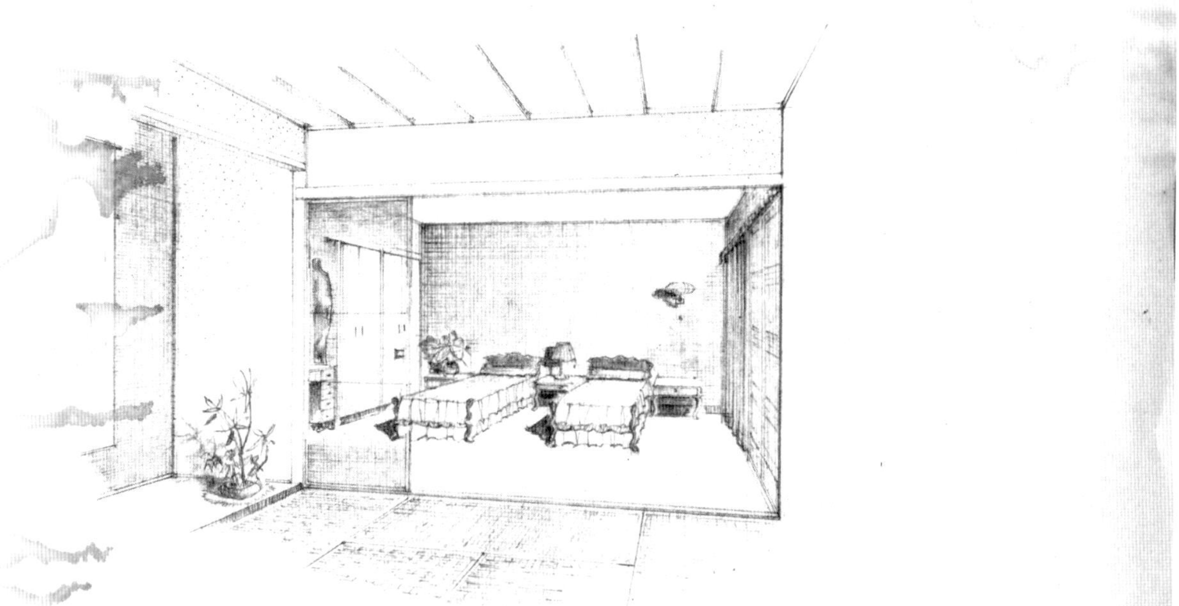

收錄 出版紀念會

추모비

소우 윤장섭

윤장섭(尹張燮, 筱愚) 선생은 윤병순(尹秉純, 愚拙翁) 박사의 3남으로 태어나 한국 건축학의 역사와 이론을 구명하기 위해 노력했다.

소우는 한국건축사 연구의 기틀을 다졌을 뿐 아니라 다양한 건축 설계작업에도 참여했다. 35년간 서울대 교수로 재직하면서 수많은 건축학 인재를 양성했고, 문화재위원, 대한건축학회 회장, 학술원 회원으로 활동하면서 건축 문화재 보존, 건축 학계발전의 기틀을 다졌다.

소우는 최초의 한국 건축사 통사인 '한국건축사'를 비롯해 30여권의 건축서를 저술하는 등 우리나라 건축학의 개척자였을 뿐만 아니라 건축학 교육의 전통을 세운 분으로 그 명성을 길이 보전하기 위하여 추모비를 세운다.

2022. 1. 19

소 우 회

소우와의 만남

02

열정과 순수

조창한 경희대 명예교수

소우 선생님과의 만남은 학부 2학년 2학기였다. 선생님과 무애(無涯) 이광노 선생님이 함께 전임으로 부임하면서였다. 두 분의 부임으로 학과의 진통이 수습되었다. 그 진통은 충실한 학습권의 요구에서 시작되었다. 그 중심에 우리 88동기들인 1955년 입학생들이 있었다(당시는 단기를 쓰던 시절로 우리는 아직도 88을 동기모임 명칭으로 사용하고 있다). 그런 까닭에 두 분 선생님과 우리 88동기들과의 관계는 남달랐다.

되돌아보면, 우리 세대는 초등학교 상급반에서야 '가갸거겨'를 깨우쳤고 6.25로 날짜 채움만으로 진학하였다. 그런 우리에게 정상적 학교수업의 바램은 오히려 자연스러웠다. 더구나 교사도 불암산 기슭 옛 경성제대 이공학부 자리를 되찾아온 첫 세대여서 수업도 제자리를 찾으리라 기대하고 있었다. 그러나 현실은 너무 달랐다. 첫 해는 전공구별 없는 반 편성으로 시행된 예비교육 과정이었고, 2년차부터 학과별로 전공 수업이 진행되었다. 그러나 우리 건축학과의 전공수업은 아주 부실하였다. 여러 차례 개선을 요구하였다. 그럼에도 불구하고 고쳐지지 않았다. 결국 우리는 수업을 거부하기에 이르렀다. 당시로서는 상상 밖의 행동이었다. 학생운동의 시발점이었던 프랑스의 68학생운동과 비교해도 그렇다. 우리의 항의는 68보다 12년이나 앞선 일이었으니 당시로서는 곱게 볼 수 없었을 것이다. 적지 않은 선배들도 우리를 불손하게 여겼다. 프랑스의 68운동은 급속히 비대해진 대학의 외형과 부실한 대학교육과의 괴리에서 시작되었다고 알려졌다. 그러나 실은 낭테르 대학(파리 10대학)에서 남학생이 여자 기숙사에 자유로운 출입을 요구하는데서 시작되었다. 행동의 순수함이 우리와는 완연히 달랐고 그런 까닭에 우리 88동문들은 당시의 행위를 무척 자랑스럽게 가슴에 새기고 있다.

학교는 결국 우리 뜻을 받아들여 한 분 교수의 퇴임과 두 분을 새로 임용하는 것으로 매듭지었다. 그 때 초빙된 교수가 소우 윤장섭 선생님 그리고 무애 이광노 선생님이다. 두 분은 교육에 성의를 다하셨다. 윤장섭 교수님의 강의는, 그 후 건축교육을 미국 최초로 시작한 MIT의 교육경험까지 보태지면서, 더욱 알차졌다. 한편 이광노 교수님은 페이(I M Pei) 사무실에서의 생생한 실무경험을 바탕으로 지도에 임하셨다. 윤장섭 교수님의 건축사는 강의내용의 원고를 등사본으로 제공하며 진행하셨다. 당시는 참고 서적도 구할 수 없는 때라 교수의 강의를 필기에만 의존하던 시절이었는데, 교수님의 배포해주신 자료는 너무나 귀할 수밖에 없었다. 그 원고는 후에 '서양건축사'로 출판된 선생님의 첫 저서의 초안이었다.

선생님의 강의는 정말 열정적이었다. 나는 대학원 석박사과정에서도 선생님의 강의를 수강하였다. 특히 노자의 도가사상으로 본 건축강의에서 보여준 그 열의는 대단하였다. 지금도 그때의 열정적 강의 모습이 눈에 선하다. 나는 또 선생님의 실시설계를 도와드리기도 하였다. 태평로의 시의사당 맞은편 건물 뒤에 당시 국회사무처의 부속건물을 설계하실 때였다. 선생님은 당면 문제들을 신중하게 접근하시면서 수정과 발전을 반복하셨다. 제기하신 질문은 항상 어린아이 같은 순수함에서 출발하였다.

그런 선생님의 섬세함과 순수함은 함께 여행하면서도 보여 주셨다. 2003년 안영배 교수님, 김광문 교수님 그리고 고성룡 교수와 함께 선생님을 모시고 인도 여행을 한 적이 있다. 그 때는 선생님은 이미 저서 '인도의 건축'을 출판한 후였는데도, 첫 대면자인 것처럼 살피며 동행에게 물음을 던지시곤 하셨다. 마치 어린아이 같았다. 선생님의 그런 호기심은 주변 사람들을 놀라게 하였고 때론 힘들게도 하였다. 그러나 아마도 그 순수함이 선생님의 그 많은 업적(30여 권의 저서와 6권의 번역서 그리고 90여 편의 논문)의 원동력이었음이 분명하다. 이런 엄청난 저술의 업적을 누가 넘을 수 있을까 하는 생각마저 든다.

선생님은 제자사랑에도 적극적이셨다. 동기들의 결혼식에도 거의 빠짐없이 찾아주셨다. 가족 중심으로 진행된 나의 결혼식에도 참석하셨다. 조촐하게 계획하여 주변에 알리지도 않았는데 어떻게 아시고 오셨다. 놀랐던 기억이 새롭게 떠오른다. 선생님께 감사드린다.

'영원한 동반자' 원리의 회상

유경재 안동교회 원로목사

윤장섭 교수님께서 가신지 어언 3년이 지나 추모문집에 글을 쓰려 하니 다시 한번 아름다웠던 그분의 삶을 떠올리게 됩니다. 안동교회 부임하여 28년 동안 목회하면서 많은 분을 만났는데, 그중 윤 교수님은 저에게 바람직한 삶의 모습이 어떤 것인가를 보여주셨습니다. 학자로서 끊임없는 열정으로 연구하며 이룬 학문적 업적과 한 가정의 남편이요, 어버이로서의 그분의 다정함으로 이룬 가정의 화목함, 그리고 꾸준한 신앙생활로 깊이 통찰하여 이룬 삶의 원리 등은 쉽게 만나볼 수 없는 탁월한 삶의 교본이었습니다. 특히 그의 "영원한 동반자" 사상은 깊이 있는 신학적 통찰이었습니다.

윤 교수님께서는 죽음이 삶의 종결이 아니라 하나님의 영원한 생명에 연결되는 통로요, "하나님이 창조하신 우주 만물은 함께 서로 조화롭게 영원히 공존하는 '영원한 동반자들'"이 되는 길이라고 보셨습니다. 2007년에 발간한 소우 팔순기념문집 『신판 영원한 동반자들』에 다음과 같이 쓰셨습니다.

"나는 팔순을 맞이하면서 우리 부부뿐만 아니라 우리 가족, 친지, 동료, 선후배들과 우리 주위의 모든 사람이 상호 간에 인생의 "좋은 동반들"이 되어 서로 아끼며, 이해하고 감싸주면서 살아가야 한다고 생각하게 된다. 우리는 천상천하유아독존이 아니라 태고 때부터 내려온 선조들의 혈통과 유산을 이어 나가면서, 우리가 성취한 문화유산을 첨가하여 먼 후손들에 계승해 나갈 것을 희망한다. 선량한 동반들의 역할은 태고 때 조상들로부터 시작되어 영원하게 우리 후손들에게 이어져 나가야 할 것이며, 이 관계는 하나님이 창조한 지구상의 모든 생명체에까지 연장되어야 한다고 생각한다. 최근 논의되고 있는 온생명(Global Life)에 관한 제창을 참고하면서 하나님이 창조하신 우주 만물은 함께 서로 조화롭게 영원히 공존하는 "영원한 동반자들"임을 나는 새삼스럽게 강조하여 보고 싶다."(26쪽)

수필 "영원한 동반자들"의 제목을 그대로 문집의 제목으로 삼으신 것을 보면 그분이 그 사상을 깊이 생각하신 것이 분명합니다. 우리가 곰곰이 이 말씀을 생각해 보면 거기에 깊은 뜻이 있음을 알 수 있습니다.

하나님이 창조하신 세계는 모두가 함께 살아가도록 창조되었습니다. 우주는 아주 정교하게 창조되었기 때문에 그중 어느 하나가 이탈하여도 전체적으로 영향을 미치게 됩니다. 서로 유기적으로 연결되어 있기에 서로 떨어져서 존재할 수 없고, 함께 그 생명을 가꾸어 가지 않으면 안 됩니다. 이것이 창조의 중요한 원리입니다. 윤 집사님은 이것을 영원한 동반자 원리로 보셨습니다. 내가 살기 위해서는 '너'가 살아야 하며, 인간이 살아가려면 자연이 필요합니다. 지구가 존재하려면 태양이 필요하고, 이

태양계가 존재하기 위해서 우주가 필요합니다. 우주는 그것을 창조하신 하나님의 손길이 없이는 존재할 수 없습니다.

윤 교수님께서 말씀하신 "영원한 동반자들"이란 개념 속에 이런 원리가 다 포함되어 있다고 하겠습니다. 윤 교수님께서 건축학을 하시면서 이런 하나님의 창조 원리를 깨달으신 것 같습니다. 왜냐하면 창조의 원리가 곧 그대로 건축의 원리가 되기 때문입니다. 그래서 건축의 원리를 배우면서 영원한 동반자의 개념을 생각해 내신 것 같습니다. 건축은 다져진 기초 위에 기둥을 세우고, 벽돌을 한 장 한 장 쌓는 일, 그리고 지붕을 덮고 문을 달아 하나의 완성된 건물을 만드는 것인데, 각 개체가 서로 완벽하게 연결되고 한 치의 오차도 없이 정확하게 맞추어질 때 든든한 건물이 완성됩니다. 조금이라도 어긋나면 부실 건축으로 오래 가지 못해 무너질 것입니다. 윤 교수님께서 이런 건축의 원리를 생각하시면서 이 땅의 살아가는 사람들은 개별 존재이지만 홀로 살 수 없고, 서로가 긴밀하게 동반자로 연결될 때 평화롭고 아름다운 삶을 이룩할 수 있다고 보셨습니다.

그런데 잠깐이 아닌 영원한 동반자가 되려면 무엇보다도 상호 간의 사랑이 필수적입니다. 사랑 없이는 동반자가 될 수 없습니다. 그러나 유감스럽게도 오늘날의 세계는 서로 동반자가 될 만큼 사랑하고 있지 못합니다. 동반자가 아닌 적대자로 서로 대치하며 갈등하고 싸우고 있습니다. 왜 그럴까요? 그것은 인간이 하나님을 등지고 떠나므로 하나님으로부터 공급받아야 할 사랑을 잃었기 때문입니다. 하나님의 생명 체계 안에 그의 지으신 만물이 존재하고, 거기에 연결이 되어 항상 하나님으로부터 생명의 원천인 사랑을 공급받지 못하면 만물은 병들게 되고 죽음에 이르게 됩니다. "하나님은 사랑이시다"라는 성경의 말씀대로 하나님은 사랑을 기초로 하여 만물을 창조하셨고, 따라서 사랑의 순환을 통하여 만물을 건강하게 하십니다. 이 사랑의 순환이 활발하게 이루어질 때 모든 생명이 동반자가 되어 아름다운 하나님 나라를 이루게 됩니다.

지금의 세계는 바로 이 사랑을 잃었고, 그래서 동반자가 아닌 적대자가 되었고, 자연은 파괴되었으며, 하나님의 생명 질서가 모두 혼란에 빠졌습니다. 이 때문에 하나님은 그의 아들 예수 그리스도를 보내셔서 이를 치유하심으로 창조 질서를 바로잡으셨고, 우리로 하나님의 사랑을 회복하게 하셨습니다. 우리가 믿음으로 이런 구원의 은총을 받아들일 때 하나님의 사랑이 우리에게 공급되면서 우리 속에서 다시 사랑의 샘이 솟게 되었으며, 그 사랑을 통해 우리의 생명이 회복되고, 하나님의 생명 체계에 다시 연결되었습니다. 동반자 관계가 회복될 수 있게 되었습니다. 그리스도를 통한 사랑의 회복은 바로 생명의 회복이며, 내 존재의 회복임과 동시에 영원한 동반자의 회복입니다. 윤 교수님께서 우리가 영원한 동반자가 될 수 있다고 보신 것은 바로 영원한 생명이신 그리스도께서 이룬 회복의 역사에 대한 믿음이 있었기 때문입니다. 그래서 윤 교수님께서 그의 전 생애를 통해서 이 믿음을 따라 행동하셨고, 사랑을 실천하셨습니다.

윤 교수님께서는 무엇보다도 가족들을 가장 가까운 동반자들로 귀히 여기셨습니다. 윤 교수님께서는 가족뿐 아니라 "친지, 동료, 선후배들과 우리 주위의 모든 사람이 상호 간에 인생의 '좋은 동반들'이 되어"야 한다고 하셨고, 그렇게 사셨습니다. 그리고 더 나아가 태고 때부터 있어 온 조상들의 유산과 전통을 이어받고, 오늘 우리의 삶을 발전시켜 먼 후손들에게까지 전해야 하겠다고 하셨습니다. 윤 교수님께서는 현재 살아있는 사람들만이 아니라, 앞선 조상과 뒤에 오는 후손 모두가 동반자라고 보셨습니다. 그리고 한 걸음 더 나아가 동반자 관계는 하나님이 창조하신 지구상의 모든 생명체에까지 연장되어야 한다고 하셨습니다. 윤 교수님의 이런 믿음, 이런 철학은 성경의 가장 중요한 핵심을 붙잡으신 것이라고 봅니다.

이제 3주기를 지나면서 그의 이런 폭넓은 "영원한 동반자" 신앙을 회상하며 남은 자들이 이런 신앙을 바탕으로 우리 사회를 갈등을 치료해 갈 수 있다면 먼저 가신 그분도 기뻐하실 것입니다.

소우 선생님을 추모하며

이경희 연세대 명예교수

소우 선생님과의 인연은 60여 년 전으로 거슬러 올라갑니다. 내가 1959년 대학에 재학 중이던 어느 날 당시 학과장 최희창 교수님과 함께 학생대표로 소우 선생님을 독립문 근처 향촌동 자택으로 찾아 뵌 기억이 새롭습니다. 이는 미국 MIT에서 학위를 마치시고 서울대에 복직하신 선생님을 우리대학에 초빙하기 위해서였습니다. 여러 사정으로 끝내 모시지는 못했으나 건축의장학 강좌를 통해 선생님과 깊은 사제지간의 연을 맺게 된 것은 나에게 크나큰 행운이었습니다.

그 후 나는 대학원과 전임강사 시절에도 줄곧 한국건축 연구에 몰입해오는 가운데 선생님과의 연은 날로 깊어만 갔습니다. 1967년 여름 선생님을 모시고, 한국 고건축 전문가 최용완 선생과 함께 남도 각지로 한국건축을 답사할 기회를 가졌습니다. 특히 구례 화엄사를 방문했을 때에 사사자삼층석탑을 보시고 감탄하시며 스케치북에 직접 그리시면서, '이 탑이야말로 한국석탑 중에서 가장 아름다운 탑이라고' 하시던 말씀이 아직도 귀에 들려 오는 듯합니다. 남원 실상사 백장암에 오를 때 땀이 비오듯 하는 데에도 앞장서서 오르시던 모습이 눈에 선합니다.

매사에 솔선수범 하시며 학문에 대한 남다른 열정과 사랑은 우리나라 건축 학계에서 그 누구도 가히 따를 수가 없을 것입니다. 오로지 학문에 대한 열정과 그 성취로 일찍이 대한민국 학술원 회원으로 선임되셨고, 정년 후에도 끊임없는 저술을 통해 25권이 넘는 주옥같은 저서를 남기셨으며, 이 중 '한국의 건축'은 고전으로 길이 후대까지 남을 불후의 명저입니다. 또한 대한민국 국회의사당 상임 건립위원과 정부 주요 기관의 각종위원, 대한건축학회 회장을 역임하시면서, 우리나라 건축 발전에 큰 족적을 남기셨습니다. 뿐만 아니라 자유중국 행정원 초빙교수와 일본 학술진흥회 및 구주산업대학 초빙교수로 국제적으로 널리 알려지신 한국을 대표하는 석학이셨습니다.

소우 선생님은 주님 은혜를 받으신 독실한 성도이십니다. 평생 하나님 말씀을 따라 사셨고, 성지순례를 통해 믿음의 깊이를 더해가시다 하나님의 품으로 떠나가신 지 어느새 3년을 맞이하게 되었습니다. 선생님이 남기신 학문사랑 정신은 후학들에게 연연히 전승될 것이며, 선생님의 이웃사랑 마음은 온 후손들에게 대대로 이어 질 것입니다. 늘 잔잔한 미소로 후학을 이끄시던 윤 교수님의 인자하신 용안은 모두에게 영원히 기억될 것입니다.

존경하는 윤장섭 교수님! 이제는 천국에서 모든 짐 주님께 맡기시고 후손들 오순도순 살아가는 모습을 내려다보시며 영생복락 누리옵소서!

무도를 즐긴 멋쟁이 신사

이형기 PARA클럽 전 회장

윤장섭 교수님은 인생을 부드럽게 아름답게 사신 분이다. 교수님은 서울대 건축학과 교수로 유명하셨을 뿐만 아니라 '한국건축사'의 저자로 널리 알려지신 분이고, 국회의사당, 서울대 관악캠퍼스의 설계에도 크게 참여 하신 분이다. 우리 부부가 직접 만나 뵙게 된 것은 PARA클럽이라는 한국사회에서 최초이고 최고를 자부하는 사교클럽에서였다. 교수님의 따님과 사위(윤재옥교수·강철구회장)가 PARA클럽의 창립 멤버로 우리부부와 함께한 인연으로 더 친밀하고 가까이에서 뵈올 수 있었다. 특히 교수님은 내 아내가 같은 성씨(윤숙자)라 하며 더 귀여워 해 주셨고, 아내 또한 교수님 내외분을 존경하였다.

그러던 어느 해 교수님 내외분의 금혼식 댄스파티를 서울 남산 힐튼 호텔에서 개최하였는데, 그 때 사회를 우리 부부가 맡았다. 개회 시작과 더불어 연회장에 불이 꺼지고 부드러운 음악이 울려 나왔다. 스포트라이트를 받은 한 쌍의 백조가 월츠를 추며 플로어를 미끄러지고 있었다. 우레와 같은 박수와 함께 교수님의 친구, 후배 교수들이 모두들 놀랐을 거라고 확신한다. 당시만 해도 서양 전통무도를 즐긴다는 것은 한국에서는 감히 상상하기도 어려웠다. 조선, 그랜드하얏트, 힐튼 등 대형 호텔에 그랜드볼룸이 있었으나 그 곳은 춤을 위한 볼룸이 아니라 만찬회와 조찬회로만 사용되고 있었다. 호텔에 장소를 빌려 무도를 곁들여 파티를 하려는 고객이 없었고 서양의 모던댄스가 한국에 많이 보급되어 있지 않았기 때문이다.

이런 시기에 교수님의 맏사위 강철구 회장은 그 잘난 인물에 최고의 멋을 알고 배우고자 하는 멋쟁이(광고 모델로도 출연)이었다. 그는 일찍부터 영국 블랙 풀 아마추어 댄스대회 출전도 하였고, 범무스의 모던댄스 대회 참관을 10년 동안 거르지 않고 할 정도의 마니아였다. 그는 국내에 모던댄스가 도입이 되어 태동이 되어갈 무렵 한국 사회에 건전 무도를 활성화하는 운동을 벌려야겠다는 꿈을 일찍부터 갖고 있었다. 노방현회장 내외, 강회장 내외와 우리부부 등 몇몇이 주동이 되어 지하 어두운 카바레 문화에서 밝은 호텔로 끌어내어 한국에도 국력에 맞게 고급 품위 있는 무도 문화를 창도하자는데 뜻을 같이 하였다. 그 운동은 성과를 보여 1년에 3-4회 그랜드하얏트 호텔 그랜드볼룸에서 외교사절들과 귀빈들을 초청해서 한국에도 비엔나 월츠가 흐르게 되었다.

1995년 파라클럽 창립 다음 해에 강회장은 장인, 장모님을 파티에 모시고 왔고, 이를 계기로 교수님은 몇 달 후 PARA(동반자, 함께, 위하여의 뜻)클럽에 신입회원으로 입회하셨다. 파라클럽에 입회하신 후에는 정기파티, 일요모임 등 교수님 내외분은 꾸준히 참여 하셨고 댄스시범도 여러 번 하셨다. 가장 연세가 많으신 원로로서 파티를 항상 빛나게 하시면서 즐거워 하셨다. 무도는 이제 스포츠의 한 분야가 되었다. 모든 운동이 좋고 즐겁다고 하지만 때에 따라서는 힘든 부분이 있다. 그러나 무도야 말로 아름다운 선율에 맞추어 자기도 모르게 흥에 겨워 움직이다 보니 운동이 자연적으로 되어 그 장점이 대단한 것이다. 초대회장 노방현 회장은 '춤을 모르고 사는 사람은 너무 불쌍하다'고 표현 했을 때 나도 처음에는 좀 과도한 표현으로 생각했는데, 얼마 후 고개를 끄덕이게 되었다.

교수님은 늦은 연세에 무도에 입문하셨으나 새롭고 필요한 생활 문화를 체험하시고 즐기시고 사신 분이다. 지식으로 사회에 공헌하시고 사위 딸과 함께 무도를 즐기신 한국의 멋쟁이 신사가 바로 윤장섭 교수님이시다.

선생님, 선생님

홍대형 1971년 석사 · 1990년 박사

소우 윤장섭 선생님께서 우리들 곁을 떠나신 것이 어느 틈에 삼 년이나 지나버렸다. 나는 비교적 늦게 박사과정을 시작하였고 선생님의 자상한 지도로 선생님께서 정년 되실 때 겨우 심사 끝낼 수 있었고, 마지막 박사 제자로 기록되었다. 선생님을 생각하면 지금도 전화 드리면 받아주실 것 같이 늘 우리 곁에 계신 것 같은데. 벌써 삼 년이나 되었다니...

내겐 너무나 많은 선생님과의 기억이 있어 무엇으로 쓸가 생각하다 선생님께서 일찍 정리해 놓으신 여행기 3권이 눈에 들어와 책에 기록하신 내용 말고, 내 기억에 남아 있는 특별한 여행 일화를 다시 새겨 선생님의 자상하셨던 모습을 함께하는 것으로 마음을 정하였다.

오래전 윤도근 교수님이 주축이 된 스페인-포르투갈 건축기행 팀에 소우 선생님의 권유로 안영배 선생님과 함께 참여하게 되었다. 스페인 도착 첫날 처음 방문한 왕궁에서 마지막 코스인 기념품 판매점에서 왕궁 소개 화보 책 한 권을 현금으로 사고는 다음 방문지로 뛰어 뒤따라갔는데, 이 때 내 주머니에 분명히 잘 넣은 지갑이 저녁때 숙소인 호텔 식당에서 보니 감쪽같이 없어져 얼마나 당황했었는지. 급히 서울로 전화해 바로 지갑 속에 넣어 두었던 신용카드의 분실 신고를 부탁하고 자리에 돌아와 식사를 하였는데, 이 때 내 지갑 분실 이야기를 들으신 소우 선생님께서 내게 오시어 비상용으로라도 최소한의 돈이 있어야 한다며 내 손에 미화 200불을 쥐어 주셨다. 후일 마지막 귀국길이 된 마르세이유 대로변에서 아침 출발을 위한 관광버스를 기다리다 바로 뒤의 구두점에 들어가 구경하게 되었고, 마지막 기념품이라도 사라고 권하시는 선생님 말씀에 그곳에서 선생님께서 주신 돈으로 한 여름용 샌달 구두를 샀고, 아직도 여름이면 윤선생님 생각하며 잘 신고 있다.

소우 선생님과 함께 한 해외 답사 여행의 추억은 아직도 많다. 윤도근 교수님 연구실 출신 건축인들(주로 설계사무실 소장님들)이 주축이 되어 출발한 북유럽 답사여행 때도 안영배 교수님과 함께 참여하였다. 이때의 답사 여행은 스칸디나비아 3국(핀란드, 스웨덴, 노르웨이)과 덴마크 코펜하겐이 포함되어 있으나 주목적은 핀란드의 알바 알토 작품의 깊이 있는 답사였다. 이때에는 북유럽의 이상 기후로 어찌나 더웠는지, 평소에는 한여름이라도 20~22℃ 정도라는 핀란드에는 버스뿐 아니라 택시나 개인용 승용차에도 냉방기는 설치되어 있지 않았고, 우리가 탄 관광버스는 창문은 모두 고정창이고, 천장의 환기구도 쪼그만 것 하나밖에 없어, 가는 길에 식당이나 휴게소가 있으면 모두 들러 세면소의 시원한 수돗물(빙하수라 완전 얼음물 수준의 냉수임)에 머리 처박고 땀 씻은 기억이 있다. 이때도 소우 선생님께서는 방문지 특히 교회 등에서는 건축 설명의 작은 팜플렛(대부분 유료임)을 꼭 2부씩 챙기셔서 나를 찾아 한 부씩 손에 쥐어주신 기억이 너무 생생하다.

소우 선생님과 함께한 중국 답사 여행에서도 많은 기억이 있다. 황산 산꼭대기에서 비를 흠뻑 맞아 기념품점을 찾아가 본의 아니게 T셔츠를 사서 젖은 옷과 바꿔 입은 기억도 있지만 중국 수묵화에나 나올 법한 온갖 모양의 소나무와 바위들로 가득한 모습들이 너무 좋았고, 오대산 속의 그 많은 불교 사찰을 돌아본 일이나, 절벽에 매달린 현공사를 직접 들어가 볼 수 있었던 것도 감동적이었다. 또 중국 최고의 목조탑인 응현의 석가탑을 시간이 조금 늦었다고 닫아버린 철문을 사정사정하고 또 부탁하여 간신히 뛰어 들어가 탑 꼭대기까지 올라가 볼 수 있었는데, 내 앞에는 늘 사모님이 계셨다. 5층 목탑은 관리 상태가 별로 좋지 않아, 머지않아 관람객이 출입 금지될 것 같은 조짐이 보였다. 이번에도 소우 선생님께서는 난 읽지도 못하는 중국의 간자로 새카맣게 쓰여진 절의 연역 등 역사 자료를 구입하시어 한 권씩 내 손에 쥐어 주셨다. 너무나 감사한 일이었다. 이때의 중국 방문에서는 북경에서 묵었던 I.M.페이의 향산 호텔의 호·불호가 헷갈리는 기억이 있고, 무엇보다 옛날에 열하로 불렸던 승덕의 피서산장(열하행궁)과 외팔묘(라마교 사원 등)는 놀라움 그 자체였다.

이런 먼 건축답사 말고도 비교적 근거리인 소우 회원들의 앙코르와트 답사에도 많은 추억이 남아 있다. 이때에는 소우 선생님의 가족들이 대거 동행하시어 앙코르 톰 사원의 두상 석불들 사이를 돌아보았던 기억, 흙 언덕 위에 어렵게 올라가 해가 넘어가는 눈부신 황혼을 보았던 일, 현지의 어마어마하게 큰 식당에서 공연과 함께 식사하고 숙소 가던 중 거리의 과일가게에서 과일을 듬뿍 사서 호텔 홀에서 나누어 먹었던 일 등 많은 추억이 떠오른다.

아 참, 빼버리면 큰일 날 소우회 회원들과의 러시아-핀란드 방문이 있다. 이때의 잊지 못할 추억은 모스크바에서 백조의 호수 발레공연을 본 것이었다. 여행 출발 전부터 여행사에 러시아의 볼쇼이 공연관람을 준비 해 달라고 부탁했는데, 막상 상트 페테르부르크에 도착해 확인하니, 현지 여행사에서는 공연관람은 한참 전에 예약을 해야 해서 그냥 말로 해 본 것으로 알고 넘겼다고 하였다. 그 때 동행한 여행사 김문조 사장님께, 지금 생각해 보면 내 얼굴이 뜨겁게 다그쳤던 일, 그런데 몇 일 후 우리 일행이 모스크바 볼쇼이 극장에서 백조의 호수 발레공연을 볼 수 있었던 일이 생각난다. 지금이라도 김문조 사장님께 감사와 사과의 말씀을 드려야겠다.
스승님과의 긴 여행 추억 중 백미는 다시는 시도해 볼 수 없는 특별한 프랑스 로마네스크 성당 탐방이었다. 1학기 말 성적제출 등을 막 끝냈을 즈음 집에서 선생님의 전화를 받았는데, 이미 여행이 다

짜여졌지만 내가 동의하면 끼어주시기로 했다는 선생님 말씀을 듣고는 그 자리에서 동의하고 서둘러 서류 만들어 참여했다. 이 여행이 내게 중요하게 생각됐던 것이 여행 팀장이 한국 카톨릭 교단의 큰 어른이신 신부님이시고, 총무를 맡은 분이 오랫동안 한국 카톨릭에 봉사하시고 당시에 수녀원 원장을 맡고 계셨던 수녀님(프랑스 분)이시란 선생님 말씀에 난 따를 수밖에 없었다. 이 여행에서는 여러 가지 특별한 기억이 남아 있는데 예를 들면 지난날 잘 나가던 수도원을 개조한 숙소에 묵으면서 성화가 가득한 높은 볼트 천장 아래에서 상당히 고급스러운 현지 식사를 한 것, 총무 맡으신 수녀원장님의 친 오빠인 프랑스의 주교님이 두 분이나 몇 십 년 만의 상봉을 위해 우리 숙소를 찾아주신 것, 누르드 성지를 방문해 성수를 맛본 것과 떼제공동체를 방문했던 감동, 그리고 싸르트르 대성당과 여행 마지막의 파리 노틀담대성당에서의 한국인 사제들의 미사집전과 한국인 신도들의 미사 참전 등의 감격스런 모습 등은 교인이 아닌 나로서는 다시는 경험 할 수 없는 감동이었다. 이 여행 중에 잊을 수 없는 소우선생님의 모습이 있었으니, 여행 초반에 가방에서 복사지 무더기를 꺼내 동행 일행들에게 나누어 주게 하셔서 받아보니 윤선생님의 서양건축사 책의 일부를 서울에서 복사해 오신 것이었다. 이번 여행이 로마네스크 성당 탐방이니 서양건축사에서의 건축사조에 대한 설명과 로마네스크에 대한 설명 부분이었고, 복사지를 나눈 후 건축사 강의가 이어져 잠시 조교 노릇을 하게 되었다. 과연 선생님다운 면모를 보여 주셨다. 여행팀의 대장은 우리나라 신부님들 중 제일의 종교미술 학자시었고, 나와 윤선생님 이외의 일행들은 대부분 카톨릭 미술이 전공인 분들이어서 나로서는 건축사 강의 시도는 못했을 것이었다.

지금까지 너무나 많은 기억 중에서 간추려 본 선생님과의 여행 때의 일화들을 소개했다. 이제 돌아보면 기억들 하나하나는 너무나 자상하신 소우 윤장섭 선생님의 평소의 생활 모습과 다르지 않음에 다시 고개 숙이게 될 뿐이다.

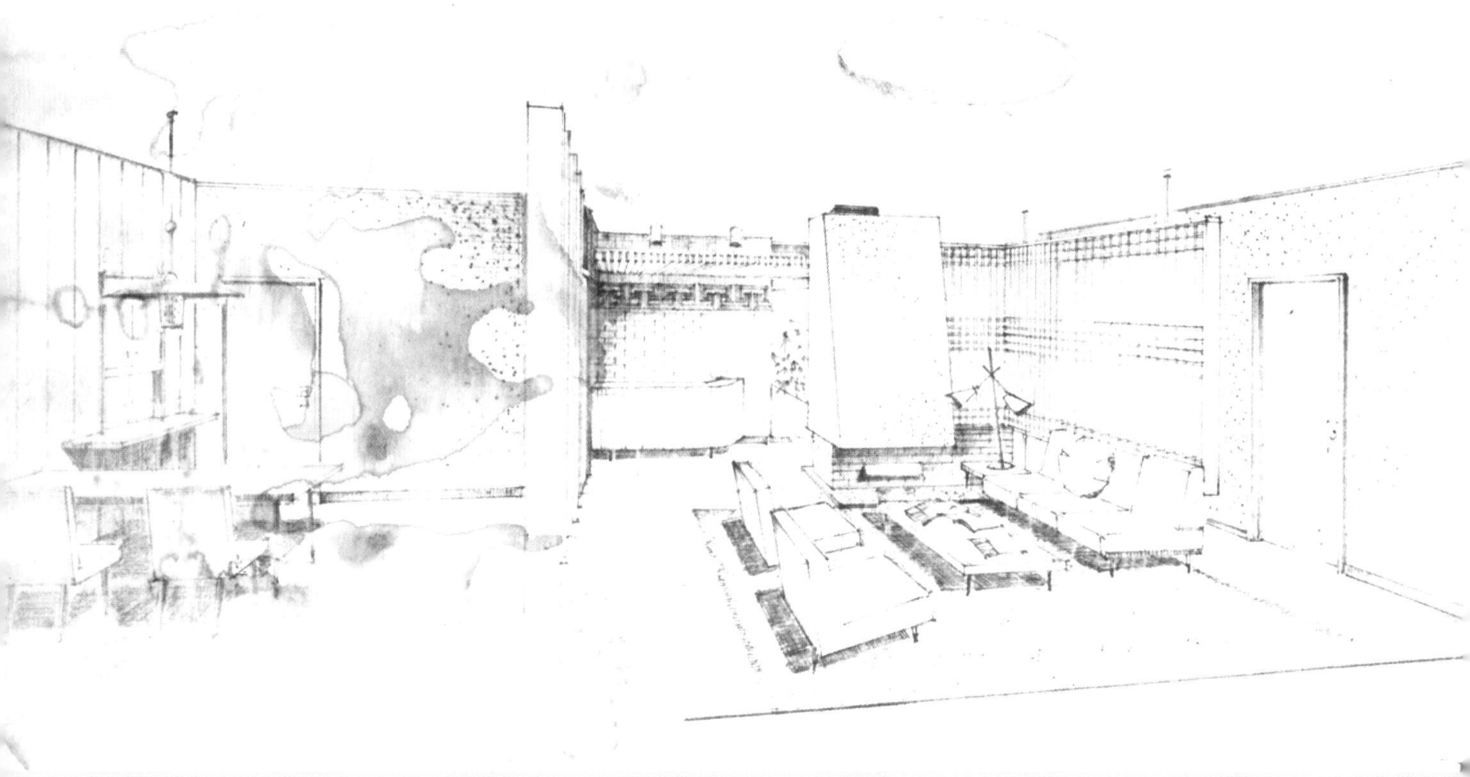

라이트(Wright)가 맺어준 인연

김진균 서울대 명예교수

“누구에게나 평생 세 번의 기회가 온다.” 선생님께서 가끔 하시던 말씀이다. 그러므로 “그 기회가 오면 놓치지 않도록 하라.” 이 말씀이 예로부터 전해오는 속담인지 또는 어느 성현의 말씀인지, 아니면 선생님께서 몸소 체득하신 삶의 이치였는지는 모르겠으나, 이 ‘일생 3회 기회론’은 내 경우에도 적용되는 것 같다. 기회라 하면 언뜻 복권에 당첨되는 일 같은 행운의 도래가 연상되지만, 어쩌면 기회란 사람과 사람의 만남으로 맺어지는 인연의 기점(起點)을 말하는 것일 수도 있지 않을까? 생전에 선생님께서는 이 제자에게 많은 기회를 만들어 주셨다. 내가 일찍이 건축에 대한 눈을 뜨고 오랜 기간을 모교에서 교수로 재직할 수 있었던 것 모두가 선생님과의 만남에서 비롯되었다. 평생 지속될 선생님과의 긴 인연은 60여 년 전, 한 우연한 기회에서 시작됐다.

중학교 3학년 때 있었던 일이다. 어느 무더운 여름날, 길을 가다 우연히 나의 눈길을 끄는 포스터 한 장을 보게 되었다. 강연회를 알리는 포스터에 인쇄된 멋진 건물 스케치가 강하게 나를 사로잡았다. 혼자 강연 장소인 동숭동 서울대학교 문리대 강당을 찾아갔다. 처음 들어가 보는 대학 구내에서 행여 수위에게 쫓겨나지 않을까 노심초사하며 대학생들 사이에 끼여 행사장 2층 한구석에 자리 잡았다. 강연회는 당시의 주한 미국대사 맥카나기(Patrick McConoughy)씨의 축사로 시작되었다. 이어진 미국 유학을 마치고 돌아왔다는 젊은 연사의 강연은 어린 소년의 이해를 넘는 것이었으나 슬라이드로 비추는 스크린 위의 건물들은 신기하고 흥미로웠다. 유학 당시 그 건물을 설계한 건축가를 찾아가 만나봤다는 연사는 내게 부러움과 함께 건축가라는 직업에 대해 막연한 동경을 갖게 해주었다. 훗날 확인한 바에 의하면 그날의 연사는 MIT에서 석사학위를 받고 귀국한 서울공대 윤장섭 교수, 강연의 주제는 건축가 프랭크 로이드 라이트(Frank Lloyd Wright), 나의 발길을 강연장으로 유도한 포스터의 그림은 낙수장(Falling Water)건물 스케치였다. 선생님과의 만남은 이렇게 시작되었다.

가까이서 선생님을 뵙게 된 것은 모교에 진학하면서 부터다. 선생님께서는 설계 분야 외에도 건축음향, 한국건축사 등 여러 과목을 담당하셨기 때문에 자연히 강의실에서 자주 뵐 수 있었다. 그 당시는 건축 분야 전공 서적을 구하기 힘들어서 대부분 과목은 교수의 판서가 교과서를 대신하는 상황이었다. 선생님께서는 유학 당시 구하신 듯한 원서를 교탁에 펴놓고 즉석에서 번역하여 칠판에 적어 주시곤 했다. 지금도 보관하고 있는 당시의 노트를 보노라면 ‘이렇게 어려운 내용을 이토록 자세하게 강의하셨나?’ 하는 감탄이 저절로 나온다. 강의실에서는 자주 뵙긴 해도 선생님은 학생들이 쉽게 접근하지 못할 분위기가 느껴지는 분이셨다. 그러나 강의 중 언뜻 터지는 선생님 특유의 하이피치 웃음소리가 학생들도 한바탕 따라 웃게 하여 사제 간의 거리감을 좁히는 일도 종종 있었다. (오랜 시간이 지난 후,

영화 '아마데우스'의 주인공 모차르트의 웃음소리에 선생님을 떠올린 적이 있다.)

학창 시절 개인적으로 선생님과 유대감을 느낀 일이 있다. 2학년 여름방학 동안 실습을 한다는 명목으로 외삼촌이신 박동진(朴東鎭) 선생께서 경영하는 기신(紀新) 건축사무소에 드나든 적이 있다. 어느 날 사무실 브로슈어에 나온 사무소 창립위원 사진에서 선생님을 발견하고 반가움과 함께 친밀감을 느꼈다(생전에 선생님께서는 박동진 선생님에 대해 자주 이야기 하셨다). 이듬해 여름에는 광화문 시민회관 10층에 있던 HURPI(Housing, Urban and Regional Planning Institute)에서 모형제작 아르바이트를 했다. 이 일이 계기가 되어 그 기관에서 시행하는 도시설계 프로그램 교육을 받고 한 학기 동안 시간제 직원으로 일했다. HURPI는 아시아재단이 지원한 건설부 산하 도시연구소로, 고문건축가인 Oswald Nagler씨를 주축으로 황태손인 건축가 이구(李玖) 선생 등 건축계 엘리트들로 구성됐는데, 선생님께서도 그 구성원 중 한 분인 것을 알고 존경심과 함께 일종의 유대감을 느꼈다.

그 무렵 선생님을 직접 대할 기회가 왔다. 당시 선생님께서는 여의도 국회의사당 건립에 관여하시어 프로그램이나 건축 시안 작성에 경주하셨다. 선생님께서 제시하신 시범안 건물투시도를 우규승 선배가 맡게 됐는데, 나도 보조원으로 차출되어 밤을 새우며 작업을 도왔다. 건물의 모습은 지금의 하와이 주청사 비슷한 이미지였던 것으로 기억된다, 수고비 1만 원 중 우 선배는 9,000원 나는 1,000원을 받았는데 그 당시 화폐가치를 고려하면 적은 금액은 아니었다. 아마도 이때쯤부터 선생님께서는 나를 꽤 쓸만한 학생으로 보시지 않았나 생각한다.

4학년 과정을 마치고 이듬해 봄 해군에 입대하기까지 한 겨울을 동기생인 김관욱, 방수일과 함께 선생님께서 경영하시던 우현(又玄) 건축사무소에 나가 일을 도왔다. 어떤 연유로 우리가 선생님의 부르심을 받게 됐는지는 지금도 궁금하지만, 그 사무실에서 내가 그린 '제2 한강교 선유도 개발계획 투시도'를 보시고 선생님께서 매우 흡족해하시는 것 같아 내심 으쓱했던 기억이 되살아난다. 그런가 하면 미아리의 대지극장 설계 건으로 선생님께서 건축주인 배우 신성일과 전화로 대화하시는 것을 엿들은 일도 생각난다, "아, 신성일 선생님이세요, 엄앵란 선생도 별고 없으시고요?"

우현건축 사무실에는 건축과 6, 7년 위 선배들이 계셨는데 퇴근길엔 어김없이 서린동 막걸릿집에 들러 늦도록 함께 시간을 보내곤 했다. 사회를 향한 첫걸음을 선생님의 사무실에서 내디딘 셈이다. 이상은 학창 시절에 있었던 '선생님과의 인연'의 초창기 이야기다.

제대 후 몇 년을 설계 작업실에서 보내던 중 우연한 기회에 대학에서 가르치는 일에 발을 들여놓게 되었다. 뒤늦게 해외 유학의 뜻을 품고 은사의 추천서를 받으러 가회동 선생님 댁을 찾아갔다. 선생님께선 오랜만에 갑자기 찾아든 제자를 반갑게 맞아 주셨다. 다음해 1977년 봄 MIT로부터 입학허가를 받아 기뻤다. 선생님께서 유학하신 학교에 가게 됐다는 사실도 기쁨을 더했다.

그 후 석사논문 준비로 학교도서관을 드나들다가 서가에서 20여 년 전 타자기로 손수 찍으신 듯한 선생님의 학위논문을 발견하고 선생님을 뵌 듯 감회에 젖은 일도 있었다. 햇수를 따져보니 유학 생활을 마치고 귀국할 당시의 내 나이가 선생님께서 귀국강연회를 열 때의 연세와 같았다는 것도 하나의 인연으로 여겨진다.

그로부터 8년이 지난 후, 연구교수로 1년간 MIT에 체류하고 있을 당시, 선생님께서 사모님과 함께 그곳에서 박사과정 중이던 장남 재신군을 만나러 오셨다. 20년을 격해 비슷한 경험을 안겨준 도시 캠브리지에서 사제 간의 만남이 의미 깊게 느껴졌다. 선생님과 나의 관계가 나와 재신군의 관계와 같다는 사실도 신기한 인연이 아닌가? 우리 내외가 두 분을 모시고 말로만 듣던 보스턴 부둣가의 Anthony's Pier 4라는 식당에 갔던 일도 생각난다. 실내를 빼곡히 장식한 방문객 사진 중에서 리즈 테일러나 케네디 대통령 같은 명사들의 얼굴을 발견했던 소소한 기억과 함께.

1980년대 초 모교에서 가르치게 되면서부터는 줄곧 선생님과 가까운 데에 있었다. 초임 교수 시절, 비록 포니지만 학과에서 차를 몰고 다닌 교수는 내가 유일했다. 부임하자 곧바로 맞은 겨울방학 동안에는 매일같이 선생님을 모시고 학교 주변 식당에서 점심을 든 후 인근 찻집에 앉아 선생님의 유학 시절 이야기나 학교 주변 이야기를 듣곤 했다. 선생님께서 후배 교수에게 주신 이 오리엔테이션을 통해 많은 것을 배웠다. 선생님께서 옛일을 회상할 때면 먼 곳을 보듯 가느다란 눈을 만드시는 모습이 지금도 눈에 선하다. 선생님은 내가 학창 시절에 생각했던 근엄한 분이 아닌 다정한 면이 많은 분이시란 것을 이때 알았다.

학교에서 선생님과 함께하면서 유형무형의 많은 가르침을 받았다. 선생님께서는 늘 아침 일찍 학교에 나오셨기 때문에 강의 시간에 임박해서 헐레벌떡 계단을 뛰어 올라오는 나는 선생님 연구실 앞에서는 발자국 소리를 죽여야 했다. 세상없어도 '9시 취침, 4시 기상'을 철석같이 지키시는 아침형 인간의 대표주자 선생님께서 저녁 9시면 그날의 본 게임을 시작하는 전형적 저녁형 인간의 애환을 이해해 주셨을지? '젊었을 때 무리하지 마세요' 정도의 충고는 몇 번 들은 것 같다. 이후에도 여러 면에서 선생님을 본받으려 했지만 밤 12시가 넘어야 자는 나의 버릇은 아직도 고치지 못한 상태다.

나는 선생님으로부터 받은 다양한 선물들을 지금도 소중히 간직하고 있다. 받을 당시에는 잘 몰랐으나 시간이 갈수록 이 물건들에서 선생님께서 나에게 베풀었던 각별한 사랑을 느끼게 된다. 1980년대 처음 중국 답사 여행에 다녀오시는 길에 선물로 주신 작은 인주함(뚜껑에는 서로 꼬리를 문 3마리 사자가 조각돼 있다)은 지난 40년 동안 나의 서가를 지키며 선생님을 생각나게 한다. 또 다른 중국 여행 후 주신 고급스러운 먹 붓 세트는 깨끗한 하얀 털에 먹을 무치기 아까워 그대로 간직하고 있는데, 서랍을 열 때마다 언젠가는 수묵화를 한번 그려보고 싶은 욕망을 자극한다. 언젠가 지중해 크루즈 여행 중 가우디의 성당에서 나에게 주시려고 사셨다는 묵주도 있다. 장미 향 감도는 이 묵주를 대하노라면 독실한 기독교 신자이신 선생님께서 돋보기안경 넘어로 나의 얕은 신앙을 꿰뚫어 보시는 것 같아 주눅이 들곤 한다. 북구 여행 기념으로 주신 스베레 펜(Sverre Fehn) 작품집은 그때까지 몰랐던 북구 건축에 대한 눈을 뜨게 해 주셨다, 일일이 열거하지는 못하지만 선생님으로부터 받은 여러 선물 중에서 무엇보다도 내게 의미 깊은 선물은 선생님께서 시카고 미술관에서 사다 주신 라이트의 대형 컬러판 낙수장 포스터이다. 낙수장그림 이야말로 60년 전 어린 소년이었던 나를 선생님 앞으로 이끌어, 마침내는 선생님의 '영원한 동반자들' 중의 한 명이 되게 한 그림이 아닌가? 이 그림을 볼 때마다 선생님이 더욱 그리워진다(2013년 공무로 제자들과 함께 워싱턴에 갈 기회가 있었다. 시간을 내어 차로 너댓 시간 걸리는 거리의 낙수장을 방문했다. 정년도 지난 시점에서 이제야 낙수장을 보는구나 하는 감회에 잠겼다, 신기해서 돌아다니는 제자들을 보며 너희들은 복 받은 세대구나라는 생각이 들었다).

선생님께서 만들어 주신 여러 기회 중 빼 놓을 수 없는 것이 또 하나 있다. 2002년 선생님 부부의 금혼을 기념하여 힐튼호텔에서 열리는 댄스파티에 초대를 받았다. 댄스파티도 처음이지만 참석자의 드레스코드는 보우타이에 정장이란 낱말도 생소했다, 설상가상 선생님께서는 나에게 건축학회 회장 자격으로 축사를 주문하셨다. 누구의 명령이라 어길쏜가? 볼룸을 메운 야회복과 턱시도 차림의 클럽 회원들을 스포트라이트를 받으며 능숙한 댄스로 리드해 나가는 두 분의 멋진 모습(당시 선생님은 77세)에 자리에 앉아 시종 넋을 잃고 바라만 보았다. 동석한 홍대형 교수 부부도 우리와 같은 입장이었다. 그날의 나의 축사는 이 글의 서두와 같이 선생님을 처음 뵈었던 강연회에 관한 이야기로 시작해서 다음과 같은 말로 끝났다.

"…앞으로도 더욱 정정하시어 44년 전 선생님과 저를 만나게 해준 건축가 라이트 못지않게 80세, 90세가 되셔도 더 큰 업적으로 우리 건축계를 빛내 주십시오. 10년 후 회혼 파티 때에도 저를 꼭 불러 주십시오, 그때는 저도 아내와 함께 열심히 댄스를 배워서 당당하게 무도회에 동참할 것을 약속드립니다."

그해 말 우리 부부는 홍 교수 부부와 함께 댄스를 시작했다. 공언한 대로 나의 약속은 지킨 셈이다. 그로부터 10년 후 선생님의 회혼례가 있었지만 애석하게도 선생님의 건강상 문제로 전과 같은 댄스 파티는 열리지 못했다, 어쨌든 선생님께서는 우리 부부를 즐거운 댄스의 세계로 인도한 또 한 번의 기회를 제공해 주신 셈이다,

마주치면 늘 "별고 없으세요"하시던 선생님 음성과 함께 내 방 앞을 지나는 선생님의 슬리퍼 끄는 소리를 지금도 듣는 듯하여 3년 전 우리 곁을 떠나신 선생님이 더욱 그립다.

선생님께서 제자들과 함께하는 자리에서 즐겨 부르시던 노래로 글을 맺는다.
…별처럼 아름다운 사랑이여. 꿈처럼 행복했던 사랑이여…(중략)
아, 사랑은 타버린 불꽃.…아, 사랑은 한줄기 바람인 것을
까맣게 잊으려 해도 왜 나는 너를 잊지 못하나… 오 내 사랑 영원토록 못 잊어…

2003년 파라클럽 연례파티장에서 사모님과 선생님을 모시고

TATAMI - BED ROOM

스승님과의 인연

전봉수 전우구조 대표

소우 윤장섭 선생님은 1965년부터 나의 스승이셨다. 건축공학과에서의 선생님의 강의 과목은 2학년 때(1965) 건축계획, 3학년에(1966) 건축계획2, 건축음향 및 동양건축사 그리고 4학년에(1967) 건축설계 등이었다. 매사에 꼼꼼하시고 공사가 분명하시며 학점이 짜기로 소문난 선생님이 어쩐 일인지 나에게는 수강과목의 성적을 아주 후하게 주셨다. 당시에는 기쁘고 자랑스런 마음이었지만 수학시절 내내 아니 그 후에도 무언가 하려면 제대로 하여야 하겠다는 각오가 생기게 되었다. 1967년경 광화문 소재 선생님의 우현건축연구소에서 전통건축의 현장 실측과 관련하여 몇 차례 심부름을 했었다. 기억나는 것이 더 있다. 선생님의 연구실에 몇 차례 들릴 기회에 보기에도 세련되고 정교한 몇몇 전통목조건축의 모형을 보았었다. 선생님께서 이들을 소중히 관리하신다고 과사무원이 귀뜸해주었다. 그 모형은 유명한 도편수 박기섭 선생이 축척 1/10로 제작한 수덕사 대웅전, 경복궁 홍례문, 초익공집, 이익공집 등의 부분 모형임을 최근에 건축학과 전봉희 교수를 통해 들었다. 소우 선생님은 정년퇴임을 하시면서 모형과 함께 도편수가 썼던 연장도 건축학과에 기증하셨다.

1968년 졸업, 28개월간의 ROTC 복무 후(1970), 동숭동 문리대캠퍼스를 관악캠퍼스로 이전하는 사업의 관리조직인 시설분과위원회에 선생님의 천거로 동기생 장성준, 조건영, 연상만 등과 함께 손승요 선배(아주대 명예교수)의 지도로 학교시설의 규모 관련 보고서 작성 등 6개월 가량 특별한 경험을 했다. 1971년부터 명동성당 근처 종합건축설계사무소(고 이승우 소장)에서 근무하던 1975년까지 5년여를 선생님과 별 인사도 없이 지냈다.

1976년 봄 어느 날 오후 근무하던 사무실로 전화를 하셨다. “전봉수 군인가? 나 윤교수네, 지금 사무소 근처의 다방에 있으니 좀 내려오겠나?”라는 선생님의 특유한 억양에 바로 아! 선생님이시구나, 무슨 일? 하며 발이 안보이게 뛰어 내려가니, 선생님은 곧, “자네 회사에 강아무개라고 있지? 그 친구, 어때? 일은 열심히 잘 해? 동료와 잘 어울려? 이승우 소장에게서 점수 좀 따나? 술은 좀 하나?” 속사포 질문에 놀랬지만 분위기를 얼른 눈치채고 모범 답을 했다. 다 들으시고 선생님은 흡족하신 표정으로 자리를 뜨셨다. 그 번개 인터뷰는 당시 KIST에서 근무하는 선생님의 큰 따님인 신부감 윤재옥 양과 종합건축에서 근무하는 신랑감 강철구군과의 혼담이 오감에 나를 통해 강군의 근태를 슬그머니 내사하신 거였다. 당시 강군과 나는 북악산지역 특수프로젝트 TF일원으로 계획/관리는 강군이 구조/시공은 나의 몫이었다. 서로 호흡이 잘 맞아 업무는 효율적 처리와 주변의 평가도 괜찮았고 성과도 좋아 사무소 경영에 크게 도움이 되어 경영자 이 소장께선 기꺼워하였다. 그러니 번개 인터뷰에서 신랑감에 대한 나의 모범적 평가가 그리 오버한 것은 아니었다.

혼담이 순조롭게 진행이 되어 나는 그해 11월 사무소 동료 4인과 함께 결혼식 전날의 함진아비가 되었다. 북악스카이웨이 끝자락 정릉 부근의 선생님 댁 앞에서 '함사셔~'를 외치려 했으나 신랑을 통해 내려온 선생님의 긴급 지침은 함을 팔고 사는 퍼포먼스는 안된다는 것이었다. 그날따라 기온이 내려가고 북악산 자락의 바람까지 세서 오징어 가면을 쓰고 '함사셔~'는 커녕 신랑까지 가세한 함받이 팀에 끌려 밀려 댁내로 들어갔다. 함을 전하고 차를 마시다 잠시 화장실에 가니 천장이 타일로 마감되어 있어 마치 로마시대 욕장 같아서 신기했다. 건축과 교수댁이라 그런가 했다. 그런데 그 후 천장을 타일로 마감한 사례를 본적은 없다. 당시 함받이 팀원인 선생님의 장남 윤재신군은 서울대 건축학과 신입생의 푸른 청년이었다. 선생님은 함거래 퍼포먼스를 불허하시고 근처의 식당 베어하우스에서 함잡이들을 스테이크로 대접하셨다. 당시 그렇게 하심이 합리적인 처사로 이해했었는데 그날 저녁의 유명 스테이크 맛은 특별했다. 선생님댁에 내려오는 가훈이, '덕을 좋아하는 사람은 저절로 많은 복을 찾게 되고, 선을 쌓은 집안은 반드시 경사가 넘친다 好德之人 自求多福 積善之家 必有餘慶'라고 후에 들었는데 이는 물론, 함잡이퍼모먼스 불허와는 무관했다. 그 다음 날 함잡이 5명은 명동YWCA 결혼식장 입구에서 줄을 섰다.

1980년 이후 선생님께서 대한건축학회장(1980), 학술원 회원(1981) 등을 역임하시며 사회 참여, 봉사 및 저술 활동을 하실 적에, 나는 프로페셔널로 데뷔하여 88서울올림픽, 2002월드컵, ASEM 및 경부고속철도 등 큰 행사 관련 프로젝트에 참여하여 여기저기를 다니며 분주했던 터라 선생님을 별도로 뵌 적이 없었다. 오랜 기간 선생님 뵙기와 가르침을 받음에 소원했음은 나의 게으름과 당시의 분주함에 더하여 선생님이 평생을 매진하신 동서양건축사 등의 연구와 거리가 있는 건축구조 업무가 생업이었기에 더욱 그러했다는 핑계로 변명 아닌 변명을 해왔다.

2015년 강철구 회장의 선친이신 호서대 설립자겸 명예총장 강석규 박사님의 별세에 신촌세브란스 병원 장례식장의 빈소에 조문하시는 선생님을 뵈었는데 그것이 마지막이었다. 선생님은 연세가 90 이셨음에도 여전히 정정하셨다. 선생님과 강 박사님은 대학 동기생이자 사돈 관계이셨다. 그로부터 3년여 지나 소우 선생님도 유명을 달리하셨다. 2019년 1월 22일 7:40-8:20 서울대 병원. 대한건축학회 명예회장 영결식에서 94세의 일기로 떠나시는 선생님을 배웅했다. 그 후 3년의 세월이 지나 나는 이 글을 쓰고 있다. 평안히 영면하고 계실 소우 윤장섭 선생님을 추모하며.

소우회

강철구 동우건축 회장

사실 나는 장인어른의 제자 모임인 소우회의 정식 회원이 아니다. 다만 소우회의 어른인 홍대형교수와는 오랜 친분이 있고 그의 어부인(김인숙여사)이 연세대학교 건축학과 입학동기이다 보니 아주 가까워져서 강압반, 권유반으로 소우회에 들어가게 된 것이다. 장인어른께서도 별로 반대 안 하시는 것 같았고.

나는 장인어른을 정년퇴임 후 동우건축 고문으로 모셨다. 수주와 영업에 도움이 되시면 좋겠지만, 그게 아니더라도 최소한 바람막이는 되리라는 생각 때문이었다. 그런데 실상은 회사 내의 중요한 의견조정이나 큰일의 의사결정 과정에 더 큰 힘을 주셨다. 그리고 변함없는 학자적인 태도에 감명을 받은 직원이 많았다.

1996년, 어른은 자의반 타의반으로 댄스스포츠를 하셨다. 무슨 생뚱맞은 말인가 하지만 사위의 강압에 못 이겨 시작하셨다. 소우회 회원들을 초대한 금혼식에서는 댄스파티로 월츠와 룸바 시범을 보이셨고 마침 나도 은혼식이어서 함께 댄스파티를 하였다. 나중에 말씀하시길 댄스스포츠하기를 잘 했다고 하셨다. 그리고 파라클럽이라는 부부댄스동호인 클럽에도 가입하셨는데 그 모임에서 깜짝 패션쇼 모델로 등장하셔서 환호를 받으신 기억이 난다. 80이 넘은 연세이었음에도 중후한 의상이 돋보이셨다.

오랜 세월이 흘렀어도 소우회는 여전히 모임을 가지고 있다. 이렇듯 소우회의 명맥이 긴 원인은 무엇인가? 나는 제일 큰 이유가 장인어른의 '학자적 태도'라고 생각한다. 가까운 동문 간에 서로 돕고 상부상조하는 것이 일견 좋은 것이지만, 그 바탕에 깔린 철학이 무엇이냐에 따라 결과가 전혀 다르다고 생각한다. 장인어른의 평생을 가지고 살아온 기독교적 신앙에 타고난 근검절약과 학자로서의 근면성이 그 바탕이었을 게다.

장인어른의 소천 3주기를 맞아 우리 후학들이 따라야 할 모범 아닐까 생각한다.

파라컵 패션쇼 모델: 윤장섭교수 부부

파라컵 패션쇼 출연모델들과 인사

함박눈 온 날

임창복 1989년 박사

세월의 빠름을 새삼 깨닫는 요즘이다. 3년 전 겨울날에 날아든 운명 소식에 한동안 모든 걸 정지하고 잠시 뒤를 돌아보는 시간이 있었다. 왜 그랬을까? 잠시 생각하니 선생님이 가까이서 말씀을 주셨던 옛날 학창 시절, 눈 오는 겨울날이 회상되어서가 아니었을까... 이제 나에게도 짧지 않은 인생을 살아오며 어려울 때마다 선생님이 주셨던 학창시절 격려의 말씀은 내게 커다란 보루가 되어왔음을 깨닫게 된다.

1969년 겨울, 아마도 12월이었을 것 같다. 4학년 2학기 과목으로 동양건축사를 수강했었는데 그날은 12월 말 종강 시간이었다. 학교 다니는 몇 년간 매 학기마다 데모로 조기 방학을 하고 더욱이 나는 학군단 훈련으로 여름방학이면 일찍 캠퍼스를 떠났던 때라 선생님을 학교에서 뵙는 것은 쉽지 않았던 시절이었다. 그런데 갑자기 선생님은 마지막 수업을 창덕궁에서 하시겠다고 하셨다. 그때 그 과목을 수강하는 학생은 마지막 학기 과목이라 6~7명 정도였다고 기억된다. 늘 조기 방학에만 익숙해진 당시였고 머지않아 졸업을 앞둔 시점이라 그랬는지 처음에는 다소 참석에 망설임도 없지 않았다. 그러나 오랜만의 야외 수업이고 4학년으로서는 마지막 수업이어서 참석 쪽으로 마음을 정리했다. 수업이 있는 늦은 오후 무렵 갑자기 눈발이 날리던 게 아직도 눈에 선하다.

과연 우리 과 학생들이 몇 명이나 모일지. 여러 과목에서 매 학기를 그저 보고서를 제출하며 학점을 받았는데. 여러 가지 잡념이 한바탕 머릿속을 스치고 간 다음 수강생 모두는 선생님과 함께 창덕궁 앞에 모인 것을 확인할 수 있었다. 아니 이럴수가. 학교 강의실에서도 모두가 모이기는 쉽지 않았는데 눈발이 심상치 않은 야외에 모두가 모이다니. 의외가 아닐 수 없었다. 사실 나는 건축과를 다녔어도 건축 탐구 목적으로 고건축을 제대로 답사하는 기회를 갖지 못했기에 창덕궁에서 선생님의 말씀은 하나 하나가 아주 새로웠다. 선생님은 검정색 베레모를 쓰시고 학교 교정에서보다도 더 많은 열정을 보이시며 학생들에게 열강을 해주셨다. 특히 비원 쪽으로 들어가서는 아직 복구되지 못한 부분에 대한 아쉬움과 잘못된 복원 등 전통건축의 아름다움에 대해 강의실에서는 듣기 힘든 내용을 소상히 설명해 주셨다.

야외수업을 마칠무렵 함박눈으로 인해 우리 모두는 눈사람으로 변해 있었다. 어둠이 깔릴 무렵 창덕궁을 빠져나왔는데, 선생님께서 날이 추우니 어디 커피점에라도 가서 잠시 담소를 나누며 몸을 녹이자고 하셔서, 우리는 모두 창덕궁 좌측에 있는 2층의 찻집으로 올라갔다. 눈이 옷 위에서 녹으며 제법 추위가 몰려오는 저녁 무렵, 선생님께서는 우리들에게 앞으로 어떤 계획들이 있는지 물어보셨다.

그때 취직하려는 친구도 있었고, 또 아직은 뚜렷한 진로가 정해지지 않았다는 친구 등 여러 가지 이야기가 나왔다. 순번은 예외가 없어서. '그래 임 군은 어떤 계획을 갖고 있는가?'라고 내게 물으셨다. 사실 나는 이제 겨우 학교를 마치며 여기까지 왔는데, 앞으로의 계획이라니. 잠시 머뭇거린 후 당장은 학군장교로 입대할 예정임을 말씀드린 다음 '제대 후에는 유학을 가고 싶습니다'라고 말씀 드렸다. 어떤 '깡'으로 그런 말씀을 드렸는지 순간 나는 이건 좀 지나쳤나? 하는 직감이 들기도 했다. 유학을 위한 어떤 준비도 없었고, 솔직히 당시 집안 사정으로는 불가능한 이야기를 그저 불쑥 꺼낸 셈이었다.

순간 친구들 간에도 약간의 정적이 흐르고. 요즘이야 유학이 흔한 일이 되었지만 당시로서는 아주 드문 경우로 선생님은 유학을 다녀오셨기에 좋은 말씀 주실 것을 기대도 하며 그런 생각을 불쑥 드렸던 것으로 기억 된다. 이때 선생님께서는 젊은 시절에 '꿈'을 갖고 정진하는 게 얼마나 중요한지를 말씀해 주셨다. 선생님께서도 돌아보면 고비 고비마다 어려웠던 적이 많았지만, 그때마다 꿈까지 내려놓지는 않으셨다고 말씀해 주셨다. 나는 대학 시절 마지막 수업 시간에 꿈만이 중요한 게 아니고 그 성취를 위해 꾸준히 정진하는 노력을 잊지 말라는 말씀을 선생님으로 부터 듣고, 또 큰 격려를 받은 기억이 있다. 모두가 선생님의 좋은 말씀 듣고 세상으로 뿔뿔히 흩어졌다. 그 후, 2년이란 세월이 흐른 어느 날 나는 선생님께서 당시 대만의 성공대학에 교환교수로 가 계실 때 유학 추천서를 부탁드렸다. 서울에 여러 교수님이 계셨지만, 내게는 졸업을 앞둔 마지막 시간에 〈꿈을 갖고 정진하라〉는 말씀을 주신 선생님의 추천서를 꼭 받아서 제출하고 싶었기 때문이다.

선생님! 선생님이 가신 후 다시 맞은 겨울 아침, 반세기 전에 함박눈을 맞으며 열정적으로 강의해 주시던 모습을 떠올리며, 아무리 어려워도 결코 꿈을 포기하지 말고 정진하라는 말씀을 기억합니다. 선생님 사랑합니다. 감사합니다.

나의 영원한 스승

김정신 1979년 석사 · 1989년 박사

많은 건축 학도들이 그러하듯 그림 그리고 만드는 것을 좋아했던 나는 부산의 어린 시절부터 미술가가 되겠다고 생각하였고 중 · 고등학생 때는 적지 않은 미술 실기대회에 참가하였다. 비교적 소심하고 내성적이었던 나는 당시 수채화를 즐겨 그렸는데 처음의 스케치와 담채 단계에서는 좋았는데 채색하면 할수록 탁해지고 지저분해져서 최종 완성단계에서 찢어버리기 일쑤였다. 나에게는 색감(色感)이 없는가? 스스로 색채에 대한 콤플랙스를 가졌고 중학교 2학년 때 미술 선생님의 권고로 수묵화를 그리기 시작했다. 해마다 진주의 개천 예술제, 수도 여자사범대학 주최의 전국 미술 실기대회 등에 참가하였고 입선도 하였다. 그러나 독자인 데다 교과성적도 괜찮은 나는 부모님과 담임선생님의 반대로 결국 미술과 사촌격이라 생각했던 건축 쪽을 택하였다.

사실 1970년대 대학은 데모(4.19, 5.16, 교련 반대 등)와 축제 등으로 공부하는 분위기가 아니었고 서울공대도 예외가 아니었다. 학교 기숙사 생활을 하였던 나는 너무 많은 시간 여유를 제대로 활용할 줄 모르는 촌놈이라 거의 캠퍼스가 있는 공릉동에 처박혀 있었는데(당시는 주변이 논밭이 널려있는 시골이었다.) 유일한 낙은 일주일에 한번 씩 인사동 화랑가를 돌며 그림 구경하는 것과 몇몇이 작당하여 국전(건축대전)에 출품하는 것이었다. 당시 설계 수업시간은 거의 학생들에게 방임되었는데(손재주로 별로 열심히 하지 않아도 대충 좋은 성적을 받았고 학교 수업을 등한시 하였다.) 책보다는 그리기가 좋았던 나는 죽이 맞았던 동기 정동명과 함께 후배들을 데리고 텅 빈 제도실을 독차지 한 채 무모한 도전을 거듭하였다. 3학년 때부터 시작하여 군 복무와 대학원 때까지 무려 6번을 국전에 출품하였으니 지금 생각하면 할 일이 그렇게도 없었던가 싶기도 하다. 당시 같이 놀았던 1년 후배 김광현은 서울대 교수가 되었고, 승효상은 한국을 대표하는 건축가가 되었다.

한국 건축사 입문

1977년 해군제대를 하자 바로 복학하였는데 당연히 설계를 전공할 생각이었고 당시 활발한 설계활동을 하셨던 이광노 교수님의 지도를 받을 생각이었다. 학부 시절 이교수님의 작업에 참여한 적도 있고, 또 해군에서 설계 실무를 익힌 터라 설계 프로젝트가 많았던 교수님께서도 반기셨다. 하지만 주변의 예상을 깨고 윤장섭 교수님의 문하에 들어간 것은 군 복무를 같이한 동기 임 창호군의 충고 때문이었다. 지금은 고인이 된 임군은 '책벌레'라는 별명을 받을 정도로 열심히 공부한 수재 중의 수재였는데(하버드대학 박사학위를 따고 서울공대 도시공학과 교수가 되었다.) 제대 후 국비 장학생으로 유학을 가면서 나에게 충고를 해준 것이다. "너는 손재주를 너무 믿고 책을 안 읽어서 그 빈 머리로 건축가가 되기 힘들 것이다. 이제부터라도 책 좀 읽도록 하여라" 웃으면서 농담 삼아 한 말이지만 정곡을 찔렀고, 그 충격에 설계 전공을 당분간 포기하고 역사·이론공부를 하기로 하였다.

학부 때(1970~1973)는 변변한 책도 없었고 건축사 강의가 어찌나 지루하고 재미가 없었던지 무얼 배웠는지 기억도 나지 않았지만(3학년 때인 1972년 윤교수님은 대만 성공대학에 객원교수로 가 계셨고, 한국건축사는 다음 해에 발간되었다.) 해군복무와 대학원 과정 동안 조각가 조국정 선생님을 모시고 토단(土壇) 맴버들과 답사를 다니면서 한국 전통건축의 맛을 조금씩 알게 되었다. 근엄하시고 말씀이 적었던 윤교수님은 당시 학생들에게 인기가 없으셔서 풀타임의 원생은 처음엔 나 혼자였다. 교수님은 1960년대 초부터 고건축 답사를 다니면서 연구하셨고 한국건축문화의 특성을 현대건축에 반영하기 위해 직접 설계도 하셨다.(우현건축연구소 경영) 하지만 1970년대 중반부터는 연구와 저술 활동에 전념하시고 일체 설계작업을 하지 않으셨기 때문에 학생들과의 접촉이 적었다. 쪽문으로 연결된 교수님 연구실의 옆방을 혼자 독차지 한지 한 학기 지나서야 토단 후배들이 많이 들어와 1978년 이후에는 우리 연구실도 활기를 띠었고, 교수님께서 인솔하시는 한국 건축사 특론 수강생들의 정기적인 답사는 한국 건축사 공부에 큰 도움이 되었다. 당시 진선여중고 강당 및 체육관 신축 기본설계에 참여하기도 하였다.

석사 논문의 주제는 '전통건축의 색채 의장-단청'에 대한 연구였다. 건축공학과에서 단청연구를 하겠다 하니 처음에는 의아해 하셨지만 몇몇 자료도 소개해 주시고 중간 프리젠테이션 때는 엄청 격려해 주셨다. 단청을 주제로 택한 이유는 세 가지였다. 하나는 어릴 때부터 가졌던 색채에 대한 콤플렉스였고, 다른 하나는 전통건축(기법)의 현대적 계승이라는 차원에서 볼 때 가장 어렵고 경직된 부분이 단청이라 생각하였으며, 따라서 한국전통건축의 특성을 이해하는데 좋은 실마리가 될 것이라고 여겼기 때문이었다. 먼저 인간문화재인 이만봉 스님(1906~2006)을 몇 번 찾아가 떼를 써가며 단청을 배우고자 부탁드렸는데 거절하셨다. 마지막으로 수박 한 통과 화선지 백 장을 사들고 간 날 채본을 주시면서 그대로 그려보라고 하셨다. 하루종일 단청 안료의 고약한 냄새를 맡으며 쪼그리고 앉아 화선지에 동그란 '원'을 수백 장 그린 끝에 결국 포기하고 말았다. 다만 작업광경을 지켜보는 것만 허락 받았는데 깜짝 놀란 것은 세계적인 명성을 지닌 스님은 정작 석간주(石間朱)니, 뇌록(磊綠)이니 하는 단청색 이름을 모르시는지 쓰지 않으셨다. 그저 '노랭이' '파랭이' 하시는 것이었다. 그때 단청배색의 이론적 접근이 필요하다는 것을 느꼈고 이것이 나의 석사논문 주제가 된 것이다.

그 후로 신흥사(현 흥천사) 월주스님과 이만봉 스님의 제자인 홍 창원씨 등 장인과 단청 시공현장을 찾아 다녔으며, 유명 사찰을 답사하여 단청문양과 색채를 체록하였다. 당시는 분광측색기를 구할 수 없어 먼셀 색표집을 직접 들고서 시료와 색표를 비교하는 시감측색법으로 측색하였다. 물론 편차가 크고 불완전한 방법이었으나 관용색 이름과 단청 안료의 표준배합비만 만들어져 있었던 1970년대에 단청 기본색을 먼셀 표색기호로 표시하고 현대색채조화이론인 문-스펜서의 공식을 대입하여 배색 원리의 규명을 시도하였다는 것은 지금 생각해도 무모하기는 하였으나 꽤 의미 있는 작업이었다.

단국대학교 교수시절

대학원 석사학위 취득 후 단국대학교에 전임으로 가게 되었고, 1980년대 침체된 대학 분위기를 일신하기 위해 학생들과 함께 캠퍼스와 가까운 명동대성당을 실측 조사하게 되었고, 그 과정에서 천주교에 입교하였으며 그 후로 교회건축과 한국 근대건축사에 대해 지속적인 관심을 갖게 되었다. 1984년 한국 천주교 창립 200주년에 맞추어 한국 천주교 건축사를 정리해 볼 욕심으로 매주 전국의 성당을 누볐는데 너무 무리해서 만성 간염에 걸렸고 한동안 고생하였다. 한창 활동할 30대에 일체의 작품활동과 사회활동을 자제할 수밖에 없었고 수도자 같은 생활을 10년간 하였다. 그러나 병으로 인해 종교에 더 깊게 다가갈 수 있었고 생각할 시간을 많이 가졌으며, 몸이 조금 나아진 후로는 더 성당순례와 연구에 매진하여 박사학위 논문인 '한국 가톨릭 성당건축의 수용과 변천 과정'을 완성하였다. 독실한 개신교 장로인 윤 교수님의 자기 절제의 생활태도와 '天助之者 自助之者' 즉 '하느님은 스스로 돕는 자를 돕는다'는 생활신조를 실천하기 시작한 것이 이 때부터이다.

1990년 1년간 영국 바스(Bath)대학에서 교회건축과 함께 '동서 색채 의장의 비교연구'를 하였고 1997년 2달간 일본 교토대학에서 '한·일 전통색채 비교연구'를 하였다. 영국 시절에는 아예 폴리테크닉에 등록하여 스테인드글라스 공방에서 제작기법을 배웠으며, 귀국 후 건축가와 미술가를 초청하여 수차례 실험적인 워크숍을 진행해 오고 있다. 윤 교수님도 워크숍에 참여하여 소품을 제작하여 정릉 자택에 설치하셨다. 유럽과 일본에서의 연수 이후 건강도 회복되고 동·서 건축문화 특히 종교건축의 특성이 뚜렷이 보이기 시작하자 저술과 설계 욕심이 생겨서 작품 할 수 있게 해 달라고 기도하였는데 그 응답으로 지난 40년간 40 여건의 종교건축을 설계하였고, 8권의 교회건축과 미술 관련 책을 출간할 수 있었다. 그중에서도 북한 KEDO 금호지구에 교회, 성당, 법당 3건의 건축설계와 북한 방문(2001, 2002), 그리고 중국 상해와 중경의 임시정부 청사 복원설계에 심혈을 쏟았던 기억이 새롭다.

지난 40년간 나는 한국 전통건축의 정체성을 찾고 현대건축에 계승할 수 있는 실천적인 방법을 모색해 보고자 노력하였다. 지내놓고 보니 인생의 도정에 여러 갈림길을 만났지만 나는 어떤 길을 가야 할 것인가에 대해 심각히 고민해 본 적이 없다. 이성으로 판단하고 내 의지로 선택하였다기보다는 내가 가는 길가에 스승이 있어서 나를 인도한 것이 아닌가 싶다. 학문하는 태도와 신앙을 가르쳐 주신 윤장섭 교수님은 나의 영원한 스승이시다.

그리운 교수님

배시화 1992년 박사

1972년 신입생을 위한 입학시험 날짜는 기억이 안나는데 필기시험도 보고 신체검사도 하고 면접시험도 봤다. 그 면접시험장에 앉아계셨던 윤교수님은 여러 교수님 중 혼자 한복을 입고 계셨고 많이 웃어주시며 꼭 합격했으면 좋겠다고 덕담도 해주셨던 게 첫 만남으로 지금도 선하게 기억난다. 입학 후 한 번 찾아뵙고 싶었지만 1학년 교양과정에서는 선배도 없어서 어려웠고 2학년이 되어서야 다시 뵐 수 있었다. 여전히 그 웃음이셨다.

교수님과 함께 한 답사 여행의 즐거움이 너무 컸다. 국내 고건축 답사, 일본 고건축 답사, 캄보디아 앙코르와트 답사 그리고 학교 일로 난 못 가고 남편만 간 너무나 아쉬웠던 북유럽 러시아 답사 등 많은 추억이 있다. 금산사 보수공사를 하고 있을 때 우리가 꼭대기까지 기어 올라갔는데 우리 두 아들들이 같이 끝까지 가면서 즐거워하던 추억이 생각난다. 입본 청수사의 절벽 끝에 보조기둥 세워 넓은 데크 만들어 놓은 것과 책에서 보았던 금수사의 정갈하고 빗질해 놓은 것 같은 모래정원이 아직도 눈에 선하다. 캄보디아에선 4식구 중 갑자기 남편만 가지 못했다. 남편은 너무나 속상해 했다. 처음 태국에서 아주 작은 덜덜거리는 비행기로 출발했을 때는 좀 무서웠지만 우리 아이들과 나는 맛있는 음식과 즐거운 볼거리로 너무 행복했다. 아쉬웠던 건 그 당시 캄보디아 대사가 우리 친척이고 그 딸이 건축과 학생이어서 우리 일행 특히 교수님을 대사관저에 초청하고 싶어했는데 우리가 수도 프놈펜에 들리지 않는다고 속상해 했던 기억도 난다.

교수님께서는 소우회 회원들끼리 사돈지간이 되는 것도 보고 싶다 하셨던 것 같았는데 상당히 많은 꿈나무들이 다 눈을 다른 데로 돌려버려 안타까웠다. 내가 정년이 되면서 간단한 고별 강연으로 축하를 대신한 반면 교수님의 성대한 잠실 롯데호텔에서의 축하식이 생각이 났다. 또한 교수님은 많은 저서를 남기신 것도 생각이 났다. 또한 많은 제자들도 배출하였다. 내가 그중에 한 명이라는 것이 무척이나 자랑스럽다. 박사제자 되는 것에 용기와 희망을 준 김대익 교수에게 항상 고맙게 생각하고 이제 지나간 일을 죽~ 생각하면서 교수님 묘소 앞의 예쁜 목백일홍 꽃들도 생각하면서 교수님을 회상한다.

윤장섭 명예교수 '소우 수필집' 출판기념회

저에너지 주택

윤재옥 호서대 명예교수

생화학과 재학 중이었던 나는 주말에 정릉단층집 건설현장을 자주 찾았다. “이리 와서 좀 도와줄래요?” 부탁을 하실 때는 딸인 내게도 항상 존댓말을 하셨다. “예,” 하고 달려갔더니, 건넛방의 바닥 단열재 시공을 하고 계셨다. 건설인부들이 전혀 보지도 들어보지도 못한 단열재를 바닥에 넣으라고 하니 모두 도망을 가고 없었던 것이다. “너희가 쓸 방의 단열재 넣는 것을 도와주렴.” 방바닥 난방파이프 밑으로 단열재를 집어넣고 계셨다. 그 때는 이유도 모르고 열심히 도와드렸다.

정릉단층집은 붉은 벽돌을 외장벽돌로 하고 내부에는 시멘트벽돌을 시공한 집이었다. 두겹으로 쌓은 벽돌 사이 빈 공간에 단열재를 넣으셨다. 벽 단열 시공을 도와드리면서 단열재 스티로폼을 비닐에 싸서 넣으시는 것을 보고 이상하다고 여겼던 생각이 난다. 학사편입을 하여 건축공학 공부를 하다 보니, 아버님은 그 때부터 결로를 고려하여 비닐방습지를 사용하셨던 것이다. 또한 비닐방습지는 습기로 인한 단열재의 노화도 방지한다. 정릉 현장에 갈 때 나는 작업 할 생각을 하고 항상 허름한 옷을 입고 갔다.

1960년대부터 서울대에서 건축환경학을 가르치시고 저에너지건축, 에너지절약의 중요성을 잘 알고 계셨기에 단열시공이 가능한 일이었다. 손수 지으신 정릉단층집에는 벽과 바닥 그리고 천장에도 단열을 하셨으니, 1980년도 되어야 시작한 벽체 단열재 건축법규를 생각하면 선구적 자세로 에너지절약에 앞서 가셨던 것이다.

아버님은 정릉 교수단지에 주택을 2번 지으셨다. 1975년에 단층집을, 1990년 정년퇴직하실 때 2층집을 지으셨다. 1975년 봄, 정릉 산꼭대기에 우리가 살 집을 지으셨다. 정릉에 집을 짓기 10년 전쯤 휘경동에 집을 지으셨으나 그 때는 공대 교수님 여러 분이 함께 지은 교수단지여서 그다지 정성을 드리지 않으셨던 것 같았다. 정릉단층집을 지으실 때는 현장인부들이 오기 전에 부모님은 거의 매일 아침 일찍 정릉으로 달려 가셨다. 집을 다 지으시고 아버님은 체중이 10kg, 어머님은 5kg 빠졌다고 하셨다.

아리랑고개에서 북악스카이웨이 길을 올라가다가 신흥사(흥천사) 위에 있는 높은 곳에 정릉단층집을 지으셨다. 서양식 검은 기와를 얹은 콘크리트 구조로, 손수 지으신 첫 번째 집이었고 많은 정성을 드렸다고 생각된다. 정남향 배치의 직사각형 평면으로 열효율이 매우 높았고 동향 대문 집으로, 손님을 맞이하는 서재가 안채와 분리되도록 중간 문이 있었다. 거실천장에는 우진각지붕의 경사면을 살려서 한식 석가래 모양을 만드셨다. 앞마당에는 붉은 꽃 배롱나무와 앵두나무가 있었고 잔디와 정자 그리

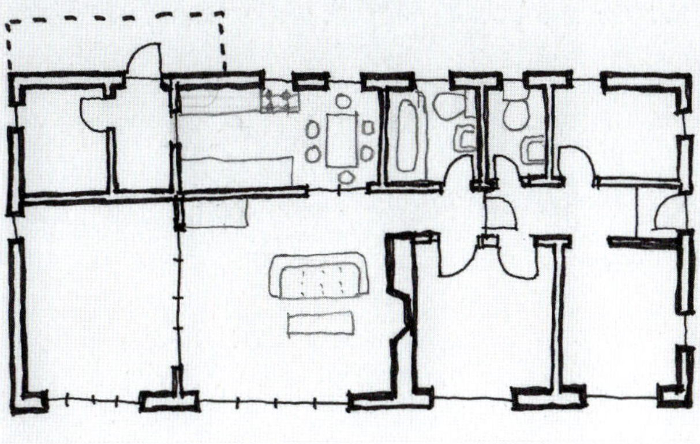

정릉단층집 평면도(기억을 더듬어서)

정릉단층집 거실의 부모님

고 작은 연못이 있었으며 한국전통주택을 모델로 삼으셨다. 신흥사와 북악스카이웨이 길과 맞닿은 긴 담장에는 초여름부터 붉은 넝쿨장미 꽃이 항상 가득 피어있었다.

주변에 집들이 거의 없는 산 위에 주택을 지으시면서 방범에 신경을 많이 쓰셨다. 이중창의 내부 창을 전통문양 나무창문으로 직접 디자인하여 현장에서 제작하여 만드셨고 경보장치 리미트 스위치를 설치하셨다. 창틀과 창문 사이에 설치된 리미트 스위치는 창문틀과 창문 사이의 간격이 거의 없어야 가능하다. 시간이 지나서 문틀과 창문 나무가 말라 사이가 벌어지면 얇은 나무를 덧대어 리미트 스위치가 작동되도록 정성을 들이셨다. 매일 저녁 경보장치를 가동시켜 밤에는 마당을 나갈 수 없었던 기억이 난다. 결국 기밀성이 뛰어난 집이 되어 저에너지의 친환경주택이 되었다. 다른 집에서는 1달 사용할 기름으로 우리는 거의 1년 동안 난방을 하고도 남았다.

기름으로 난방을 하는 집이었는데 부엌방만은 연탄을 사용하였다. 정릉단층집으로 이사를 하고 첫 겨울에 부엌방을 썼던 가사도우미와 집에 주로 계셨던 어머님이 연탄가스로 쓰러지셨다. 방학으로 주로 집에 있었던 나도 연탄가스로 정신을 잃고 말았다. 연탄가스 중독을 피하기 위해 저녁이 되어 난방을 시작하기 전에 하는 매일행사가 생겨났다. 아무리 추워도 동서남북의 모든 문을 열어 15분 이상 충분히 자연환기를 했던 것이다. 어렸던 우리는 신이 나서 창문들을 모두 열고 춥다고 엄살을 부리고 이불을 뒤집어쓰고 장난을 했던 기억이 난다. 정릉단층집에는 안방 서쪽에도 작은 창이 있어서 동측의 현관문과 중문 그리고 창문들을 모두 열어 놓으면 맞통풍이 아주 잘 되었다. 후에 건축공학도가 되어 바람을 연구하게 된 나는 주풍향이 서풍인 서울의 경우 맞통풍을 위해서는 서쪽 창문이 필요하고 중요하다는 것을 알게 되었다.

정릉단층집에서 15년을 살고 나서 정릉 옛집 근처에 2층집을 다시 지으셨다. 이 집은 현관을 들어서서 중문을 지나면 2층 높이의 거실이 있어 극적인 개방감을 느끼게 했다. 더구나 거실을 내려다보는 2층으로 올라가는 계단에 서면 작은 집이 더욱 크게 보였다. 계단은 철골구조를 그대로 노출시키고 나무로 발판을 만들어 친환경의 아름다운 모습이었다. 높은 천장의 거실에서는 2층의 서재가 보였고, 서재에서 아버님은 거실로 통하는 작은 창호지 창문을 열고 손님오시는 것을 확인하셨다.

정릉 2층집, 소우회 회원들과 함께

정릉 2층집

남향건물인 정릉2층집은 겨울에는 따뜻하고 여름에는 무척 시원한 저에너지 건물이었다. 남측 창은 크고 북측 창은 작았고 맞배지붕의 긴 처마가 여름철 뜨거운 햇볕을 막아 주었다. 당시 국내에 막 도입된 외단열 공법(드라이비트)으로 시공된 정릉2층집은 단열, 결로 및 열교현상이 모두 해결되었다. 실내공기청정도와 환기의 중요성을 알고 계셨기에 동서남북 사방에 모두 창문을 만드셨다. 여름철 거실의 커다란 창을 열고 2층 북쪽 창문들을 모두 열면 1,2층이 연결되는 공기흐름으로 맞통풍 효과가 극대화된다. 더구나 서쪽과 동쪽까지 모두 열면 단시간에 실내공기가 신선한 외부공기로 바뀌는 건강(WELL) 주택이었다. 정릉2층집은 월간지 "아름다운 집"에 실리기도 하였다.

나들이

윤재옥 호서대 명예교수

아버님은 벚꽃나들이를 좋아하셨다. 하루는 "관악산, 서울대에 벚꽃이 아주 만발했어요. 우리 가족 벚꽃나들이 가면 어떨까요?" 제안하셨다. 나는 우리 집 두 딸들과 합류하였는데 어머님과 식구들이 서울대에 가서 만발한 벚나무 밑에서 뛰어놀았다. "얼마 전에 소우회 제자들도 벚꽃나들이 왔었어요." 이야기 하셨던 아버님 생각이 난다. 벚꽃나들이를 못 가시게 되셨던 말년에는 거실 창문으로 보이는 성곡미술관 뒷동산의 흐드러지게 피는 벚나무 숲을 보면서 즐거워하셨다. "우리 집으로 벚꽃놀이 오셔요." 우리는 봄이 되면 부모님의 아파트 10층에서 벚꽃놀이 가족모임을 가졌다.

가정적이시고 자녀교육에 신경을 많이 쓰셨던 아버님은 우리들을 데리고 봄가을로 매년 가족소풍을 가셨다. 고궁인 창덕궁, 경복궁, 덕수궁, 창경궁뿐만 아니라 미술관과 박물관으로 우리 넷을 데리고 다니셨다. 초등학교 1학년 때로 기억되는 고궁에서의 나와 남동생 사진과 덕수궁에서 찍은 가족 소풍사진을 보면 아버님과 어머님의 교육열정이 절절이 느껴진다. 네 명에게 새로 산 옷을 입히고 고궁을 찾아 보여 주며 귀한 사진들을 찍어주셨다. 사진을 보고 있으면 아직도 그 때의 기억이 어렴풋이 난다. 정성껏 구도와 초점을 맞추고 시간을 들여 사진을 찍으셨던 아버님의 정성을. 어린 우리들은 자세를 취하고 그냥 기다려야하는 짜증나는 시간이었지만, 정작 사진사 역할을 하셨던 아버님은 사진에 많이 남아있지 않다.

고궁에서 첫째 남동생과 함께

덕수궁에서의 가족사진

대천해수욕장에서

우리 가족은 내가 초등학교 3학년부터 십여 년 동안 매년 여름방학에 해수욕장을 갔다. 여동생이 피부병으로 고생을 해 치료 차 바다로 가기 시작했다고 들었다. 송도, 대천, 해운대 등 여러 곳을 갔다. 당시에는 자가용도 없었고 대중교통편도 열악했던 시절에 기차와 시외버스를 갈아타고 해수욕장에

갔다. 어린 네 자녀를 데리고 많은 짐을 들고 힘들게 피서를 가셨지만, 당시 피서는 드문 일이라 큰이모, 막내이모, 삼촌, 사촌오빠 등 친척들이 함께 간 적도 여러 번 있었다. 어머님이 "옥이가 초등학교 5학년 때 급성맹장염으로 입원하는 바람에 못 갔고 막내 욱이가 머리를 크게 다쳐서 못 간 것 외에는 해수욕장에 매년 갔었지." 옛 기억을 잘 해 내셨다.

해수욕장에 가면 민박집의 빈대와 싸우면서 잠을 잤다. 솥과 냄비, 비치파라솔까지 가져가서 연탄불에 밥 해 먹고 수영을 아버님, 어머님께 배웠다. 대천 앞바다의 다보도에서 조개를 캐던 기억이 난다. 또한 새벽 어선에서 생선과 게를 사와 신선 재료의 맛있는 요리를 해먹었다. 민박집의 우물물에 수박을 담가 시원한 수박을 즐기기도 했다. 볕이 따가운 정오 시간에는 아버님이 텐트 그늘 안에서 옛날이야기, 성경이야기를 해주셨다. 고등학생 때부터 교회 초등학교 선생님을 하셨던 아버님의 내공 있는 옛날이야기를 우리는 아주 좋아하였다. 해수욕장 피서가 끝나는 마지막 날에는 잘 싸 놓은 카메라를 어김없이 꺼내어 사진을 찍으셨다. 우리는 또 자세를 취하고 잠깐이지만 지루한 시간을 보내야 했다.

정말 자상한 아버지셨다. 초등학교 2학년인가 3학년 쯤의 향촌동 집에서의 추억이다. 더운 여름, 택시를 타고 급하게 오신 아버님께서 어머님과 우리들에게 주셨던 고려당의 모나카 아이스크림 맛을 잊을 수 없다. 어머님이 더위를 많이 타시고 시원한 빙과와 아이스크림을 아주 좋아하셔서 녹지 않은 아이스크림을 사 오시느라 애를 쓰신 것이다. 마지막으로 교과서 옷 입히기 행사(?)가 떠오른다. 제일 큰 딸인 내가 초등학교에 들어가서 교과서를 받아 왔다. 1960년대 초에는 공책의 종이 질이 나빴고 연필도 안 좋아 자주 부러지고 잘 써지지도 않았다. 침을 발라 힘주어 글씨를 쓰면 노트가 찢어지곤 했다. 교과서 또한 종이 질이 부실하여 겉장이 떨어지기 쉬운 것을 아시고 아버님께서는 모든 교과서에 새 옷을 입혀주셨다. 옥영신욱 우리 4남매는 방바닥에서 쭈그리고 앉아 아버지가 하시는 작업을 신기해하면서 재미있게 구경하였다. 그리고 머루, 붓, 연적을 가지고 오셔서 먹물을 만들어 붓글씨로 "국어", "산수", "윤재옥"을 멋지게 써 주셨다. 새 학기가 되면 우리 집에서는 아버지 주관하에 교과서에 옷을 입히고 이름을 써 주는 행사가 열렸다.

이별의 날에

이현수 서울대학교 명예교수

오늘 저희들은 이 자리에서 존경하고 사랑하던 대한건축학회 명예회장 소우 윤장섭 선생님과 이별하는 슬픈 시간을 갖고 있습니다. 삼가 선생님의 영전에 머리 숙여 명복을 빌며 슬픔에 잠긴 유족분들께 마음 깊이 위로의 말씀을 드립니다.

선생님은 전형적인 교육자이시면서 한국건축의 우수성을 국내외에 전파하신 훌륭한 학자이셨습니다. 학창시절 선생님의 열강하시던 모습이 눈에 선합니다. 선생님께서 낡은 슬리퍼를 끌며 강의실 복도를 자분자분 걸어오시는 소리는 지금도 들려오는 것 같습니다. 평상시에는 과묵하시다가도 강의에 몰입하시면 눈을 크게 뜨시고 높은 톤의 가성으로 한국전통건축의 숭고한 아름다움을 강조하였습니다.

선생님은 일제시대 어려운 환경에서 경성공업전문학교를 최우수 성적으로 수학하시고 스스로 길을 열어 초창기 미국 국무성 장학생으로 MIT 대학에 유학을 다녀오셨습니다. 유학당시에는 루이스 칸, 프랭크 로이드라이트, 아엠 페이와 같은 건축의 거장들을 직접 찾아가 만날 정도로 열정을 지닌 젊은 건축학도 이셨습니다. 그 무렵 건축계에서는 보기 드물게 엘리트 교육을 받으신 우리나라 건축학문의 선구자라고 할 수 있겠습니다.

독실한 크리스천이신 선생님은 어려서 아버님을 여의고 소년 가장으로 힘든 생활을 하였으나 열심히 공부하여 장학생으로 학업을 이어가셨다고 합니다. 그래서인지 자녀들에게는 풍족한 교육환경에서 원하는 공부를 끝까지 할 수 있도록 배려하셨던 것 같습니다. 건축이라는 학문을 얼마나 사랑하고 몸소 건축인의 모범을 보이셨는지 직계 가족 중에 건축을 전공한 사람이 장녀와 장남, 사위와 손녀 등 10명이나 됩니다. 이처럼 선생님은 기독교 정신이 깃든 엄격한 자녀교육을 통하여 가족들을 대부분 건축가와 교육자로 길러냈으니 참으로 놀라운 일입니다.

오래 전 정릉 근처에 있는 선생님 댁을 방문하였을 때 서재에서 친히 저술하신 책을 꺼내어 선물로 주시며 건축역사를 연구하는 학문의 즐거움을 넌지시 자랑하셨습니다. 선생님은 25권의 저서를 남기셨는데 그 중에서도 "한국건축사"는 불후의 명작으로 건축전공자들의 필독서가 되었고, 친히 번역하신 "건축공간과 노자사상"은 동양철학과 건축을 연결하는 계기가 되었습니다.

노자의 도덕경에 나오는 대교약졸(大巧若拙)은 선생님의 미수 기념문집 제목입니다. 매우 공교한 솜씨는 서투른 것 같아 보인다는 뜻으로, 진정으로 총명한 사람은 뽐내거나 과장하지 아니하므로 도리어 어리석은 것처럼 보인다는 말입니다. 선생님은 이를 평생 좌우명으로 삼아 끊임없이 탐구하고 고건축을 답사하면서 연구자의 표상을 보여주셨습니다. 선생님께서 가족, 제자들과 함께 나눈 편지글들을 읽노라면 수필처럼 따뜻하고 정감이 넘칩니다. 선생님은 정년 후에 파라댄스클럽에서 건강삼아 댄스 스포츠를 배우면서 새로운 삶의 환희를 얻으셨답니다. 그리고 금혼식에서 사모님과 멋진 춤 솜씨를 보여주셨다는데 아마도 평상시 사뿐사뿐한 걸음걸이와 테니스로 다진 체력 덕분에 프로다운 춤사위를 연출하였을 것으로 짐작됩니다.

대한건축학회 회장을 역임하시는 동안 건축회관 건립을 발의하셨는데 잘 지어진 회관은 지금까지 학회운영에 기반이 되고 큰 자산으로 남아있습니다. 또한 춘추계 학술발표대회를 처음 시작하시고 학회지 100호를 발간하면서 학술활동의 기틀을 완성하셨습니다. 선생님은 학회와 모교에 많은 기금을 출연해주셨는데, 학회에서는 "소우저작상"을 제정하여 매년 그 뜻을 기리고 있습니다. 선생님께서는 최근에 거처를 옮기시면서 소장하셨던 소중한 사료와 귀한 물품을 서울대학교 건축학과에 기증해주셨습니다. 그 중 옛날 목수들이 한옥 건축에 사용하던 수십 점의 연장은 어린시절 집짓는 광경을 추억하는 향수를 자아내게 합니다.

저는 진광불휘(眞光不煇) 라는 말로 선생님을 칭송하고 싶습니다. 진실한 빛은 번쩍이지 않는다는 의미를 담고 있습니다. 이 말처럼 선생님은 건축학계 진정한 보배이지만 자신은 내세우지 않고 조용히 한 곳에 머물러서 묵묵히 실천하시면서 올곧은 학문의 길을 걸어오셨습니다. "길이 끝나는 곳에서도 길이 있다. 길이 끝나는 곳에서도 길이 되는 사람이 있다. 스스로 봄길을 만들어 끝없이 걸어가는 사람이 있다"고 노래한 정호승 시인의 봄길처럼, 한국건축사의 길을 만들어 뚜벅뚜벅 걸어오신 선생님은 이제 저희 곁을 떠나 못가본 길로 들어서셨지만 건축계의 큰 스승으로서 참된 모습은 저희들 가슴 안에 진한 그리움으로 남아 있습니다.

선생님께서 그토록 사랑하시던 유가족은 물론이요, 우리 건축계 모두가 큰 어른을 잃은 비통한 마음 억누를 길 없지만 이제 선생님을 눈물로 이별하려고 합니다. 선생님과 이별하기 위해 이 곳에 모인 저희들은 선생님의 단아하신 언행과 가르침을 잊지 않고 열심히 살아갈 것을 영전에 머리 숙여 다짐합니다. 선생님, 하느님의 품안에서 편안히 영면하시옵소서.

※ 2019년 1월 22일 슬픈 이별의 날, 대한건축학회 25,000명의 회원을 대표하여 명예회장 소우 윤장섭 선생님의 영전에 올립니다. 대한건축학회 회장 이현수

세 가지 인연

최재필 서울대 교수

소우 윤장섭 선생님의 3주기를 맞이하며 선생님과의 인연을 생각해 본다. 선생님과 나는 물론 사제지간이다. 나는 1976년에 그 당시 학제에 따라 서울대 자연계열에 입학했고 이듬해인 1977년 봄 2학년에 진입하면서 공대 건축학과에 속하게 되었다. 그때 처음으로 건축학과 교수님들을 만나 뵙게 되었고 선배님들, 동급생들과 친하게 되면서 소속감을 느끼게 되었던 것 같다. 그런데 소우 선생님은 내가 건축학과에 진학하기 이전에도 벌써 만나 뵐 수 있었던 인연이 있었다.

인연1

나는 어려서부터 교회를 다녔는데 내가 다니던 교회는 종로구 안국동에 있는 안동교회라는 곳이었다. 내가 대학입학 후 이 교회 대학부에서 활동할 무렵, 소우 선생님은 안동교회 집사님이셨다. 당시 대학부에서는 교회 내 여러 분야의 전문가들을 모시고 대학부 청년들을 위한 교양강좌를 진행했는데 내가 1학년이었던 1976년 초여름쯤 서울대 건축학과 교수이셨던 윤장섭 집사님을 모셔서 건축에 대한 강의를 들었던 기억이 난다.

솔직하게 고백하자면 당시 천방지축 놀기도 바쁘고 이것저것 흥미로운 것도 많았던 대학교 1학년이었던 나는 그날 선생님께서 해 주신 강의 내용이 잘 기억이 나지 않는다. 선생님의 첫인상은 자그마한 체구에 높은 음으로 "하하하하.." 파안대소 하시는 소탈한 분이셨다. 그러나 선생님의 눈빛은 달랐다. 그 동안 신입생으로서 국어, 수학, 물리, 화학 등 교양과목 교수님들만 뵈었었는데 이 분들이 고교 선생님의 연장선 상에서의 인상을 가지고 계셨다면, 소우 선생님은 그야말로 한 분야의 최고 지성이 가질 수 있는 너그럽고 여유 있는 인상에 범상치 않은 눈빛을 가지고 계셨다. 만 19살짜리 신입생도 그걸 느낄 수가 있었다. 선생님께서 교회 특강에서 세계의 유명건축 슬라이드를 많이 엄청 많이 보여주셨는데, 그 중에서 이상한 돌을 얼기설기 쌓아 만든 건축물 하나만 기억에 남았다. 길을 오가다 보는 청계천 삼일빌딩이 가장 멋진 건물이라고 생각했던 나는 '이것도 건물인가? 이런 것은 나도 지을 수 있겠다' 하고 생각했던 기억이 있다. 그것은 시간이 한참 지나 알고 보니 가우디의 구엘파크(Parc Guel)이었다!

인연2

해가 바뀌어 1977년 나는 건축학과에 진학하게 된다. 선생님은 내가 안동교회 대학부 특강 당시 맨 앞에 앉아서 슬라이드프로젝터 조작을 맡았던 것을 기억하지는 못하셨거나 모른체 하시는 것 같았다 (그러나 2, 3, 4학년을 통틀어 선생님 강의과목은 모두 A+를 받았다). 당시 안동교회 대학부 모임에는 선생님의 두 따님, 윤재옥, 윤재영 교수님도 참여했었고, 매주 금요일 밤 귀가 길에는 내가 마침 장위동에 살고 있었던 터라, 두 분 따님이 혜화동에서 정릉동 선생님댁까지 걸어 올라갈 때에 밤길 에스코트를 한 2년 동안 매주 해 드렸다(그것 때문에 전 과목 A+를 받을 수 있었는지는 잘 모르겠다). 밤길 에스코트에서 두 누님은 선생님이 얼마나 스스로에게 엄격하신 학자이셨는지 또 얼마나 자식들에게 사랑을 많이 주셨는지를 이야기 해 주었다. 두 따님을 통해 나는 선생님의 학자로서의 품격과 아버지로서의 품성을 배울 수 있었다.

인연3

시간이 흘러 1980년 봄 나는 학부 졸업을 하고 선생님 대학원 연구실로 진학을 한다. 그러나 그 전해 박정희 대통령 암살과 군부 쿠테타, 그리고 이어진 518 광주민주화운동의 격변기에 학교는 폐쇄되고 선생님을 자주 뵐 기회가 없었다. 여전히 어수선하던 1981년 여름 나는 선생님께서 써 주신 추천서를 받아 미국유학을 가게 되었다. 그리고 6년 뒤 나는 선생님을 내 박사학위논문 심사위원을 모시게 된다. 내 논문에서 동시대 한국 도시한옥과 미국 카타로그하우스의 공간구성을 비교하였기 때문에, 내 논문지도교수님이 한국건축사의 대가로 알려지신 선생님을 외부심사위원으로 모시기로 결정한 것이다. 선생님께서는 짧지 않은 내 영어논문을 꼼꼼히 읽어 보시고 내 논문의 장단점에 대한 당신의 의견을 피력하셨고 개선방안을 제안해 주셨다. 선생님의 도움을 받아 나는 무사히 박사학위를 받을 수 있었다. 1987년이었다.

그 후

1998년 나는 모교의 교수로 부임한다. 물론 선생님께서는 이미 은퇴를 하신 후였다. 내가 기억하는 선생님의 연구실은 공릉동 캠퍼스 2호관 1층에 있었다. 그 연구실 앞을 지나다니며 열린 문 사이로 책에 파묻혀 계시던 선생님의 모습이 그때 그 스무살 어린 마음에도 참 학구적이시다라는 생각을 했었다. 이제 나도 올 여름 34년의 교수생활에 종지부를 찍고 은퇴를 하게 된다. 내가 존경하는 소우 선생님이 사셨던 학자의 삶과 그 학문적 업적을 나는 그 반의 반이라도 성취하지 못했다는 생각이 든다. 소우 선생님의 학문적 업적, 교육자적 업적은 그 제자들은 흉내도 낼 수 없다. 은퇴할 때가 되니 새삼 선생님이 그립다.

아버지를 보내며

윤재신 1983년 석사

윤장섭 교수님의 영결식(2019년 1월 22일 화요일 오전 7시 40분 서울대학교 병원)에 참석하신 여러분들께 가족을 대표해서 진심으로 감사를 드립니다. 윤장섭 교수님께서 영면하심에 직접 문상하셨거나, 마음으로 애도를 표해 주신 모든 분들께도 마음 깊이 감사를 드립니다.

윤장섭 교수님은 아내의 남편으로, 자녀들과 그들의 배우자들에게는 아버지로서, 손주와 손녀, 손녀 사위들과 증손녀에게는 할아버지로서, 또한 제자와 후배들에게는 학문의 선배와 스승으로서 마땅한 모범을 보이시려 애쓴 분이셨습니다.

윤장섭 교수님 당신은, 소년시절에 아버지를 일찍 여위시고, 청년기에는 홀어머니와 두 동생을 책임지는 가장으로, 어려운 경제적 생활 속에서 건축 공부를 하셨습니다. 일제강점기의 어려운 환경 속에서, 미국유학의 새로운 도전 속에서, 당신은 '집념'과 '노력' 그리고 '끈기'를 통해 성취를 이루는 현명한 자세를 깨달았습니다.

'꿈'과 '이상'을 높게 품고, 그것을 이루려는 '집념'을 가슴에 꼭 간직해야 한다고 하셨습니다. 그리고 충분히 다 했다고 느껴졌을 때에 한 발짝 앞으로 더 내딛는 '노력'을 강조하셨습니다. 그리고 나서 포기하지 말고, 끊임없이 노력하는 '끈기'가, 진정한 무기라고, 늘 말씀하셨습니다. 오늘에 안되면 내일에, 내일에 안되면 그 다음날에, 노력을 이어가는 끈기가 중요하다고 하셨습니다. 당신은, '끈기'를 가장 중요한 덕목으로 꼽으셨습니다. 윤장섭 교수님, 당신은 학문과 일상 모두에서 '이상은 높게 하루하루는 성실하게' 살기를 바라셨고, 그렇게 실천에 옮기시며 생활하셨습니다. 높은 이상을 향한 '집념', 한 발짝 더 내딛는 '노력', 그리고 다시 일어서는 '끈기'를 지키는 것이, 학문의 지도자로서 '모범'을 보일 수 있는 타당한 행동으로 생각하셨습니다.

일제강점기와 미국유학을 거치면서, 당신은 한국에서 건축 학문의 선도자로서 사명을 짊어지고, 자신의 의지를 확고히 했습니다. 그 사명의 책무를 다할 수 있는 당신의 자세는 '집념'과 '노력' 그리고 '끈기'였습니다.

당신은 대한건축학회에 각별한 애정을 갖고 계셨습니다. 한국 건축발전의 중심은 '대한건축학회'가 되어야 한다고 늘 생각하셨습니다. 건축의 학문적 발전은 마땅히 대한건축학회라는 큰 울타리 안에서 이루어져야 한다는 소신을 가지셨습니다. 대한건축학회 안에서, 학문의 종합적 발전을 더 효과적으로 도모할 수 있다고 생각하셨습니다. 1990년대에 건축 전문영역에서, 여러 학회들이 파생되어 새로 만들어질 때에, 이에 반대하셨습니다. 당신의 반대 의견이 시대적 흐름에 역행한다고 생각했던 사람들도 있었고, 섭섭한 마음을 품었던 사람들도 있었습니다. 윤장섭 교수님은 대한건축학회가 학문 발전에 포용적 중심으로 역할을 다해야 한다고 생각하셨습니다.

윤장섭 교수님은, 소년기에 동대문교회에서 싹튼 신앙생활을, 한 번도 저버린 적이 없습니다. 좌우 사상의 대결이 치열했던 1940, 50년대 지식인으로서 당신은 마르크스의 물질사관을 도저히 받아들일 수가 없었습니다. 당신에게는 신앙생활을 부정하는 물질 사관은 진리일 수가 없었습니다. 윤장섭 교수님 당신은, 네 자녀 모두가 신앙의 울타리 안에서 생활할 수 있도록, '집념'과 '노력' 그리고 '끈기'를 가지고 네 자녀들을 인도하셨습니다.

종교 생활과 일상, 그리고 학문 정진에서, '집념'과 '노력' 그리고 '끈기'를 통해, 자신의 사명을 다하려 애쓰신 윤장섭 교수님의 일생을 다시 한번 생각해 봅니다. 우리가 당신의 성실한 삶을 귀감으로 삼고자 합니다. 하느님께서 당신의 삶을 어여삐 여기시리라 믿습니다. 회장님, 교수님, 아버님 평안한 안식 속에서 영면하시기 바랍니다.

여전히 계시는 교수님

이영한 1985년 석사

매년 해오던 창덕궁과 옥류천 답사를, 코로나 팬데믹으로 인하여, 2020년에 이어 2021년에도 취소했다. 2022년 여름이면 학교 정년이라 2019년 답사가 마지막이 되어 버렸다. 일상은 끝이 있나 보다. 하지만 남겨진 아름다웠던 순간들을 기록하고 회상해보는 것도 의미가 있다.

30년 학자의 길을 열어주신 분은 윤장섭 교수님이라고 생각된다. 1970년대 후반기 대학생활은 암울하기만 했다. 대학 캠퍼스 주변에서 하숙생활을 했지만, 캠퍼스와의 심리적 거리는 멀기만 했다. schoolless 생활. 한 야학의 교사 생활이 내 삶의 터전이었다. 대학을 졸업하고 무엇을 해야 하는지, 무엇을 할 수 있는지 막막하기만 했다. 졸업 후 경기대 회계학과 조교도 1년 하면서 진로를 고민하기도 했다. 1984년 현대건설 근무 중에 대학원에 진학하기로 결심하고, 교수님을 연구실로 찾아뵈었다. 다른 교수님은 아예 생각해보지도 않았다. 강의 시간에 뵙기는 하였으나, 일대일로 교수님을 뵙는 것은 처음이었다. 왜 대학원에 오려 하나 등 학자적 풍모를 가지고 맑은 목소리로 물어보셨다. 아마도 전통건축을 공부하고 싶다고 말씀드린 것 같다. 그렇게 하여 1985년 대학원 과정이 시작되었다.

교수님 연구실 출신 제자들의 모임인 소우회에서 매년 전국 방방곡곡으로 답사여행을 했다. 대형버스를 빌려 하루 종일 빡빡한 일정으로 많은 곳을 다녔다. 요즘 드라이브하면서 지방 어느 길을 지나거나 건물을 답사할 때면, 교수님과 함께 갔던 곳 같다고 느끼기도 하고, 희미한 기억들이 문득 스쳐 지나 가기도 한다. 여러 번 오신 장소일 텐데도 답사마다 열심히 사진 찍으시는 교수님의 모습은 하나의 가르침이 되었다. 학생들은 마루에 걸터앉아 환담하기도 하는데, 교수님은 기록 남기기에 여념이 없으셨다. 예산의 수덕여관에서는 전통 한옥의 작은 방에서 교수님과 함께 자는 행운(?)도 가졌다. 교수님 옆에서 이른 시각인 밤 9시경에 간단히 몇 마디 나누고 조용히 잤다.

1992년 9월, 서울과학기술대학교에 부임했다. 서울과기대 캠퍼스는 일제 강점기 경성제국대학 이공학부 캠퍼스였고, 해방이후 1979년까지 서울공대 캠퍼스였다. 1978년 가을 학기에 2호관(현재 정보통신대학관) 3층 강의실에서 윤 교수님의 한국건축사를 들었다. 교수생활 30년동안 교수님으로부터 가르침을 받았던 공릉 캠퍼스에 머물고 있다. 내 연구실 책꽂이에는 교수님의 저서들이 여러 권 있다. 한 저자의 소장 책으로 제일 많다. 한국건축사, 서양건축사, 서양근대건축사 등은 강의 주교재이거나 참고문헌에 꼭 들어가는 저서였다. 몇 권은 교수님께서 직접 우편으로 보내주신 걸로 기억한다. 소우회 모임 때 나눠 주신 수필집들도 있다.

교수님과의 소중한 답사 추억을 학생들에게도 남겨주고 싶어 열심히 답사를 다녔다. 한 번은 대형 버스 3대로 120여명과 함께 지리산 화엄사, 쌍계사를 간 적도 있다. 물론 학생들은 무료였다. 기운이 펄펄 나던 때였던 것 같다. 매년 대학원 연구실 제자들을 데리고 안동이며, 공주며, 멀리는 강진과 해남을 다녔다. 또한 답사를 갈구하는 이화여자대학교 대학교회 교우과도 함께 매년 1회 답사를 했다. 가까이는 서울 성공회성당, 천도교당, 덕수궁, 러시아대사관 터를, 당일 코스로 연천, 파주, 철원, 서산, 당진 등. 처음 가본 철원 도피안사, 연천 호루고루성, 해미 개심사, 서울 성공회성당 등은 교인들에게 깊은 인상을 남겼다고 한다.

대학원 시절 교수님 인솔로 창덕궁과 옥류천을 답사했던 소중한 추억을 나누며, 매해 창덕궁을 답사해왔다. 교수님과 함께 간 것은 1980년대 중반이니 창덕궁 영역만 공개되고, 옥류천 영역은 아직 일반 공개되지 않았던 시절이다. 부용지로부터 옥류천에 이르는 영역은 왕이 행차하는 금원으로, 철 따라서 자연과 건축의 조화가 최상급 정원이다. 이 코스를 매년 2학년 가을 학기 〈한국전통건축론〉 9주차에 답사해 온 것이다. 서울 단풍이 절정인 11월 첫째 토요일 오전에 2학년 학생들과 학부형, 대학원 원우들 그리고 대학교회 교우 등 100여명을 별도 팀으로 인솔하였다. 오전 9시에 창덕궁 돈화문에서 시작하여, 창덕궁, 낙선재를 거쳐 고개를 넘어서 부용지, 애련지, 반도지, 옥류천로 이어진 긴 행렬. 12시에 태극정 앞에서 다 함께 모여 1칸 초가집인 청의정과 몇 평짜리 논을 설명하면서 답사를 마무리 한다. 정오 태양을 보면서, 팔을 들어 가르키면서, "백성이 천하지대본이다"하고 외치면서 답사의 마침표를 찍는다.

윤 교수님께 배운 전통건축 또한 평생 학문의 받침대가 되었다. 돌이켜 보면, 나의 전공 분야는 전통건축이라고 말하기도 곤란하고, 아니라고 하기도 그렇다. 이론적 논문이나 저술의 경우에도, 전통건축에 관한 글보다는 주로 근대건축에 대한 것들이었다. 하지만 30여년 대학에서 한국전통건축을 강의하여 오고 있고, 설계나 이론적 연구를 할 경우 전통 문제는 하나의 지지대였다. 나에게 전통은 공기나 물과 같은 존재랄까? 전문가로서의 의무감이라기보다는 한 자연인으로서 전통건축을 좋아한 것 같다. 그만큼 내게 윤 교수님의 가르침과 영향은 컸다.

교수님께서는 사뮤엘 울만의 시, "청춘(Youth)" 같이 사셨다. 교수님은 울만이 78세에 썼다는 이 청춘의 시를 우리들에게 들려주셨고, 남겨주셨다. "......but as long as your aerials are up, to catch the waves of optimism, there is hope you may die young at eighty." 젊은 한 때에는 이 진의를 받아

들이기 어려웠지만 내년 정년 앞두고 교수님의 메시지가 더욱 선명히 다가온다.

교수님, 참으로 교수님께서는 정중동으로 제게 많은 은혜를 베푸셨네요. 공릉동 캠퍼스 2호관 3층 강의실이며, 연구실 책꽂이 저서들이 나를 감싸고 있었고요. 학생들과 함께 한 전국 방방곡곡 답사 코스도 교수님과 함께 한 답사 범위를 크게 벗어나지 못했어요. 스스로 보여주신 학자로서의 삶의 태도 저와 함께 합니다. 교수님께서는 가셨지만 여전히 남아 계십니다. 추억으로, 글로, 그리고 삶으로.

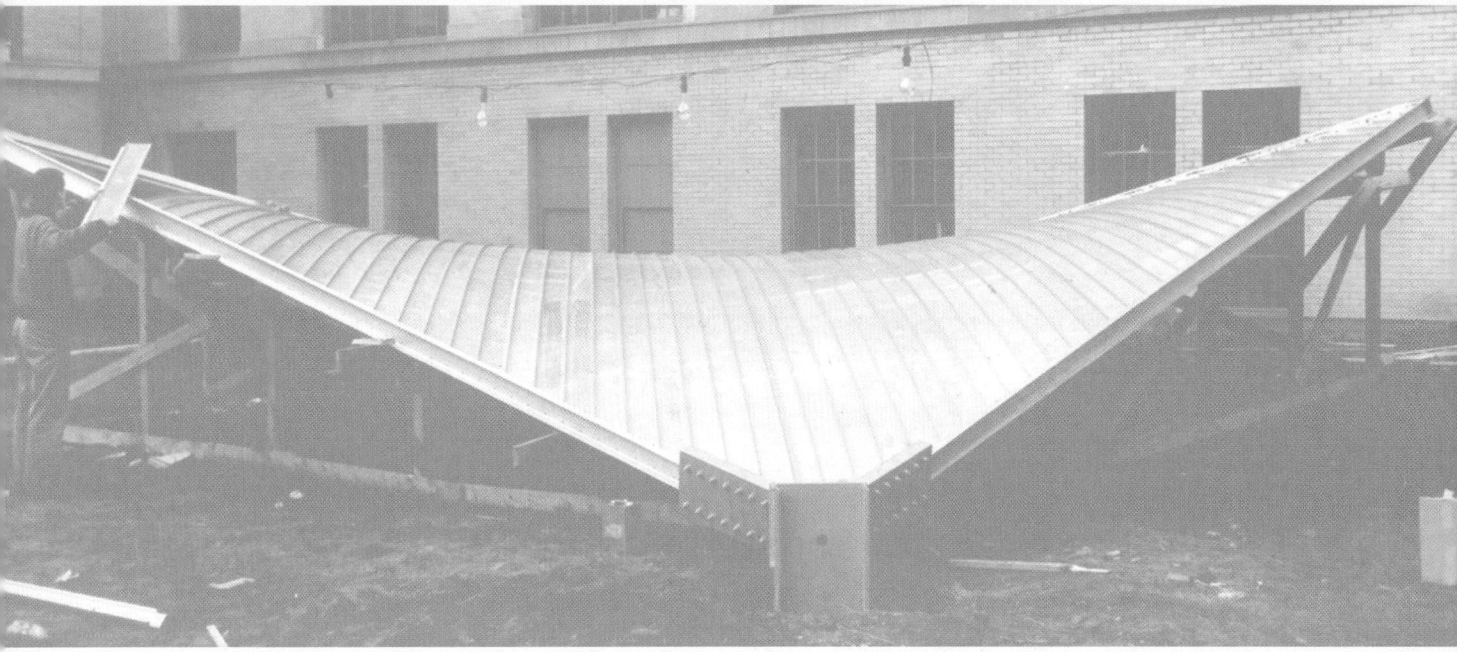

스승의 은혜

정유나 1984년 석사 · 1995년 박사

이글은 존경하는 윤장섭 교수님을 처음 뵙게 된 학부과정부터 2019년 1월 19일 소천하기 전까지 소우회 모임을 통하여 40여년간의 시간을 회상하며, 그동안 교수님의 큰 은혜를 받고 살았음을 감사하며 작성한 글이다.

형부의 스튜디오를 방문하고 멋진 투시도를 보며, 또 중학교 때 형부가 만들어 준 환상적인 주택 모델에 감동을 받아 대학에서 건축을 공부하겠다는 생각을 하게 되었다. 당시만 해도 남녀에 대한 편견이 있었던 시대인데 감사하게도 나의 집안 분위기는 그러하지 아니하였다. 1978년 서울대 이공계열로 입학했던 시기는 이공계열의 커트라인이 의대보다 높았다고 하여 이공계열 학생들의 자부심이 컸던 때로 공학계열만 해도 학과 수가 많은데 자연계열까지 합해진 계열이다보니 1학년 때는 2학년 진입을 공대로 할 것인지, 자연대로 할 것인지부터 시작해서 수많은 학과를 두고 다시 학생들 사이에 경쟁을 하기도 했지만 나는 오래전부터 건축학과를 지망하려고 했었기 때문에 다른 학과에 대해서 깊이 관심을 갖지 않았다.

학부 2학년 공릉동 캠퍼스 건축학과에서 공부하게 되었을 때 윤장섭 교수님은 이름이 흡사한 윤정섭 교수님과 다른 분이라는, 성함에 오타가 있었던 것이 아니라 두 분이 모두 실존하시는 분이라는 사실을 알게 되었다. 윤교수님을 수업에서 뵙게 된 것은 한국건축사와 건축설계였는데 건축설계 시간에는 특히 안전을 강조하셨다. 3학년 2학기에 교수님께서 지도하셨던 건축설계 평가회 때 우연히 나의 프로젝트에 부여한 점수를 보게 되었는데 이것이 나에게 큰 좌절을 안겨주었다. 왜냐하면 나는 나름 열심히 작업했다고 생각했기 때문이다. 그런데 이런 평가를 받는다면 나는 이 분야에 재능이 없는 것이다, 그러면 4학년으로 올라가기 보다는 다시 입시를 치루고 의대나 다른 분야로 가야겠다는 고민을 무척 심각하게 한 것이다. 그런데 기말에 나온 학점은 내가 보았던 것과 달리 좋은 편이어서, 교수님께서 최종적으로는 학점을 후하게 베푸셨던 것 같다. 지금 되돌아보면 항상 교수님께서는 후한 은혜를 베푸셨다. 그후 4학년 때 다시 마음을 잡고 좀더 적극적인 자세로 전공공부를 하기로 했었다. 누구나 그러하듯이 졸업작품에 최선을 다했는데 김성한(현재 남편)과 팀작업으로 작성한 투시도에 김진균 교수님께서 컬러링을 멋있게 해주신 덕분에 (갑자기 투시도가 예술작품으로 변화되는 순간이었다.) 졸업전 오프닝 날 윤교수님께 칭찬을 받았다.

학부 때는 교수님을 가깝게 뵐 수 있는 기회가 거의 없었는데 책이 잔뜩 쌓여있는 교수님 연구실에서 상담을 받았던 기억이 있어서 학부 때도 지도교수님이셨던 것 같다. 다른 교수님 연구실에서 상담

했던 기억이 없기 때문이다. 윤교수님께서 지도교수님이셨던 것으로 기억되는 또하나는, 학부를 졸업하면서 내가 설계사무소에 근무하고 싶다고 다른 교수님께는 부탁하지 않고 윤교수님께만 부탁드렸던 일인데 그래서 교수님께서는 2곳이나 소개해 주셨고 그 중 한 곳에 근무하였다. 그때 근무했던 곳은 인사동에 있는 스튜디오타입의 사무실로 소장님의 건축에 대한 진지함이 느껴졌고 사무실 분위기도 매우 인간적이었다. 소장님은 신입이었던 나에게 윤교수님께서 유학시절 작품이 우수했다는 말씀을 하셨다. 윤교수님께서 소개해 주신 사무실이라 소장님이 윤교수님과 친분이 있는 분인가보다라고 생각했었는데 나중에야 교수님 큰사위인 것을 알게 되었다. 그 사무실은 정말 모든 것이 좋았지만 막상 사무실을 다니면서 석사과정의 공부를 하려니 나의 부실한 육체가 두 일을 감당하기 어렵다는 것을 깨닫고 얼마 못하고 그만두었다. 돌아보면 본의 아니게 소장님께도 죄송하고 윤교수님께서 신경써주신 일이라 매우 죄송한 마음이다.

석사과정에 진학할 1982년에 내가 윤교수님을 지도교수님으로 모시고 싶었던 것은 학부 때 전기설비를 배웠던 지철근 교수님께서 건축음향에 대해 말씀하셨기 때문이었다. 건축설계라는 다소 소프트한 작업에 특별한 테크놀로지를 추가하고 싶었다. 그때 마침 윤교수님께서 35동 5층에 음향실험실을 만드셨고 지도학생 중에 음향에 대해 논문을 작성한 제자도 있었다. 그러나 대학원 공부하면서 음향과 관련한 강좌나 연구 진행이 이루어지지 않았고 한편 학부 때와 달리 건축이론 서적들을 접하면서 당시 모더니즘에 대한 궁금증을 석사논문으로 작성하게 되었다. 그당시 건축사조로는 포스트모더니즘이 풍미하던 시기였으나 모더니즘에 대한 정확한 개념을 먼저 알고 싶었기 때문이다. 그때는 건축이론서들의 번역본도 별로 없던 때고 동기들끼리 영어로 된 책들을 복사해서 읽던 시절이라 내가 영어로 된 책들을 많이 접하다보니 영문초록을 자연스럽게 작성한 것 같다. 논문을 지도해 주셨던 교수님께서 영문초록을 잘 썼다고 칭찬해 주셨던 기억이 있다. 당시에는 교수님들이 나를 '미스 정'이라고 부르셨는데 요즘 학생을 그렇게 부르면 매우 신기하게 들릴 호칭일 것이다. 나는 결혼을 석사과정 4학기차 논문 심사받고 12월 12일 월요일에 했는데 교수님께서 12월 9일 금요일에도 개별적으로 논문지도를 해 주셨다. 축의금도 잊지 않으시고......!

석사 졸업 후 박사과정에 바로 진학하지 않았다. 학부 졸업 후 실무경력을 쌓지 못해서 다시 실무를 경험하려고 ㈜서울건축에 입사하였고 또 연구직이 적성에 맞는다고 판단되어 새롭게 연구소를 발전시키려는 대한주택공사(현 LH한국토지주택공사)에 전문직 연구원으로 근무하였다. 연구소에 근무하다보니 연구소의 분위기가 박사 중심으로, 새삼 박사학위라는 것이 필요하다는 것을 현실적으로 깨닫게 되었다. 석사 졸업 후 3년만에 박사과정에 입학하려고 상담을 하였다. 박사과정에 입학하는 것은 석사 과정과 비교할 수 없이 어려운 일이었는데 더욱이 여학생은 여태까지 없었기 때문에 배시화 선배님과 나는 박사과정에 입학한 첫 번째 여학생들이 되었다. 1987년 윤교수님께서 나를 박사과정에 들어올 수 있도록 기회를 주신 것은 나의 인생에 엄청난 축복이었다. 오늘날의 내가 있게 해 주신 참으로 큰 은혜이다. 석사과정과 박사과정은 공부와 연구의 내용도 다르지만 무엇보다 지도교수와의 관계가 달라진다. 더욱 가까이서 윤교수님을 알게 되었으며, 알면 알수록 더욱 교수님에 대해 존경심이 저절로 생겼다.

대학원 과정에서 특히 잊을 수 없는 추억은 학교업무 뿐 아니라 사회적인 활동으로도 너무나 바쁘신 교수님께서 대학원 학생들과 함께 하여 성경공부를 인도하셨던 것이다. 그 때 모임은 설계 전공 뿐아니라 구조 등 다른 전공 학생들도 있었는데 윤교수님께서 영문으로 된 윌리엄 바클레이(William Barclay)의 주석을 깊이 있게 가르쳐 주셔서 일반 교회에서 할 수 없는, 차원이 다른 성경공부를 할 수 있었다. 교수님의 훌륭한 인품에 대해서는 이미 알고 있었지만 성경공부를 통해 나는 참으로 진실된 기독교인으로서의 교수님 모습을 또한 발견하게 되었던 것이다. 교수님은 기도하실 때 눈을 뜨고 하늘을 우러러 보시며 기도하셨다. 보통 기도는 눈을 감고 고개를 숙이고 두 손을 모으고 하기 때문에 이런 모습이 매우 인상적이었다. 교수님의 기도하는 모습은 진리 안에서 진정한 자유로움을 만끽하시는 것으로 생각되었는데 아직도 그 모습이 눈에 선하며 결코 잊혀지지 않는다.

교수님께서 소천하셨다는 소식을 들었을 때 나는 그때 그 기도하는 모습처럼 하늘을 보시며 하나님 품에 안기신 것 같은 모습이 떠올랐다.

1984년 2월 35동 앞
59세 교수님. 석사 학위 취득 제자들을 축하하며 기념 촬영

1989년 봄 관악캠퍼스 교정
64세 교수님. 정년퇴임 1년 전에 제자들과 기념 촬영

건축계의 큰 스승

전봉희 1987년 석사

소우 윤장섭 선생

윤장섭 교수는 1925년 1월 7일생으로 지난 1월 19일 94세를 일기로 별세하셨다. 여기에 소개되는 다른 분들에 비하여 상대적으로 연소하다. 하지만 우리나라 건축학의 발달과정을 되돌아보며 그 선구자 겸 개척자로 선생을 꼽는데 주저가 없는 것은 건축학의 발달이 다른 학문 분과에 비하여 상대적으로 늦었던 저간의 사정 때문이다. 식민지 시절 한반도에 있던 유일한 대학이었던 경성제대는 1926년에 법문학부와 의학부를, 그리고 1938년에 이공학부를 설치하였지만, 건축학과는 두지 않았다. 그러므로 건축학의 고등교육기관은 1916년에 설치된 관립의 경성고등공업학교가 유일하였다. 주지하다시피 고등공업학교는 공학사 학위를 수여하는 고등교육기관이었지만, 기술 관료를 양성하기 위한 실무교육에 중점을 두었다.

해방으로 일본인들이 돌아가고 난후 당시 한국에 남은 건축학 분야 공학사 학위자의 수는 100명이 채 되지 않았고, 그 대부분은 3년제의 고등공업학교 혹은 공업전문학교 출신이며, 그나마 절반은 해방 공간의 혼란 속에 월북하였다. 그러므로 1946년 막 개교한 서울대학에 입학하여 4년간의 교육과정을 마치고 1950년 졸업한 윤장섭 교수는 졸업기수로는 서울대학의 4회 졸업생이지만, 사실상 정식으로 4년제의 교육을 받은 첫 번째 졸업생이 된다.

따라서 선생은 졸업과 동시에 우리나라 건축학계의 선두 그룹이 되어 이후 등장하는 많은 후배들을 지도하는 스승의 역할을 맡게 된다. 실제로 선생은 대학 졸업과 동시에 한양공대 야간부 건축공학과에서 강의를 시작하였으며, 한국전쟁 중에는 공군 장교로 복무하면서 대구의 청구대학 토건학과에서 강의를 하였고, 1955년 10월 예편된 직후 한양공대의 전임강사로 임용됨과 동시에 서울대학과 육군사관학교에서 강의 하였고, 그 다음해인 1956년 11월부터는 서울대학교의 전임강사가 됨으로서, 사실상 이후 한국 건축계에서 활동하는 모든 세대와 나이차와 관계없이 사제의 관계를 갖게 된다. 심지어 대학 재학 중인 4년간 동안 경기공업고등학교에서 강사로 가르쳤는데, 이곳에서 나중에 한양대학교 총장을 지낸 이해성 교수(1928~2008)나 역시 한양대의 원로 교수로 건축가협회장을 지낸 유희준 교수(1934~)를 가르쳤다고 하니 선생의 사회적 나이가 얼마나 빠른지를 짐작할 수 있다.

당시 선생이 담당하였던 과목은, 나중에 선생의 주 전공이 되는 '한국건축사'나 '건축음향학', '주거학'이 아니라, '건축재료', '건축구조', '건축사', '건축계획 및 설계', '시공', '철근콘크리트' 등 사실상 건축학의 전 분야를 망라하는 폭 넓은 것이었다. 이러한 사실은 지금의 시점으로 보아서 결코 자랑거리라고 할 수는 없지만, 전문가가 부족한 당시의 상황을 충분히 엿볼 수 있게 해주는 것이고, 또 윤장섭 선생의 개인적 차원으로 보자면 건축학의 다방면에 걸쳐 폭 넓은 소양을 갖출 수 있는 기회를 제공함으로써 향후 깊이 있는 연구로 진행하는데 큰 도움이 되었을 것이 분명하다.

많은 수는 아니지만, 그래도 수십 명에 이르는 자격자가 있고, 또 대부분 선생보다 선배들이었을 텐데 선생이 이처럼 선두에 서게 된 것은 연유가 있을 것이다. 선생의 초기 이력을 살펴보면 특별히 교육자로서의 경력이 두드러지는 것을 볼 수 있는데, 역시 선생이 보인 학업에서의 수월성이 이후의 경력을 결정지은 것으로 보인다. 선생은 1944년 봄에 징집을 피하여 경성공업전문학교(경성고등공업학교의 후신)에 입학을 하는데, 전시하의 특수 상황이라서 매일 8시간씩 4학기제로 운영하여 2년 과정을 1년에 마치는 압축 수업을 실시하였다고 한다. 선생은 다음해 봄까지 4개 학기 동안 1,2 학년 합하여 수석의 자리를 한 번도 놓치지 않았고, 이것은 서울대학에 입학하여서도 마찬가지였다. 심지어 1957년 말 USOM의 교육파견요원으로 선발되어 도미하여 수학한 MIT에서도 첫 학기 세과목에서 모두 A 학점을 받아 주변을 놀라게 하였고, 이러한 성과를 인정받아 청강생에서 정식의 학생으로 편입되고, 파견 기간도 3개 학기로 연장되어 무사히 건축학 석사학위를 받을 수 있게 되었다. 선생이 MIT에서 받은 건축학석사학위 역시 한국인으로서는 처음으로 받은 정식의 석사학위이다.

1959년 MIT 졸업식장에서 우재린 교수와 함께

선생의 선대인은 성균관 박사이자 대학제국에서 세운 법관양성소를 2회로 졸업한 윤병순(尹秉純) 박사이고, 선대부인은 독실한 기독교 신자인 김순희(金順喜) 권사이다. 서울 낙산의 동록 창신동에서 출생하시어 유년 시절을 그곳에서 자라셨다. 창신보통학교를 졸업하고 경성제일고보를 지원하였으나 낙방하였는데, 아마도 이것이 선생에게 유일한 실패의 경험일 것이다. 이후 아버지와도 같았던 백형의 권유로 경성공업학교 건축과로 입학하였으니, 건축으로 전공을 정하게 된 것도 이 때문이다. 만일

이때 제일고보에 진학하였더라면 선대인이나 백형인 윤종섭(尹鐘燮) 전 부장판사를 쫓아 법학을 전공하였을지 모른다. 남들보다 체구도 작고 4남1녀의 삼남으로서 특별히 눈에 띠지 않는 평범한 아이였던 소년 윤장섭이 작심 분발하게 된 데에는 열세 살에 맞았던 아버지의 죽음과 열네 살에 창신동예배당에서 세례를 받은 이후 이어진 신앙생활이 계기가 되었다고 자술하고 있다.

특히 17살 때 시작한 새벽기도회의 출석은 선생이 평생에 걸쳐 유지하여 온 새벽 공부로 이어졌다. 전시하 경성공업전문학교를 다닐 때 선생의 일과를 보면, 저녁 8시 반에 취침하여 오전 12시 반에 일어나 공부를 하고, 4시 반 새벽기도회에 참석하고 돌아와 잠시 눈을 붙인 다음 6시 반에 일어나 하루 일과를 시작하였다고 한다. 일찍 자고 일찍 일어나는 습관은 이후로도 계속되는데, 실제로 내가 대학과 대학원에 재학 중이었던 1980년대에도 선생님은 어떠한 자리에서도 9시 전에 일어나 귀가하시었고 누구보다 일찍 학교에 나오셨으며, 학생들과 함께 가는 고적 답사 길에서도 늘 새벽에 일어나 주변을 다 둘러보신 다음 학생들을 깨우셨다.

학생시절부터 시작한 신앙생활은 꾸준히 이어져서, 서울대학에 재학 중에는 문리대의 신사훈(申四勳, 1911~1998)교수가 지도하는 학생교회에 출석하여 여러 대학에서 모인 학생들과 함께 성경공부를 하였으며, 교수로 재직 중에도 학과 내에 학생들과 함께 반석회라는 기독학생모임을 만들어 교류하고, 장로로 임직하시는 안동교회에서는 영어 성경 독서회를 조직하는 등 신앙생활을 게을리 하지 않았다. 1941년 경성공업학교 졸업설계 작품으로 "이상의 여학교"라고 하여 예배당이 있는 미션스쿨을 계획하였고, 1950년 서울대학을 졸업할 때는 "학생교회"를 설계한 것도 모두 학업과 신앙의 조화에 기울인 노력의 결과이다.

선생은 사회생활의 대부분을 대학에서 보냈지만, 젊어서는 약간의 실무 경험을 가지고 있다. 경성공업학교를 졸업한 1942년부터 경성공업전문학교에 진학하는 1944년까지의 2년 동안에는 지금의 토지주택공사의 전신이라고 할 수 있는 조선주택영단에 근무하였고, 1945년 1월 경성공업전문학교를 속성으로 마치고 난 후에는 청량리에 있는 철도국 건설사무소에서 근무하다 해방을 맞았다. 선생의 초기 담당과목이 계획 및 설계는 물론, 구조에서 시공, 재료까지 다방면에 이를 수 있었던 것은 이러한 현장 경험이 바탕이 되었을 것이다.

또 1970년대 초까지는 건축과의 교수가 설계 등의 현업을 겸업하는 것이 허용되었으므로, 선생 역시 다양한 건축설계 작업에 참여하였다. 초기에는 당시 건축계의 원로라고 할 수 있는 이천승(李天承, 1910~1992), 박동진(朴東鎭, 1899~1981) 선생 등을 도와서 우남회관의 구조계획, 고려대학교 과학관과 남대문 교회 등의 설계에 참여하였다. 하지만 본격적인 활동은 1959년 가을 MIT에서 귀국한 이후에 진행된다. MIT에서의 졸업설계 작품은 "A Future Plan for Seoul National University"였는데, 당시 종합화를 구상하고 있던 서울대학교의 캠퍼스 종합 계획으로서, 공대가 있던 태릉 일대를 대상지로 하여 설계한 것이었다. 서울대학의 종합화 구상은 이미 1958년 10월에 종합계획위원회가 구성되어 있었고, 선생은 귀국하면 이 작업에 참여할 것이 예상되는 상태였다. 그러니 졸업설계 작품으로 서울대 종합캠퍼스 계획을 잡은 것은 매우 자연스러운 일이었다. 실제 선생은 1960년의 종합화 계획은 물론 1970년 봄 관악 컨트리클럽을 대상지로 한 본격적인 종합화 계획이 진행될 때도 주도적으로 참여하게 된다.

1960년 이후 1974년 폐업을 할 때까지 선생은 독자의 사무실을 운영하였지만, 학교와 교회, 공장과 주택 등에 그쳐 그렇게 활발하다고 할 수 없다. 당시 설계한 작품으로 현재도 남아있는 수원 서둔동 성당(1969)은 선생의 대표작이라 할 수 있는데, 한식 기와지붕을 가진 팔각형의 본당 건물을 두고 그 앞에 사각탑형의 높은 종탑을 세워 그 아래를 본당의 출입 현관으로 삼은 독특한 조형을 보여준다. 지붕 부분은 철근콘크리트로 만든 보와 슬라브를 노출시키고 벽체는 벽돌로 마감하였다. 또 상임위원의 자격으로 마련한 국회의사당의 초기 설계안은 전면에 12개의 열주가 지붕 슬라브를 받치고 있고, 안으로 조금 물러서 5개 층의 벽면이 올라가는 것이었는데, 열주의 수가 8개로 줄어들긴 하였지만 상부의 돔을 제외하면 현재의 국회의사당 모습과 매우 흡사하다. 여기서도 선생은 기둥의 위를 여러 갈래로 나누어 뻗어서 상부 슬라브의 보가 되도록 하는 조형언어를 사용하였는데, 이는 서둔동 성당의 종탑에서 보는 것과 같다.

실제 건축물의 설계 작업은 많지 않지만, 선생은 우리나라 도시계획 및 주거단지 개발의 원조라고 할 수 있는 HURPI의 설립과 운영에 참여한다든지, 여의도에 새롭게 마련한 국회의사당의 상임위원으로 활동하는 등 대규모의 정부 사업에 적극 참여하였다. HURPI는 Asia Foundation의 후원으로 1965년 3월 건설부가 설립한 '주거 및 도시계획연구소'로서, 미국의 저명한 도시계획가 Oswald Nagler 가 자문관으로 부임하고, 한국에서는 선생과 함께 영친왕의 아들이자 MIT 학부를 졸업한 이구(李玖, 1931~2005)씨, 그리고 홍성철씨 등이 연구원으로, 우규승, 이상련, 유완, 고주석 등이 연구보조원으로 참여하였으며, 건설부의 황용주 계장이 지원인력을 이끌고 당시 행정서기관이었던 손정목과 서울법대의 권태준 교수 등이 관심을 가지고 출입하였다. 이 기구는 우리나라의 주거 특성에 대한 연구 조사를 바탕으로 급격하게 도시화되어가는 상황에 대한 계획적 대안을 제시하는 긍정적인 역할을 하였으며, 이 때 참가한 인물들은 우리나라 도시계획의 1세대가 되었다.

국회의사당 건립계획은 한국 현대건축사의 여러 장면에 등장한다. 처음 새로운 의사당을 건립하겠다는 계획은 4.19 이후에 설립된 제2공화국 장면 정부 하에서이고, 종묘와 경복궁 등 많은 후보지들을 놓고 논란을 거듭한 끝에 최종적으로 그 위치를 현재의 남산공원 자리로 정하였고 현상설계를 진행하였다. 이때 1등으로 당선된 것이 김수근이 이끄는 동경 유학생팀의 안이고, 이를 계기로 김수근은 귀국하게 된다. 하지만 남산 국회의사당 안은 곧이어 발발한 5.16 군사정변으로 인하여 백지화되고, 다시 의사당 건립계획이 진행된 것은 1966년으로, 이때 건립대상지는 여의도로 정해졌다.

국가적으로도 상징성이 큰 사업이었기 때문에 당시 최고 수준의 건축가들이 모두 참여하는 대규모 현상이 진행되었고, 여러 과정을 거쳐 최종적으로 당시 서울대 교수였던 이광노와 안영배, 그리고 연세대학의 교수였던 김정수 등이 합동으로 설계하는 것으로 결정되었다. 윤장섭 선생은 직접 설계자로 참여한 것은 아니지만, 1966년 6월말 상임위원으로 위촉되어 기본계획기준과 설계시안을 작성하였다. 이때 선생이 만든 초기 설계안(1967)은 최종안에 큰 영향을 미친 것으로 그 아이디어의 많은 부분이 그대로 이어진 것은 앞서 언급한 것과 같다. 이때 한국적 특색을 살리는 점과 국회의사당으로서의 상징적 권위를 드러내야한다는 점이 요구되어, 한국 전통건축에 대한 폭넓은 조사와 함께 해외의 여러 의사당 건축물들을 견학하는 기회가 마련되었고, 결국 지금과 같이 열주와 돔을 가진 안이 만들어졌다.

윤장섭 선생의 연구와 활동에 큰 변화를 준 작업은 1972년 3월부터 1년간 대만의 성공(成功)대학에 객좌교수로 체류하면서 진행되었다. 1957년 12월부터 1959년 9월까지의 MIT 유학 이후 13년 만에 맞는 두 번째 장기 체류였다. 성공대학은 일제시기에 설립된 대남(臺南)고등공업학교를 모태로 설립된 공학중심의 종합대학으로서, 대만에서 가장 좋은 공과대학을 가지고 있다. 선생은 대만 행정원의 초청을 받아 1년간 체류하면서 좋은 환경 속에서 교육과 연구에 전념할 수 있는 기회를 얻었으며, 이 시기에 완성된 것이 선생의 대표작인 『한국건축사』이다.

어려서부터 기술교육을 받고 또 서구에서 전래한 기독교에 몰두한 선생이 한국 건축에 관심을 가지게 된 것은 역설적이게도 미국 유학 중의 일이다. 세계 근대건축의 거장들을 직접 만나고 도 서구의 역사적 건축 명작들을 직접 답사하면서 거꾸로 한국의 전통 건축에 관심을 가지게 된 것이다. 이 장면은 마치, 19세기말 일본의 첫 번째 건축과 졸업생인 다쓰노 긴코(辰野金吾, 1854~1919)가 1880년 영국으로 유학하여 지도교수에게서 자극을 받고 귀국하여 일본건축사를 공부하기 시작하였다는 이야기와 닮아있어 흥미롭다. 선생은 귀국 직후인 1960년 문화재관리국의 의뢰로 창덕궁 후원에 있는 건축물들의 실측조사를 진행하였으며, 뜻이 맞는 후배 및 제자들과 함께 한국의 고건축물들을 답사하기 시작하였다.

이때 답사한 건축물들로, 충청도의 수덕사와 개심사, 경상도의 봉정사, 임청각, 도산서원, 옥산서원, 부석사, 소수서원, 황룡사지와 첨성대, 불국사와 석굴암, 전라도의 화엄사와 선암사 등 삼남지방 일대를 아우르는 것들이었고, 일제시기 일본인들에 의하여 고적과 고건축물로 지정되어 있던 국가급 문화재들을 망라하는 것들이었다. 이 과정에서 문화재계의 원로라고 할 수 있는 황수영, 홍사준 선생 등을 만날 수 있었다. 후배와 제자들로 구성된 답사회는 점차 확대되어 마곡사와 금산사, 실상사, 송광사, 화순 다탑동 등으로 대상지를 확대되었고, 공주 마곡사, 묘동의 박황씨 가옥, 고창 참당암 등의 고건축을 처음으로 학계에 소개하는 논문을 발표하였다.

한편 1960년대 초는 촉석루 복원공사와 남대문 수리공사가 진행되는 등 우리나라에서 고건축물에 대한 본격적인 복원 사업이 시작되던 시점이었고, 전술하였듯이 국회의사당 건립과 맞물려 전통 건축에 대한 사회적 수요가 생기던 시점이기도 하였다. 선생은 당시 복원 공사에 참여하였던 대목장들과도 교류하며 전통 기법에 대한 공부하였고, 이때 수집한 고건축물 모형과 톱과 대패 등의 연장은 현재 서울대학에 기증하여 건축과에 전시되어 있다. 또 1963년부터는 서울대학에 소장되어 있는 규장각 장서들을 조사하여 『화성성역의궤』를 비롯한 영건도감 의궤 등을 처음 접하고 관련 내용을 논문으로 발표하였다. 이때 여러 사람들이 관련 작업에 참가하였으나 이후 건축역사학자로 남은 사람은 고려대학의 주남철 교수가 대표적이고, 본격적인 관련 분야의 제자 양성은 서울대학교의 대학원 교육이 활성화되는 1980년대 이후의 일이다.

대만 체제 중에 원고를 정리한 한국 건축역사에 대한 논문은, 격월간으로 발간되던 『대한건축학회지』 1972년 8월호부터 1973년 8월호에 걸쳐 모두 7편을 각 시대별로 나누어 연속으로 게재되었으며, 이

것을 주 논문으로 하여 윤장섭 선생은 1974년 2월 서울대학교에서 박사학위를 취득하게 된다. 또 이 논문들을 모으고 발전시켜 1973년 10월 동명사에서 『한국건축사』를 단행본으로 출판하고, 이듬해인 1974년 봄 한국일본 출판문화상 저작상을 수상하였다. 『한국건축사』는 이후 20여회에 거쳐 재판과 증보판을 거듭하여 현재에 이르고 있고, 1997년에는 일본의 마루젠(丸善)에서 같은 이름으로 일어 번역본이 출판되기도 한 우리나라의 대표적인 한국건축사 통사이다.

윤장섭 선생의 『한국건축사』는 한국인에 의해 쓰인 최초의 한국건축사 통사로서, 그 이전 일본인들에 의해 만들어진 한국건축사가 갖는 식민사관을 극복하고 새로운 민족사관에 의해 집필된 역작이다. 식민사관으로 쓰여진 한국건축사의 가장 큰 한계는 통일신라 시대를 극성기로 고려시대를 여성기로 그리고 조선시대를 쇠태기로 보는 진화론적 시각과 정체성론 그리고 한국건축을 중국건축의 한 아류로 보는 종속사관과 타율사관으로 정리할 수 있는데, 윤장섭 선생은 한국건축이 갖는 지역적인 특성을 분명히 하고 조선시대 건축이 갖는 근대적 성격을 밝힘으로써 발전론적 시각을 강화하였다는 점에서 역사적 의미가 크다. 또한 건축사의 대상을 궁궐건축이나 종교건축에 한정하지 않고, 도성과 분묘, 탑, 주거건축과 정원건축으로 확장한 것도 이후로 이어지는 선생의 선구적인 작업이다.

교육에 있어서도, 미국에서 돌아온 다음 해인 1960년 서울대학에 '아시아건축사'를 개설하여 우리의 건축에 대한 교육을 시작하였고, 1970년대에는 이를 확대하여 '한국건축사'를 독립된 과목으로 만들어 현재와 같은 한국건축사학의 독립을 이루었다. 지금에서야 세계 어느 나라의 건축교육에서건 그 지역의 지역적 전통에 대한 교육이 필수교과로 되어 있고, 심지어 미국의 경우라면 동부와 서부, 중부의 지역에 따른 지역적 전통을 구분하여 가르치기도 하지만, 20세기 초 근대를 이끈 모더니스트들에게 과거의 역사는 극복해야 되는 대상으로서 인식되고, 20세기 중반까지는 기술과 재료에 집중한 탈지역적 국제주의적 양식이 득세하였다. 게다가 강대국들의 틈바구니에서 처절한 패배를 경험한 한국인들에게 막강한 힘을 가진 서구의 것은 우월한 것이었고, 우리의 전통과 과거는 오랫동안 외면하거나 부정할 대상이었다.

1950년대 말 미국을 방문하여 현대건축의 거장인 월터 그로피우스, 루이스 칸 등을 만나고, 또 바로 전해에 작고하여 직접 만나지는 못하였지만 프랑크 로이드 라이트의 기숙형 작업실이 있는 탈리에센을 방문하여 그의 작업 분위기를 직접 경험하였으며, 미국 내의 여러 건축교육 기관을 시찰하고, 귀국길에는 유럽의 여러 나라를 방문하여 역사적인 건축물을 직접 답사하고 돌아오는 등 당시로서 누구도 따라 할 수 없는 선진적인 경험을 한 점이 오히려 윤장섭 선생이 한국건축에 눈을 돌리게 만든 계기가 되었으리라 생각된다. 다시 말해 그간 유럽을 경험한 일본인을 통하거나, 혹은 책을 통하여 간접적으로만 보아온 피상적인 서구 근대에 대한 허상을 걷어내고, 직접 현장을 방문하여 인물을 접촉함으로써 국제주의 양식이 득세하는 근대건축의 심장에 조차도 고유의 인문학적 전통과 장소의 연결된 영혼이 깃들어있다는 사실을 깨닫게 된 것이다.

1950년대 말에 있었던 선생의 이 폭 넓은 경험은 이후 한국 건축계에 참으로 다행스러운 영향을 주었고, 그렇게 생각하니 더더욱 이미 19세기말과 20세기 초에 걸쳐서 그러한 경험을 먼저 한 일본의 경우와 비교가 되어 근대 초기 우리의 처지가 안타깝게 여겨진다.

선생이 50대가 되는 1970년대 중반부터는 우리나라의 경제가 크게 성장하는 동시에 1988년 올림픽대회의 개최를 앞두고 빠르게 국제화되어가고 있던 시기이다. 건축 분야도 빠르게 규모가 확장되어 가면서 매일같이 전에 경험하지 못하였던 새로운 상황에 접하게 되고, 충분한 검토 없이 새로운 제도를 서둘러 만들어 가던 시기였다. 선생은 1975년 문화재위원이 되어 1985년에는 건축문화재를 담당하는 제1분과위원장, 1987년에는 부위원장으로 봉사하였고, 이 과정에서 현재에도 적용되는 문화재 주변의 건축행위 제한 기준을 만들었다. 또 1980년 4월부터 2년간 대한건축학회장으로 재임하면서 논문집을 학회지에서 분리하여 발간하여 현재에 이르게 하였고, 건축학회 회관 건립을 기획하여 다음 회장의 임기에 완공을 보게 하였다. 1983년 3월부터 2년간 학과장으로 재직하시면서 학과 단위의 스승의 날 행사를 처음으로 만들었는데 악보를 나누어 들고 스승의 날 노래를 다 같이 부르던 모습은 당시의 살벌하였던 캠퍼스의 분위기를 한층 부드럽게 만드는 것으로 기억에 남는다. 또 대학원생이 모두 참여하는 전통건축 답사를 정례화하고 졸업 25주년 기념 홈커밍데이 행사를 시작하여 모두 현재까지 이어오게 하였으며, 건축학과 동창회 명부를 만든 것도 선생님의 공이다. 이 명부는 일제하 경성고등공업학교 시절부터 당시에 이르기까지의 졸업생의 인적 사항을 모두 찾아 모은 것으로서 비단 서울대 건축학과의 역사를 넘어 우리나라 건축학 분야의 인물사를 정리하는데 큰 도움이 되는 자료이다.

1970년대 후반에는 선생의 부전공이라 할 수 있는 '건축음향학'과 '주거학' 관련 교재를 집필하여, 당시 새롭게 늘어나는 관련 주제의 대학교육에 사용하게 되었다. 지금 60대가 넘은 이 두 분야의 첫 세대들은 모두 윤 선생의 교재로 공부를 시작하였다. 1980년대부터는 대학원 교육이 활성화되어, 한국건축사와 건축음향학을 전공으로 하는 전문 인력의 양성에 큰 성과를 내기 시작하였다. 하지만 선생의 정년이 1990년 2월이었으므로 지금과 같이 많은 제자를 길러내지는 못하였고, 단 12명의 박사를 배출하였을 뿐이다. 하지만 그 가운데 훗날 충남대학교와 목포대학교의 총장이 나와 총장의 스승이란 별칭을 얻으시고 총장 취임식에 참석하여 축사를 하시기도 하였다. 나는 선생님 연구실에서 석사학위를 하고 박사과정은 입학하여 재학 중에 선생님의 정년을 맞이하였는데, 당시 선생님 연구실의 분위기는 과연 학문의 요람과 같은 것이어서, 가장 늦게까지 불이 켜져 있는 연구실이었을 뿐만 아니라 바쁜 선생님을 대신하여, 대부분 지방대학의 교수였던 선배들이 지도하는 각종의 세미나가 매일같이 진행되었다. 여기서 『대학』과 『중용』 등의 고전을 강독하면서 한문의 해독에 조금 접근하고, 경기도의 서원과 향교에 대한 전수 실측조사를 진행하면서 현장 조사의 방법을 배운 것이 크게 기억에 남는다.

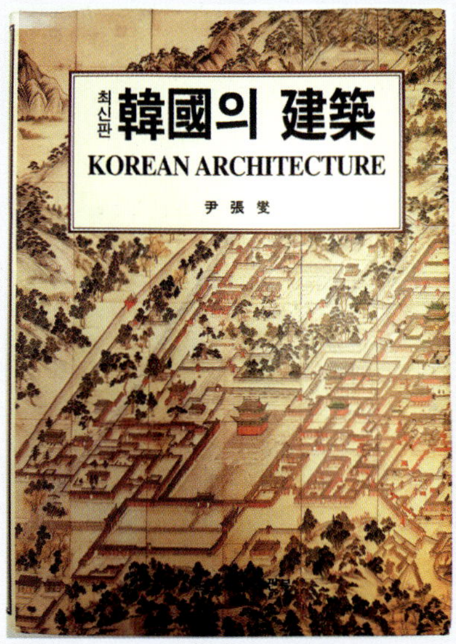

선생의 활동은 1990년에 맞이한 정년으로 중단되지 않고 오히려 저술 활동은 더욱 활발해져서 주변을 놀라게 하였다. 정년 이전에 이미 전술한 『한국건축사』 외에 『한국건축연구』(동명사, 1983), 『건축계획연구』(기문당, 1984), 『서양근대건축사』(보성문화사, 1987) 등의 주요 저작이 있었지만, 정년 이후인 1996년에는 한국건축사의 내용을 한글세대에 맞추어 전체를 한글로 편집하고 그간 나온 연구 성과들을 대폭 반영하여 새롭게 저술한 『한국의 건축』(서울대출판부)을 출간하였고, 이 책 역시 전작과 같이 2003년 일본의 대표적 학술총서 출판사인 주오고론(中央公論)에서 일본어 번역본이 출판되었다. 특히 이 책의 번역은 1980년대 초 선생님 연구실에서 1년간 공부하고 돌아가 한국 건축에 대한 내용으로 박사학위논문을 작성한 교토대학의 니시가키 야스히코(西垣安比古)교수에 의해 번역되어 그 의미가 남다르다.

또 이 책은 이후 『중국의 건축』(1999), 『일본의 건축』(2000), 『인도의 건축』(2002)로 이어지는 아시아 건축사 4부작으로 구성되어 모두 서울대 출판부에서 간행되었으며, 현재 네이버 지식백과를 통하여 온라인으로 공개되어 있다. 이외에도 조금 더 대중적인 도서로 『서양건축문화의 이해』(서울대출판부, 1996)와 『기독교 성지순례』(이서 미디어, 2003)를, 본격적인 연구서로 『석불사』(학천, 1998) 등을 출간하였다. 또, 선생은 회갑과 정년, 칠순, 팔순, 미수 등을 각각 기념하여, 『건축수기』(태림문화사, 1985), 『소우수록』(발간위원회, 1990), 『삶의 길목에서』(기문당, 1994), 『영원한 동반자들』(학천, 2007), 『대교약졸』(기문당, 2012) 등의 수필집을 내었으니, 인생의 마디를 늘 책과 함께 하여 온 것을 알 수 있으며, 최근까지도 매년 유럽과 인도, 중국, 호주 등의 건축답사와 국제학술대회 참가 등을 빠지지 않는 건강과 열정을 보여주어 후배와 제자들을 부끄럽게 만들었다. 선생이 학술원 회원이 되신 것은 1981년의 일인데, 70대와 80대에 들어서도 이처럼 모범적인 활동을 보이신 것이다.

선생님의 아호는 소우(筱愚)이다. 가는 대나무, 조릿대를 뜻하는 소(筱)자에 어리석을 우(愚)자를 더하였는데, 선대인인 윤병순 박사의 아호가 우졸(愚拙)이니 그를 좇은 것으로 볼 수 있다. 하지만 단지 선고의 호이니 그대로 따른 것은 아니고, 선생의 공부 즉, 한국 건축에 대한 선생의 생각과 관계가 깊다. 그러고 보면 생각나는 장면이 학부시절 한국건축사의 첫 수업이다. 선생은 칠판 가득 큰 글씨로 '대교약졸(大巧若拙)'이라 쓰시고 그 뜻에 대하여 예의 낭랑한 목소리로 풀이하셨다. 이것이 노자의 『도덕경』에 나오는 구절이라는 것은 나중에 알았고, 논리적으로 모순인 듯 보이지만 궁리를 거듭하게 만드는 참선의 화두와 같다는 것은 살면서 계속 느끼는 바이다. 선생은 이 구절을 가지고서 한국건축의 미학을 풀이하셨다. 다소 서툰 듯한 갈무리, 획일적이고 곧바른 직선이 아닌 자연스럽고 다 조금씩 다른 곡선, 투박한 조형과 거친 질감 등 한국의 전통 건축이 가지고 있는 편안함과 친근함을 큰 기술로 보신 것이다. 사실 대교와 약졸은 서로 모순되지 않으며, 교와 졸이 모순되는 것은 소교(小巧)일 때의 일인 것이다. 지금 생각해도 한국건축의 아름다움을 이보다 더 잘 설명한 어귀는 없다.

선생님 집안의 가훈은 여럿이 있으나 우졸옹의 가훈인 "호덕지인 자구다복(好德之人 自求多福), 적선지가 필유여경(積善之家 必有餘慶)"을 선생께서는 깊이 새겨 따랐다. 자구다복은 『시경(詩經)』의 '대아(大雅)' '문왕편(文王篇)'에 나오는 '영언배명 자구다복(永言配命 自求多福)'의 구절에서 유래한 것으로, 천명에 부합하면 스스로 많은 복을 구한다는 의미이다. 이 구절은 만사에 자기 책임을 강조하는 말로서, 『맹자(孟子)』 '공손축 상(公孫丑 上)'에는 '화복무불 자기구지자(禍福無不 自己求之者)'라 하여 화와 복이 모두 자기하기 나름이라는 의미를 분명히 하고 있다. 선생은 어려서 이 구절이 교회에서 배운 '하늘은 스스로 돕는 자를 돕는다!'는 말씀과 일치함을 깨닫고, 평생을 '열심히, 열심히' 사셨다. 사실 이 '열심히, 열심히'는 개인적으로 가장 기억에 남는 선생님의 육성이기도 하다. 살면서 겪는 여러 번의 고비 때마다 즉, 공부가 하기 싫을 때, 지금 하고 있는 일이 보잘 것 없어 보일 때, 주변으로부터 부당한 대우를 받을 때, 그럴 때 마다 선생은 좌절하지 않고 더욱 '열심히, 열심히' 하여 그 위기를 극복하였다고 하셨다. 지금도 그 독특한 억양으로 꼭 두 번 강조하여 말씀하시는 목소리가 생생하다.

가훈의 두 번째 구절인 '적선지가 필유여경' 역시 온전하게 이루셨다. 슬하에 2남2녀를 두셨는데, 그들의 배우자까지를 포함하여 8명 모두가 박사학위 소유자이며, 7명이 대학 교수로 있어 온전한 학자 집안을 이루었다. 큰 딸 내외인 윤재옥교수와 강철구 동우건축 회장, 그리고 큰 아들인 윤재신 이화여대 교수는 건축학을 전공하여 가업을 이었다 할 수 있고, 둘째 사위인 황병국 고려대 교수는 2005년 학술원 회원으로 피선되어 옹서가 함께 학술원에 몸담고 있는 드문 경우가 된다. 둘째 며느리인 최진영 교수가 2000년 성신여대에서 서울대로 옮기자 서울대 교수를 이었다고 참 기뻐하셨다. 둘째 딸인 윤재영 교수는 식품학, 첫째 며느리인 이경림 이대 학장은 약학, 그리고 둘째 아들인 윤재욱 외대 교수는 산업공학을 전공하였으니 최 교수를 제외한 7명이 이공계 출신인 점도 흥미롭다. 5살 아래인 사모님인 신경희 권사님과는 1952년 9월 피난지 대구에서 결혼하셨는데, 당시 윤 선생님은 공군대위로 복무 중이었고, 사모님은 이화여대 약대를 졸업하고 적십자병원 약제사로 근무 중이셨다. 두 분은 2002년 금혼, 2012년에는 회혼을 맞이하셨다. 2002년 9월 8일 하이얏트 호텔에서 열린 금혼식은 정년 이후에 배우기 시작한 볼룸댄스파티를 겸한 행사로 치러져 건축계에 큰 화제가 되기도 하였다.

노익장을 과시하던 선생의 활동이 약화된 것은 2009년 1월 뇌출혈로 인해 쓰러지신 이후이다. 다행히 응급조치가 빠르게 취해져서 큰 부작용 없이 회복하시었지만, 이후 대외적인 활동과 저술 작업이 위축된 것은 사실이다. 선생은 병중에서도 끊임없이 재활운동을 계속하여 발병 초기에 있었던 일부의 마비 증세를 완치하셨는데, 이 역시 의사는 물론 주변 사람들을 놀라게 한 사건이었다. 마지막까지도 아파트 앞의 복도를 매일 같이 백 바퀴씩 도셨다고 하시니 무언가 목표를 정하면 쉬지 않고 '열심히, 열심히' 정진하는 그 집념과 의지를 볼 수 있다.

선생의 지난 생애는 자신에 대한 사랑, 가족에 대한 사랑, 서울대학에 대한 사랑, 그리고 건축학계에 대한 사랑으로 몸 가까이에서부터 동심원으로 그리며 확장되는 사랑의 실천 과정으로 어느 하나 이지러짐이 없는 것이었다. 최근에는 평생 수집하신 주요 도서와 전통 건축 연장들을 학과에 기부하였을 뿐 아니라, 2억 원 이상의 사재를 선뜻 출연하시어 학과 도서관과 다목적 홀의 개관을 준비하고 있다. 일찍 스승이 되어 '선생들의 선생'이 된 소우 윤장섭 선생은 우리나라 건축학 학문의 개척자였을 뿐 아니라 건축학 교육의 전통을 세운 분으로 오래오래 기억될 것이다.

※ 원고를 완성하고 개고하고 있던 도중에 선생님의 부고를 받았다. 참으로 애통한 마음으로 흐르는 눈물을 주체 못하며 '아직 건재하시다'는 첫 문장을 고쳐지었다. 선생님께 바치는 마지막 문장이 될 줄을 꿈엔들 알았을까. 부디 영면하시길 빈다.

※ 이 글은 서울대학교 대학원 동창회에서 발간한 [상아탑을 쌓아라–서울대 학문의 개척자들](경인문화사, 2019)에 건축학 분야의 선구자로 윤장섭 선생님을 기려 쓴 글임.

모든 것의 때

이강주 1990년 석사

1988년 서울대 대학원 입시는 특이하게도 1월에 치루어졌다. 예년에는 가을에 있던 것이 웬일인지 그 해에는 한 겨울로 옮겨져, 그 결과 제대 말년이었던 나도 임시 휴가를 받아 응시할 수 있었다. 시험을 보고 부대로 복귀해야 했던 터라 군복 차림으로 시험을 보았다. 문제들을 자신 있게(?) 풀고 오후 면접을 기다리는데, 어찌나 응시자들이 많던지 군복의 위력을 사용하기로 했다. 부대 복귀로 시간이 없으니(물론 거짓말이다) 면접을 먼저 보게 해달라고 요청했던 것이다. 아마도 조희철형이 담당 조교였던 것으로 기억하는데, 그 결과 면접장에 1번으로 들어가게 되었고 그 때 마주한 교수님이 소우셨다. 좌우로는 김진균, 심우갑 교수님이 앉아 날카로운 질문들을 했는데, 결론적으로 소우께서 특유의 억양으로 '괜찮아요, 괜찮아요' 하시면서 면접을 부드럽게 마무리 하셨다. 지금도 잊히지 않는 소우와의 첫 만남이다.

다행히 합격을 하고 학과사무실에 들르니 소우연구실로 배정되었다고 알려준다. 즉시 선생님께 인사드리고 조희철형과도 정식으로 통성명하고 대학원 생활이 시작되었는데, 들어가서 알게 된 것이 선생님의 마지막 제자라는 것이었다. '마지막'이라는 어휘는 일반적으로 긍정과 희망보다는 부정과 절망의 뉘앙스를 담고 있다. 그러나 34년이 흐른 지금 돌아보면 이 마지막이 내게는 큰 행운이었다고 절감한다. 즉, 마지막 제자였기 때문에 선생님과 학교생활을 마지막까지 함께 할 수 있었고, 정년과 함께 만드신 소우회에 자연스럽게 참여하게 된 것이었다.

선생님께서는 소우회를 직접 이렇게 설명하셨다(건축 1994.9). '소우회 모임은 회원 간의 건축학술연구 및 설계활동의 발표토론과 친목을 도모하는 것을 목적으로 하며, 매년 4회(2월, 5월, 8월, 11월 말 토요일 오후 4시) 개최함을 원칙으로 하고 있다. 정기모임 1부에서는 건축학술연구 및 작품 활동의 발표와 토론을 하게 되고 그 다음에 있는 2부 모임은 한 식탁에 만찬을 함께 나누며 친교를 갖게 된다. 정기모임 때마다 발표되는 연구내용과 작품 활동에 관한 발표들은 매우 뜻있는 것이어서 회원들 전문분야 발전에 많은 도움을 주고 있다. 친목 모임에서는 회원들의 우애가 한층 더 깊어지며 우의가 많이 증진됨을 모일 때마다 느끼게 된다.'

소우회는 내 건축 인생에 큰 영향을 미쳤다. 만남의 기쁨과 보람을 알게 하였고 전통건축이 서서히 그리고 지속적으로 내 머리를 거쳐 가슴으로 내려앉는 것을 경험하게 하였다. 연전에 소우회 선배들과 대화를 하며 다음과 같은 당돌한 메니페스토를 한 것도 소우회를 통해 오랫동안 전통 건축을 답사한 결과라고 생각한다. "건축의 배움을 서양의 건축가들과 이론을 통해 시작하는 우리의 풍토는 문제가 아닐 수 없다. 뿌리도 없이 그저 기능적으로 건축에 접근하는 것은 운조루, 일두고택, 화엄사, 도산서원 등 그 깊이를 헤아릴 수 없는 선조들의 혜안에 대한 무례이고 분간 없는 경박한 행동이다. 나는 건축과 신입생들의 건축설계 시작을 절대로 그렇게 하도록 두고 싶지 않다…" 그 이후 신입생을 대상으로 하는 나의 첫 건축설계 강의는 운조루 답사에서부터 시작하고 있다.

언젠가부터 나는 소우회에서 만년 총무로 불린다. 한 번 총무를 맡은 이후로 계속 총무를 하고 있어서 그런 것인데, 임인년에 태어나 올해 다시 임인년을 맞이한 나는 이 호칭이 여전히 기껍다. 소우께서 살아계셨다면 고마움의 손을 잡아 주리라 착각하기 때문이다. 그러나 이 자리를 빌려 실상을 고백하면 소우회 총무 일을 하면서 겪은 수고보다 받은 은혜가 훨씬 많다는 것이다. 오히려 내 쪽에서 감사해야 할 형편이다. 선생님 말년에 건강이 어려워지면서 일 년에 한 번 내지 두 번 뵙기도 쉽지 않아졌다. 우리 모임은 여전했지만 소우 없는 소우회 모임을 자주 갖게 되면서, 선생님께서 참석하시는 특별한 날은 설렘과 기대로 나도 모르게 긴장을 하였다. 그중에서 제일 기대되는 것은 선생님의 짧고 굵은 명 인사말이었다. 나는 이 인사말과 인사말을 하시는 선생님의 모습이 너무 좋았다. 순수함, 명랑함, 확고함, 애정… 이 모든 것이 농축된 인사말과 인사말을 하시는 선생님의 모습이 좋아 매번 영상에 담았다.

결국, 2018년 11월 10일 토요일 저녁의 인사말이 선생님께서 소우회에서 하신 마지막 말씀이 되었다. 선생님 왼편에는 아직도 새색시처럼 수줍어하시며 선생님을 한껏 기대하시는 사모님도 함께 한 자리였다.

"여러분 건강하게 만나니 참 반갑습니다.
새해에도 좋은 업적, 많이 남기시기를 축원합니다.
이상으로 마치겠습니다."

멋쟁이 선생님, 나중에 천국에서 반갑게 뵙겠습니다!

대한건축학회 사료 둘러보기

이태완 대한건축학회 사무국장

디지털시대 이전, 한 장 한 장의 사진을 모아 앨범으로 학회의 역사를 보관하던 적이 있었다. 대략 150권 정도였던 듯하다. 그 앨범 속의 사진들을 회원들이 어디서든 열람할 수 있게 하자는 생각이 들었다. 그 이후 현재까지 학회가 보관하고 있는 회원의 사진들은 학회 홈페이지에 회원이 로그인하고 마이페이지에 들어가면 쉽게 볼 수 있게 만들었다.

윤장섭 명예회장(이하 회장)님의 사진은 1973년부터 2019년까지 총 1,031장이 보관되어 있다. 회원가입은 36세이시던 1961년 1월 1일의 일이니 총 58년간의 학회활동 중 46년간의 사진이 있는 것인데, 초기 12년의 기간은 학회의 사료가 회지 이외에는 남아 있는 것이 거의 없다. 혹시 가족분들께서 그 기간의 학회 관련 사진이나 자료가 있다면 소중히 스캔이라도 받을 수 있도록 요청드리고 싶다.

회장님이 학회에 처음으로 올린 글은 1962년 10월호 학회지에 게재된 〈후랑크 로이드 라이트에 대한 소고 : 그의 생애·사상·작품〉이다. 이를 시작으로 학회지에 총 96건의 관련 글이 게재되었다. 대한건축학회논문집에는 42건의 논문이 게재되었다. 그밖에 발표자료, 기타자료, 행사, 게시판, 수상 등의 카테고리에 콘텐츠 70건이 있다.

학회에 보관되어 있는 아날로그 및 디지털 데이터는 실로 방대하다. 회원마다의 활동, 업적, 이력, 사진, 동영상, 논문, 원고 등의 검색과 원문보기뿐 아니라 이에 대한 분석도 가능하다. 위의 수치들은 윤장섭 회장님의 대표적 학회활동들을 정량적으로 표출해 본 것이다. 회원이라면 누구나 학회 홈페이지(www.aik.or.kr)에 로그인한 후 첫 화면 우측 상단의 검색 창에서 '윤장섭'이라고 입력하면 위에 말한 모든 자료에 대한 서지를 비롯, 원문까지 열람할 수 있다.

회장님의 회원번호는 527번이다. 단, 527번째 회원이라는 뜻은 아니다. 학회 초기에 회원번호 정리작업이 있었던 듯하다. 회지 자료를 찾아보니 1970년 이전에는 회원번호가 없었던 것으로 추정된다. 그 이후 회원번호가 필요하다고 판단하여 당시 기존회원에게 일괄로 번호를 부여하지 않았나 싶다.

그리고 매우 안타깝게도 회장님의 입회원서가 없다. 입회원서가 있어야 할 자리에는 '–527– 尹張燮 1925.1.7.생 110***–1*19**(당시의 주민번호)'이라는 메모만 남아 있다. 당시 입회원서는 대략 5~6장 정도 분량으로 경력조서, 입회원서, 졸업·경력증명서 등으로 구성되어 있다. 대부분 본인의 육필로 쓰여져 있고 상세한 이력을 알 수 있어 중요한 사료적 가치를 지니는데 회장님의 원서가 없어 아쉬움을 금할 길이 없다.

회장님은 1980년 4월 26일, 제19대 대한건축학회 회장으로 취임, 1982년 4월 24일까지 2년간 학회를 위하여 헌신적으로 봉사하셨다. 한국·덴마크 주택계획 및 건설에 관한 국제 세미나를 비롯 각 위원회별로 수시로 세미나를 가졌으며, 주택건설표준시방서 연구 등 21건의 위탁연구사업을 수행하고, 국보위·건설부에 '주택청 및 건설연구소 신설에 관한 정책건의서'를 제출하는 등 대정부건의를 적극적으로 추진하셨으며, 사당동에 건축회관 건립을 추진하기 위한 기획 및 모금 활동에 전력을 다하셨다. 그밖에도 건축인 테니스대회 개최, 각종 건설현장 견학 등을 통하여 회원의 친목에도 노력을 아끼지 않으셨다.

건축계에서의 회장님의 업적은 포털에서 검색하면 어렵지 않게 찾아 볼 수 있으나, 대한건축학회에서의 활동은 이렇게 단편적으로라도 남기는 것이 의미가 있지 않을까 하여 회장님의 3주기를 추모하는 본 지면에 할애받는다. 감사할 따름이다.

기억 속의 할아버지

강지은 호서대 교수

초등학생 저학년 때인 1980년도 초중반, 할아버지의 정릉집에서 많은 시간을 보냈다. 앞마당에는 장미꽃, 사과나무, 앵두나무, 배나무, 대추나무 등 여러 나무가 있었고 잔디로 덥혀 있었다. 할아버지와 함께 봄에는 잔디밭 잡초를 뽑고 가을에는 대추를 따기도 했다. 잔디 마당은 초등학생이 잡기 놀이하기에 충분한 크기로 길이가 긴 마당이었다. 앞마당 한쪽 끝에서 할아버지께서 우리를 잡으러 두 팔을 벌려 과장된 모습으로 성큼성큼 걸어오셨던 기억이 난다.

정릉집은 계절에 따라 전시물이 바뀌는 작은 박물관이었다. 벽난로 위에는 다빈치 그림이 걸려있었고 그 밑에는 코끼리 가족 등 여러 종류의 작은 조각들이 전시되어 있었다. 크리스마스에는 나뭇가지가 알루미늄으로 만들어진 크리스마스 추리와 예쁜 장식들, 작은 구유 안에 누워있는 아기 예수님과 동방박사들 모형이 전시되어 있었다. 화장실로 가는 긴 복도에 끝 벽에는 각시탈, 양반탈 등 여러 종류의 한국 전통 탈들이 걸려있었다. 밤에는 더 무서워 보이는 탈 때문에 화장실 가기가 싫어졌다. 할아버지 방에는 여러 가지 건축 공사용 기구들, 종류별로 있는 톱, 대패, 먹줄 등이 탁자 위에 전시되어 있었다. 우리가 어렸을 때는 위험하다고 공사용 기구들을 만지지 못하게 하셨다. 기회를 엿보다가 중학생이 되었을 때, 전시된 것 중 하나만 달라고 부탁드렸다. 할아버지께서는 까만 쌀이 들어있는 유리병과 먹줄을 주셨다. 까만 쌀은 부여 시대에 탄 쌀 이어서 아주 귀한 것이라고 하셨다. 사실일까?

명절날 3대 가족이 함께하는 저녁식사 시간에 할아버지는 기도를 하셨다. 기도는 최소 3분에서 10분까지 테이블에 모여 있는 모든 사람 한 명, 한 명의 이름을 부르시고 개개인의 상황에 맞는 기도를 했다. 손자, 손녀들까지 합하면 10명이 넘는 식구들에 대해 기도를 했고 중간에 문구도 고민하시면서 천천히 기도하셨다. 1년에 한두 번 먹는 갈비찜을 앞에 두고 긴 기도를 듣고 있는 나와 동생에게는 그 시간이 아주 길게 느껴졌다. 할아버지의 하이톤의 목소리와 기도하실 때 하나님께 자랑하듯이 기뻐하시면서 말씀하시는 모습에 불평할 수 없었던 기억이 난다. 우리는 할아버지의 기도 중간부터 누구를 빼먹고 기도를 하시는지 세어보는 것이 너무나 재미있었다.

정릉 단층집과 할아버지에 대한 추억은 나의 어린 시절과 많이 엮여 있다. 지금은 정릉집도 할아버지도 볼 수 없지만, 아이처럼 초콜릿과 아이스크림을 즐겨 드셨던 할아버지의 밝은 표정과 우리에게도 존대하셨던 할아버지의 목소리가 그립다.

흔들의자

황준 SOM 뉴욕

할아버지, 안녕하세요. 정말 오랫동안 못뵈었네요. 잘 지내고 계시지요? 덕분에 저는 잘 지내고 있습니다. 할아버지께 쓰는 편지는 처음이라 조금 쑥스럽지만 이렇게 할아버지를 기억하며 글을 쓰다 보니 마치 함께 대화를 나누는 것 같아 좋습니다.

작년 여름, 할머니 댁에 들러 오래된 사진들을 꺼내 보면서 많은 이야기를 나누었어요. 젊은 시절에 유학길에 오르시던 멋진 할아버지, 지금 봐도 세련된 할머니의 모습, 그리고 두 분이 다정하게 춤추시는 장면이 인상 깊었습니다. 든든하게 뒤에서 저희를 지켜보고 계셨던 그 모습이 고스란히 사진에 담겨있어 옛 생각이 많이 났습니다. 사진으로 밖에 뵐 수 없다는 생각에 아쉽기도 했지만, 할아버지와의 추억을 가족들과 함께 나누며 즐거운 시간을 보냈습니다.

제가 미국에 오기 전에는 명절이나 가족 모임이 있을 때면 항상 할아버지 댁으로 찾아뵈었지요. 오랜만에 만난 친척들과 상다리가 휘어질 만큼 차려진 맛있는 음식을 함께 먹고, 이런저런 못 다한 이야기들을 나누고 있을 때, 할아버지께서는 언제나 흔들의자에 앉아 저희들의 모습을 흐뭇하게 바라보고 계셨습니다. 할아버지께서 앉아 계셨던 그 흔들의자는 아직까지도 제 기억에 또렷이 남아있어요. 나무 등받이부터 좌판까지 흰 양털 담요가 걸쳐 놓여있었지요. 어린 시절 그 의자는 할아버지 댁에서만 볼 수 있던 흔들의자였습니다. 할아버지를 따라서 그 의자에 앉아 놀곤 했던, 제게 너무나 특별한 의자였지요. 정릉 집뿐만 아니라 광화문 집에서도 할아버지께서는 언제나 그 의자에서 저희들을 바라보고 계셨습니다. 그러다 종종 저희의 대화에 참여하시면서 웃으시던 모습이 아직까지 생생하게 떠오릅니다. 어린 나이였음에도 그 때 저희를 바라보고 있는 할아버지의 표정이 항상 행복해 보이셨어요. 그래서인지 할아버지 댁에서 가족모임을 가질 때면 언제나 따뜻한 기운이 느껴져 설레는 마음으로 참석했습니다.

언제나 저는 저의 주변 사람들에게 이야기하곤 해요. 저의 먼 미래의 모습이 흔들의자에 앉아 흐뭇하게 가족들을 바라보시는 할아버지의 모습과 같으면 좋겠다고요. 할아버지 덕분에 어릴 적부터 가족들과 행복한 시간을 갖는 것에 대한 소중함을 느낄 수 있었습니다. 작년에 할아버지 산소에 찾아 뵐 때 신기하게도 마치 가족모임에 참석하기 전처럼 따스한 기분이 들더군요. 저의 곁에서 항상 따뜻한 모습으로 계셔 주셨기에 그런 마음이 드는 것 같습니다. 앞으로 한국에 갈 때마다 자주 찾아뵙도록 할게요.

이렇게 편지를 쓰다 보니 할아버지에 대한 그리운 마음이 더해져 꿈에서라도 할아버지를 뵈었으면 좋겠다는 마음이 드네요. 언제나 흔들의자에 앉아 계실 때처럼 평안하게 쉬시기를 바랍니다.

(*이 흔들의자는 대한건축학회에 체어맨스 체어로 기증되었다.)

'오랫동안 감사했습니다'

니시가키 야스히코 교토대 교수

이미 40년 너머의 세월이 흘렀다. 당시 나는 교토대학 건축학과의 타나카 타카시 교수님연구실에 속해 있었고 박사과정 6년차였다. 고대 일본의 주거건축에 관심을 가지고 있었기 때문에 교수님으로부터 한국으로의 유학을 권유받았다. 한국건축에 대한 지식이 내 연구에 도움이 된다는 이유였다. 때마침 한국에서 유학 온 양광용씨가 연구실에 있어서, 일단 한국건축 여행을 함께 하기로 했다. 한국을 대표하는 봉정사, 부석사, 수덕사 등 사찰건축과 하회마을, 양동마을, 연경당 등 마을과 주거건축을 찾았다. 이들을 직접 체험하고 그 훌륭함에 매료되어 한국으로의 유학을 진지하게 생각하게 되었다. 유학을 오게 되면 어디서 배워야 할지 양광용씨에게 물어봤더니 윤장섭 교수님의 연구실이 좋다고 가르쳐주었고 곧바로 교수님을 만나뵐 수 있는 기회를 마련해 주었다. 아마도 자택을 방문했을 것이다. 교수님은 유창한 일본어로 맞이해 주셨는데, 그 자리에서 교수님의 연구실에 받아 주실 수 있는지 물었더니 곧바로 승낙을 해 주셨다. 그때부터 3년여의 기간 동안 교수님께 신세를 지게 되었다.

교수님께서 가르쳐 주신 것은 말로 다 할 수 없다. 한국건축에 관한 지식뿐만 아니라 특히 역사 속에서 길러진 문화의 향기를 체감시켜 주신 것은 그 후 내 연구 생활에 큰 의미를 가지게 되었다. 대학의 공학부는 전문화가 진행되고 있었지만 건축학과는 통합하는 지식이 필수이었으므로, 이 점에서 교수님의 가르침은 귀중한 재산이 되었다. 유학을 마친 이후에도 꾸준히 가르침을 받아 교수님에 대한 추억이 많은데, 두 가지는 지금도 생생하게 기억하고 있다.

첫 번째는 교수님께 교토대에서의 강연을 부탁했을 때의 일이다. 교수님은 사모님과 함께 오셨고 지금은 재건되어 사라진 가모가와 강변의 작은 호텔(요시무라 전조 설계)에 묵으셨다. 호텔은 에도시대 말엽의 문인인 라이산요(頼山陽)의 거주지 산시수이메이쇼(山紫水明処)와 걸어서 4,5분 거리에 위치하였다. 교수님과 함께 이곳을 찾았다. 암자의 이름에서 알 수 있듯이, 강(가모가와) 너머로 보이는 산(히가시야마)의 풍경을 라이산요는 '산빛이 곱고 강물이 맑다(山紫水明)'고 시로 읊었다. 이것이 시초가 되어 '산자수명'은 후일 교토의 경관을 상징하는 말이 되었다. 이처럼 산천의 풍경을 시와 그림으로 상징화하여 거주환경을 건축화하는 것이 동아시아문화에서 자주 나타나는 수법이다. 교수님과 이런 풍경과 상징에 대해 이야기한 것을 기억한다. 교수님께서는 그때의 대화도 포함해 산자수명의 교토 풍경을 만끽하셨으리라 믿는다.

교토대 강연에서는 한국건축사 이야기를 하셨는데 일본 학생들이 어느 정도 이해했는지는 모르겠다. 그러나 당시는 비서양사회의 건축에 대한 흥미가 유행하기 시작하여 동아시아문화, 특히 가까운 한국건축 문화에 틀림없이 자극을 받았을 것이다. 그 날 저녁에는 가모가와 상류 타카노가와에 면한 헤이하치자야로 안내했다. 1576년(모모야마 시대) 개업한 헤이하치자야는 나쓰메 소세키가 좋아했던 유명한 식당으로, 처음에는 와카사만에서 교토로 들어오는 옛 가도에 접한 찻집으로 탄생했다. 지금도 서민적인 맛이 여전하여 교토 사람들에게 사랑받고 있다. 정원의 정자에서 강물 소리를 들으며 저녁을 들었다. 타나카 교수님, 윤장섭 교수님 부부와 함께 한가롭게 이야기할 수 있었다. 윤장섭 교수님은 일본어에 능통할 뿐만 아니라 일본 문화에도 조예도 깊어 두 교수님의 대화는 높은 밀도의 내용이었다. 두 분의 대화를 듣고 접할 수 있는 기회를 얻었다는 것이 지금도 추억에 새겨져 있다.

두 번째는 교수님의 저서 「韓国의 建築」을 번역했을 때의 일을 적고 싶다. 교수님은 전부터 이 저서의 일본어 출판을 희망하셨는데 일이 잘 진행되어 중앙공론미술출판(中央公論美術出版)이 간행하기로 했다. 과학연구비의 출판 지원을 받아 기간에 맞추어 번역을 진행하였다. 드디어 마무리 작업에 들어갔지만 대저이며 생각한 것 이상으로 확인할 사항이 많아 교수님 댁을 방문하게 되었다. 그때 교수님은 경복궁 옆 아파트에 살고 계셨는데 처음 뵈었을 때의 주택과는 전혀 다르게 현대적인 분위기가 느껴졌다. 지금 되돌아보면 교수님은 한국이 가장 역동하는 시대에 활약하셔서 큰 기회와 함께 행복한 인생을 사셨다고 생각한다.

번역의 수정 작업은 아침부터 시작했지만 작업의 양이 방대해서 좀처럼 끝나지 않았다. 결국 밤늦게까지 걸렸고 그 작업을 끈질기게 추진해 드디어 그날에 완료할 수 있었다. 그때 교수님은 하루 종일 변함없이 열중하셨고 학자로서의 성실함이 넘쳐나셨으며 학문에 대한 자세를 꼼꼼히 보여주셨다. 한국건축에 대한 다양한 지식도 주셨지만 오히려 이러한 경험이 내 인생의 더 큰 보물이 되었다. 마지막으로, 선생님 생전에 직접 드리지 못했던 말을 적는다. "선생님, 오랫동안 감사했습니다(先生, 長い間ありがとうございました)."

소우제자,
잇다

03

수원 서둔동성당

설계.**윤장섭**, 글.**김정신** 1979년 석사 · 1989년 박사

서둔동성당은 순교복자기념성당으로 지어졌으나 현재는 평범한 교구 본당으로서만 역할을 하고 있다. 1966년은 병인순교 100주년으로서 전국에 4개의 기념성당(절두산 성당, 대구 신천동성당, 전주 다가동성당, 수원 서둔동성당)이 지어졌다. 서둔동본당이 설립돼 복자기념성당을 준비하기 시작한 해는 1968년, 병인박해 순교자 24위의 시복식이 로마 성베드로대성당에서 거행된 해였다. 완공한 1969년 9월 16일은 성 김대건 신부의 순교 123주년을 기념하는 날이다.

1866년(고종 3)부터 1871년까지 계속되었던 우리나라 최대 규모의 천주교 박해인 병인박해는 프랑스 선교사 12명 중 9명이 학살당한 것을 필두로 불과 수개월 사이에 국내 신도 8,000여 명이 학살

되었다. 1968년에는 병인박해 기간 중에 순교한 24명이 복자(福者)로, 1984년에는 성인(聖人)으로 오르게 되었다.

평면은 타원형에 가까운 긴 8각형 형태이며 좌·우측에 제의실과 종탑이 연결되고 있다. 14개의 원형기둥은 벽에서 1m 가량 떨어져 독립되어 있는데 철근콘크리트 노출로서 강한 배흘림을 갖고 있으며 주두 부분에 단순화한 공포대가 지붕 슬라브와 보를 받치고 있다. 지붕 역시 철근콘크리트 경사 슬라브로 내부에 골조(보)를 노출시키고 있다. 벽은 무창의 적벽돌 조적이며, 처마와 조적벽 사이는 기둥 사이를 모두 측면 채광창으로 오픈하여서 실내 상부를 밝게 해주고 있다. 종탑을 종루로 만들고, 꼭대기에 역시 콘크리트의 한옥 정자 형태의 지붕을 올렸는데 이 종루 하부가 입구 포치가 되며, 성당과 연결된 부분이 작은 배랑의 역할을 하고 있다. 지붕엔 한식 청기와를 올렸고 출입문도 한식으로 디자인 되어 있다.

외관의 전체 이미지가 토착화를 추구하고 있고, 기념성당으로서의 강한 표현성을 드러내고 있다. 두툼한 무창의 벽돌벽은 박해받는 감옥이나 카타콤을 연상시켜 준다. 그러나 교구성당으로서의 서둔동성당은 기능상 몇 가지 문제점을 안고 있다. 첫째, 제의실이 입구나 제단 부분과 떨어져 있어 불편하며, 둘째 스테인드글라스가 설치되어 있지 않은 채광창은 그 면적이 넓고 실내가 너무 밝아 산만해질 우려가 있으며, 셋째, 고창의 개폐가 불편한 점 등이다.

종루의 벽돌벽이 너무 단순하여 다소 어색한 감을 주나, 골조를 노출시켜 장식화하고 토착화를 추구한 점과 아담한 전례분위기 연출 등 1960년대 한국 성당건축 중에서 중요한 의미를 지닌 건물이다.

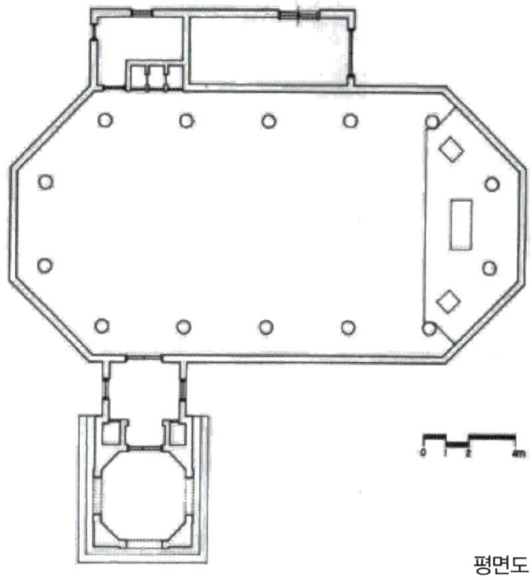

평면도

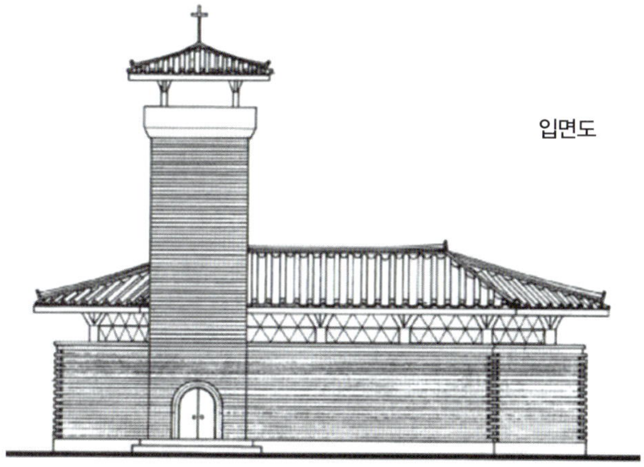

입면도

수헌정

알파하우스, 누정건축에서 배우다

임창복 1989년 박사

나는 가평에 일과 휴식 그리고 문화생활을 꿈꾸며 '수헌정'이라 이름하는 집을 지었다. 그런데 이 집의 성격은 살림이 주목적이 아닌 또 다른 형식의 거주공간이어서 '알파하우스'라는 이름을 붙여보았다.

건축 분야에서 일반적으로 '알파'는 '용도가 정해지지 않은 공간'을 품고 있다는 뜻으로 사용된다. 알파룸이라 하면 입주자의 선택에 따라 오픈형 서재로 만들거나 벽을 올려 방이나 수납공간으로 변형할 수 있는 공간을 말한다. 이런 알파룸의 확장 개념이 바로 알파하우스다. 즉, 일상적인 주거기능보다 개성있는 라이프 스타일과 취미생활을 염두에 둔 집이다.

그동안 우리나라는 아파트 분양이 넘쳐 나서 전국 방방곡곡에 아파트가 들어서고 있다. 프랑스의 도시지리학자 발레리 줄렛죠는 우리나라를 일컬어 아파트 공화국이라고까지 한다. 언제부터인가 아파트는 거주공간의 대명사가 되었다. 이렇게 전 국민으로부터 호응을 받는 이유에는 여러 가지가 있다. 그중에서도 생활의 편리성과 환금성이 좋다는 것이 다른 주거형식보다 선호되는 이유일 것이다. 그러나 곰곰이 생각해 보면 아파트가 우리의 주거 욕구를 필요하고도 충분하게 충족시켜 주느냐에 대해서는 이견이 있을 것 같다.

아파트는 주거환경만을 놓고 볼 때 개인만을 위한 외부 공간이 없기도 하고, 내부에 개인의 사회적 기능을 담는 공간이 부족해 서로 교류하기가 어렵다. 먹고 자는 기본적인 생활이야 충족된다고 하지만, 휴식을 취한다든지 나아가 창작 활동이나 문화 활동까지 염두에 둔다면 아파트라는 공간은

그 소임을 다하기에 부족하다.

이런 아파트 생활에 대한 염증에서인지 전원에 작업과 휴식이 가능한 자신만의 공간을 지어 개성이 있는 삶을 살아가는 사람들이 늘어나고 있다. 특히 최근에 코로나 팬데믹이 덮치며 우리사회에서도 생활공간을 교외에서 찾아 보려는 경향이 커져만 가고 있다. 양평이나 가평, 헤이리 등지에 가면 작업 공간이 딸린 집이 제법 많다. 전시공간이나 작업공간 또는 음악감상실 등을 만들어 열린 공간으로 운영하는 사례를 심심치 않게 본다. 이러한 주택들이 지어진 배경에는 일과 휴식에 대한 개념이 과거와는 달라지고 있는 인식이 자리 잡고 있다.

미국의 도시사회학자 레이 올덴버그(Ray Oldenburg)는 행복해지려면 '가정'과 '일터' 외에도 '제3의 공간'이 필요하다고 주장한다. 음식이나 커피는 집에도 있지만 구태여 우리가 레스토랑이나 카페에 가는 이유는 집에서는 느낄 수 없는 분위기를 즐기며 일상을 벗어난 공간에서 편하게 이야기 할 수 있기 때문이다. 그리고 가끔은 다른 사람 눈치 보지 않고 시간을 보낼 수 있는 공간이 필요할 때도 있다.

집에서 문화를 즐기자는 '집들이 콘서트'의 유행 역시 같은 맥락에서 이해할 수 있다. 평소 알고 지내는 어느 작곡가는 자신의 집에서 가곡을 발표하고 노래를 지도하기도 한다. 그런가 하면 은퇴 후 그림을 그리거나 악기를 배우는 사람이 제법 많은데, 이들이 모두 전문가 수준의 전시회나 정식 공연을 염두에 두고 있는 것은 아니다. 다만 집처럼 편안한 공간에 가까운 사람들을 초대해서 발표회를 하는 것만으로도 커다란 즐거움이 될 수 있기 때문이다. 하지만 개인의 프라이버시를 우선시하는 아파트와 같은 공간에서는 이런 기능을 담아내기가 쉽지 않을 것이다. 이제 우리는 살림집이 아닌 다른 성격의 공간이 필요한 시대를 맞고 있는 것이다.

그럼에도 전원에 나와서까지 아파트 공간을 답습하여 또 하나의 '살림집'을 짓는 경우도 많이 본다. 이런 경우 자신이 좋아하는 일이나 취미를 향유 하는 개성 있는 집, 자연스런 만남이 이루어지는 열린 집과는 거리감이 있다.

그러다 보니 알파하우스를 어떤 형식으로 구성하느냐를 두고 나름대로 많은 고민이 있었다. 이런 꿈을 안고 국내외의 유명한 사례를 살펴보았지만 크게 참고가 되지는 않았다. 대개 도시 내의 고급 저택이거나, 교외에 지어진 집이라 해도 커다란 폐쇄형 별장 스타일이 대부분이었다. 그런 큰 규모의 주택은 내가 꿈꾸던 개방형 공간은 아닌 것 같았다.

그러던 차에 오히려 과거 선비들이 머물기를 즐기고, 갖고 싶어 했던 '정자'가 새롭게 닥아왔다. 작지만 고즈넉이 아담한 공간, 정자 말이다. 정자는 비어있기에 다양한 활동이 가능했다. 옛 시절 선비들은 경치 좋은 곳에 누정을 짓고 자연을 즐기며 학문을 연마했다. 살림집에 사랑채가 있음에도 어느 정도 거리를 두어 온전한 휴식과 집중을 취할 수 있도록 별도의 공간을 마련한 것이다.

사랑채가 남성 고유의 영역이라고는 하지만 시,서,화를 한다든지 친구들과의 교류로 인해 안채에 거주하는 다른 식구들에게 종종 방해가 되는 경우도 있었을 것이다. 따라서 사랑채를 집 밖으로 옮겼다고 할까, 한 공간에 코 맞대고 사는 사람들과 잠시 떨어져 일상 부대낌에서 오는 불편함을 해결해 주는 게 정자가 갖는 기능적 특성이다. 그래서 정자는 그 성격에 따라 정사나 서당, 또는 별서 등 여러 가지로 불리기도 했다.

정자가 위치한 지역이나 주인의 관심이 다르더라도 일반적으로 정자는 몇 가지 공통적 특징을 지니고 있다. 정자에는 우선 '분채의 미학'이 존재한다. 하나의 커다란 단독주택을 짓기 보다는 작은

별채를 두는 게 일상생활과 휴식의 기능을 함께 충족 시킬 수 있는 지혜로운 방식이라는 생각이 깃들어 있는 것이다. 통상 디자인 원리로만 보면 하나의 대지에 필요한 모든 기능을 합리적으로 배치하면 그만이라는 기능주의적 관념에 사로잡히는 경우가 많다. 그러나 정자는 주거 기능 중에서 서로 상충 되는 경우, 분리하여 거리를 두는 것도 또 다른 하나의 해결책이 될 수 있음을 일깨워 주고 있다. 이는 '심리적 이격의 가치'를 이해한 결과로 볼 수 있다.

또한 정자는 '열린 극소 공간의 가치'를 일깨워 준다. 정자는 우선 그리 크지 않은 공간이다. 대개 외기에 노출된 마루를 포함해도 10평 내외의 규모이고 온돌방은 겨우 두 사람이 잘 수 있는 1.5평 정도가 전부이다. 아주 작은 '극소공간'이라고 할 수 있다. 그럼에도 이 공간은 비워져 있기에 그 활용 측면의 융통성은 아주 크다. 극소의 공간으로 무한대의 외부공간을 품어 낼 수 있는 것이다.

담양에 있는 '면앙정'은 조선 중기의 송순(1493~1592)이 관직을 버리고 고향에 내려와 지은 정자이다. 이 작은 정자에서 그는 우리 가사 문학을 대표하는 '면앙정가'를 남겼다. 그런가 하면 류성룡 선생은 하회마을에 원지정사를 갖고 있음에도 부용대 쪽에 새로 마련한 옥연정사에서 임진왜란에서 겪은 경험을 토대로 '징비록'을 집필했다. 그리고 동방의 주자로 칭송받는 퇴계 이황 선생은 그가 거처하던 도산서당에서 국문 시가 '도산십이곡'을 비롯해 그의 대표적인 학술 작업을 마무리했다. 공간의 크기보다는 비록 작더라도 융통성이 있는 열린 공간이 다양하게 활용될 수 있음을 깨닫게 한다.

정자는 비록 조선 시대의 작은 별서 공간이었지만 그것은 우리에게 '분채의 미학'과 '극소 공간의 미학'이 현대건축에서도 필요함을 일깨워 주고 있다. 알파하우스로 지어진 수헌정이 정자로부터 채용한 개념이다.

여주박물관

이성관 1975년 석사

여주는 과거에 황려현으로 불렸는데, 이는 남한강 물살이 바위에 부딪혀 솟아오르는 모습이 누런 말(황마), 검은 말(여마)과 닮았다하는 고전에서 유래한다. 그리고 그 바위를 마암이라 불렀다. 대지 앞을 흐르는 남한강과 그 건너에 있는 마암은 여주역사와 정체성의 근원이라 할 수 있다. 기존 박물관은 남한강을 향해서 배치되어있고, 전면이 남한강으로 트여있다. 신축박물관은 이를 해치지 않기 위해 축에서 비켜나 있고, 강 건너편 마암과의 연결축을 형성하면서 배치되어있다. 확 트인 경관 속에서 건물이기보다 풍경 속 조형물로 인지되도록 하였다. 여주, 남한강 이곳, 유유한 시간의 누적을 퇴

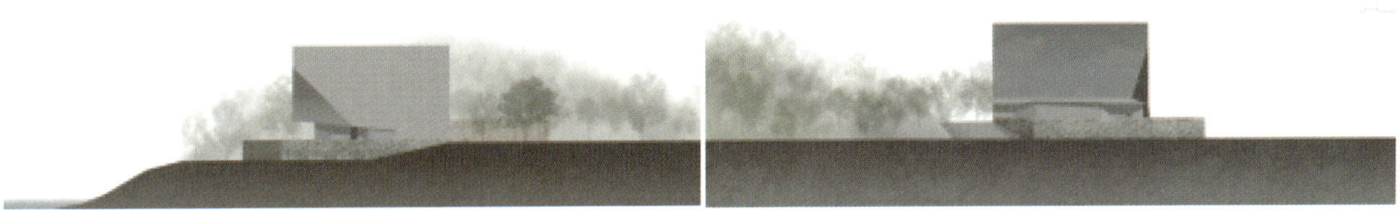

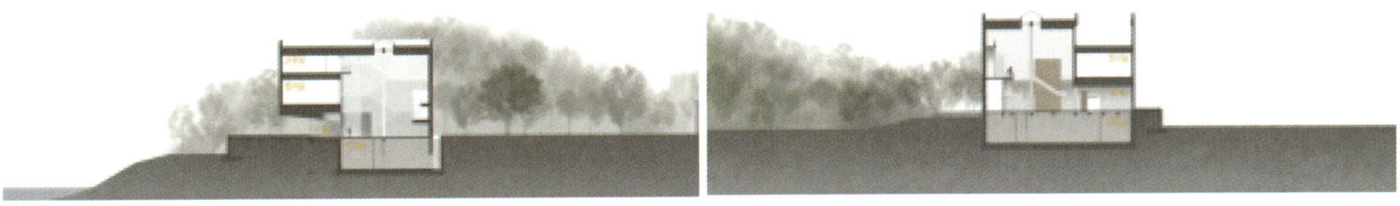

적층으로 보고 건물은 퇴적층 수면 위로 드러난 검은 상자로 은유시켰다. 건물 로비와 홀에 접한 메인 공간에 카페를 배치함으로써 일상에서 휴식을 찾아온 사람들은 자연스럽게 문화와 만난다. 또한 조경 경계를 개방해서 박물관은 열린 쉼터가 된다. 수공간에 접한 카페 상부는 캔틸레버로 들려있어서 가로로 긴 틈이 생기고 그 틈을 통해 남한강과 여주시내의 전경이 한눈에 들어오게 함으로써 여주의 존재와 역사를 되새길 수 있다. 카페에 접해서 3개 층으로 뚫린 메인홀이 있다. 홀 내 관람 동선을 입체적으로 계획함으로써 자칫 정적일 수 있는 입방체 공간 속에서 관람자의 움직임은 역동적으로 느껴진다. 검은 유리면은 하늘을 반사시켜 여주의 현재와 미래를 드러내고 남서쪽 모서리의 잘려 나간 삼각면은 여주의 근원인 남한강 상류를 비추어 여주의 과거 시간과 조응한다.

파티마의 성모 프란치스꼬 수녀회, 성심원

신언학 1983년 석사

천주교에서는 전통적으로 점토 벽돌을 많이 사용하고 있다. 고딕의 성당들로부터 오늘날에 이르기까지 역사적으로 친숙한 벽돌 건물들이 많이 있다. 벽돌 건축의 이미지는 세로가 길고 폭이 좁은 창들과 대지로부터 쌓아 올린 육중하고 두터운 벽과 같은 형상들로 오랜 세월에 걸쳐 양식화한 디테일들과 함께 형성되었다. 이러한 이미지들은 '쌓아서 이루어지는 건축'의 필연성과 소재의 성질로부터 유래되었기에 벽돌이라는 재료가 갖는 특성을 보여준다.

다양함을 요구하는 현시대에서도 벽돌 건축은 꾸준히 지어지며 오래된 안정감과 친근함을 준다. 이 시대에서 벽돌 건축은 기술적으로는 어떠한 조형도 가능하겠지만 벽돌의 고유한 이미지로부터 자유로워지기가 쉽지 않고 또한 그에서 벗어남도 벽돌의 특성을 잃게 될 수가 있다.

수녀회와 성심원의 부지는 산자락에 접한 구릉지들로 이루어져서 나무들과 연못 등의 자연이 잘 보전되어 있었다. 그곳의 구릉지들과 동화되며 내 외부의 공간들과 자연이 서로 유입되고, 이 시대의 자유로움도 느껴지는 벽돌 건축의 조형미를 이루고자 하였다.

언덕 위의 타원주, 시종 성요셉 성당

김정신 1979년 석사 · 1989년 박사

기쁨과 감동으로 기억되는 곳

성당을 설계하고 지으면서 여러 가지 경험을 하게 되지만 설계에서부터 완공, 그리고 지은 후 20년의 세월이 흐른 지금까지 시종일관 기쁨과 감동으로 기억되는 곳이 한 곳 있다. 전라남도 영암군 시종성당이 그곳인데, 이곳 출신의 한 형제의 봉헌에 의해 지어진 작은 공소 건물이다. 아주 오래전부터 있었던 건물처럼 주변 환경과 잘 조화를 이루고 있으며, 특히 조경과 성미술의 완성도가 높다.

마을(시종면 소재지)의 초입이면서 마을 전체를 내려다 볼 수 있는 낮은 언덕 위에 마을을 향해 타원형 배 모양을 하고 있다. 타원형 배 모양의 매스(mass)에 낮고 긴 입방체의 주거공간(사제관, 수녀원)을 부가

하고 연결 부위에 수직 종탑을 둠으로써 비대칭의 균형을 이루고 있다. 정면, 측면, 후면 사방에서 보아도 다 드러나는 형태는 여러 가지 이미지를 은유하고 있다. 특히 실루엣으로 보이는 후면(동측)은 주교의 관으로 읽혀질 수 있도록 단순한 윤곽선을 살리는 대신에 의도적으로 디테일을 생략하였다.

토석 벽돌, 줄눈의 색상, 적색 창틀 등은 이 지역 황토색과의 일치를 위함이었고, 타원형의 곡선은 고분군의 이미지를 반영하였다. 주변의 청동기 고인돌과 삼한 시대 옹관 고분처럼 오래전부터 원래 그 자리에 있었던 것같이 땅과 일치되어 있다. 유리화 작가 마르크 수사의 스테인드글라스 창을 통해 들어오는 영롱한 색광은 이 곳을 방문한 사람들 누구에게나 잔잔한 기쁨과 감동을 주고 있지만, 그보다 건축 과정에 얽힌 이야기는 이 건물의 아름다움을 배가한다.

형제의 직영으로 진행된 기사 한 명 없는 공사는 순조로울 리 만무하였고, 형제의 눈에 차지 않는 현지 인부들의 거친 솜씨는 쌓고 허물고 다시 쌓기를 반복하였으며, 예상보다 한없이 들어가는 벽돌 양에 형제는 차츰 설계자를 원망하고 있었는데 어느 날 뒷마당에 파묻힌 벽돌을 발견하게 된다. 벽돌의 양으로 일꾼의 노임을 계산하였는데 까다로운 벽돌쌓기에 지친 일꾼들은 안 보는 사이에 반 이상을 아예 땅에 파묻어 버린 것이었다. 경찰서에서 혼쭐이 난 일꾼들은 형제의 용서로 다시 공사를 하였고, 그들은 신앙은 없었지만 혼신의 힘과 정성을 다해 공사를 하였다. 그 결과 서울의 어느 전문 기술자 못지않은 작품을 만들어 낸 것이다.

공사가 반 정도 되었을 무렵 IMF 외환위기가 닥쳤고 조그만 사업을 하고 있었던 형제는 당신의 집마저 공매로 넘어가는 어려운 상황을 맞게 된다. 하루아침에 집까지 잃게 된 형제는 하느님을 원망하기도 하였지만 자신의 살길을 찾지 않고 혹시 공소의 땅과 건물이 채권자에게 넘어갈까 봐 서둘러 교구에 헌납하게 된다. 그 후 분노와 아픔을 달래며 오로지 기도와 성당 짓는 일에 혼신의 힘을 쏟아부었다. 나무 하나하나 직접 구해 심고 가꾸어서 오늘의 아름다운 건물이 된 것이다.

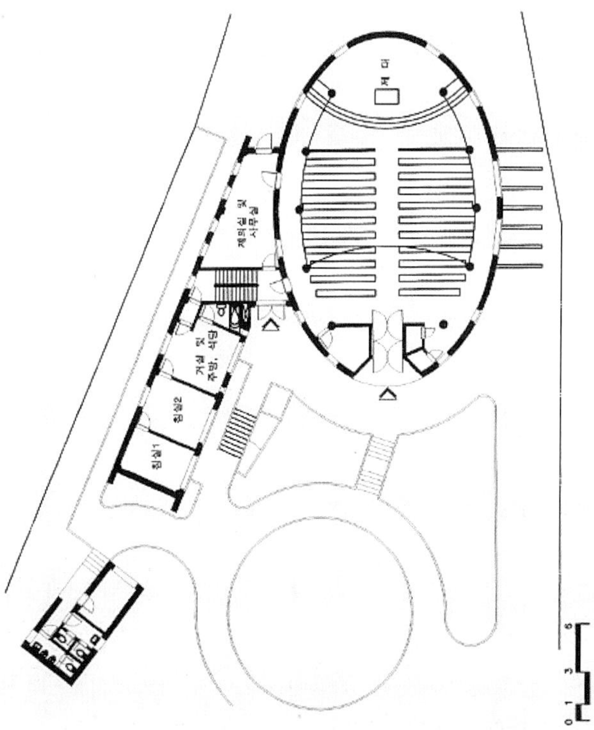

몇 년 전 여러 분야의 미술가들이 함께 시종 공소를 방문하였다. 주변 환경과 함께 온통 빛으로 채우고 물들이는 신비로운 시종 공소의 스테인드글라스는 저 무한한 하늘 자체의 빛이 생동하는 굴절로 우주의 섭리에 따라 시시각각 연주되는 오케스트라였다. 어떻게 이 작은 시골에 이렇게 아름다운 건물이 들어설 수 있었는지 의아해하며 모두들 성당을 떠날 줄 몰랐다. 성당은 돈과 기술로 지어지는 것이 아니라는 것을 새삼 깨닫게 하는 하루였다.

빛의 찬미

시종 성 요셉성당은 사제가 상주하지 않는 시골의 작은 공소로 마르크 수사의 몇몇 실험적인 시도가 주목을 끈 프로젝트이다. 마르크 수사는 골조단계에서부터 작업을 의뢰받고, 설계자와 많은 이야기를 나누면서 프로젝트를 진행해 나갔다. 벽돌조적이 중간 쯤 진행되었을 때 처음 현장을 방문하였는데 줄눈을 넣지 않은 상태의 조적 벽돌 틈새로 들어온 빛에 매료되어 은하수 같은 벽(제단벽)을 제안하기도 하였으나 방수 문제 등 기술적인 문제 때문에 실현되지 못하였다. 3개월간 프랑스 여행 중에도 시종 공소의 창을 생각하며 유리(슬랩글라스) 조각을 수집하고 갖고 와서 작업하였다. 당시는 스테인드글라스에 상당한 관세가 붙었는데 파쇄된 조각이라 면세되었다.

성가대석의 십자 장미창

시종공소에는 3가지 유형의 창이 있다. 하나는 정방형의 프로젝트 창(80X80㎝)으로 1층에 좌우 4개씩 8개, 2층에 좌우 3개씩 6개가 있으며, 다른 하나는 성가대 후면 십자창(건물의 파사드)으로 5개의 큰 창(60X60㎝)과 4개의 작은 창(40X40㎝)으로 구성된 장미창, 그리고 2층 좌우 벽 가운데 위치한 큰 창(1.8X1m)이 두군데 있다.

이 중 장인 조규석과 공동 디자인으로 탄생한 성가대석의 십자 장미창은 프랑스에서 갖고 온 달드 베르로 제작되어 있는데 하부의 청색으로부터 상부의 황색으로, 중간중간에 녹색, 적색, 보라색의 유리가 배열되어 있으며 중앙에는 노란색의 하트가 박혀있다. 각가의 창은 20X20㎝의 단위로 분할되는데 각 단위에는 유리 파편 사이의 접착 시멘트를 X자 형태로 하고 군데군데 투명 유리조각을 단면이 전면에 보이도록 끼워 놓아 가시관 이미지로 형상화했으며 이는 수난과 고통을 상징한다. 성가대석의 창의 방향이 남서향 인데다가 빛의 심도가 깊은 두터운 유리의 커팅에서 오는 빛의 오묘한 굴절, 가시 십자형의 흰빛 등으로 환상적이고 초월적인 색광의 향연을 연출하고 있다. 마르크 수사는 사람의 일생과 일생에서 겪게 되는 기쁨, 슬픔, 고통, 분노, 탄생과 죽음, 모든 것을 이 황홀한 빛 그림으로 표현하였다고 한다.

시종공소 프로젝트에서 마르크 수사는 보다 건축적인 접근을 하였다. 설계자와 많은 대화를 나눈 결과이기도 하지만 창의 위치와 방향에 따라 맥락을 충분히 고려하였고, 건축 내부 공간 형태와 전례 시의 동선도 고려하여 색을 선정하고 빛을 조절하였다. 창유리로 시작된 스테인드글라스의 속성을 십분 발휘한 것이다.

제단 벽에는 적벽돌 곡면을 배경으로 그림자가 길게 늘어져 더욱 처절한 예수고상 외에는 일체의 장식이나 조형물이 없다.(곡면으로 인해 십자가가 생략되고 예수 몸만 걸려 있다.) 상부 지붕에 뚫린 원통형 천창을 통해 하늘로부터 자연의 빛이 쏟아져 내릴 뿐이다.

고요한 제단과 대조적으로 출입구 상부의 성가대석은 달드베르의 황홀한 색광의 향연을 연출한다. 그런데 방문객이나 미사 시 신자는 성가대석을 볼 수 없다. 오직 제대 앞에서 성체를 영한 후 돌아서 자신의 자리로 돌아갈 때 비로소 이를 볼 수 있다. 영성체 후의 기쁨과 환희가 배가됨은 물론이다.

시종 공소에서의 창은 외부와 내부를 연결해 줄 뿐만 아니라 내부 공간 안에서 마주 보는 창들 사이에 서로 주고받는 소통의 장치이다. 시종 공소는 신자들이 모여 기도하거나 미사를 드릴 때는 물론이고 혼자 있거나 비어 있을 때도 빛에 의해 움직임의 에너지가 느껴지는 살아있는 공간이 되고 있다.

시종공소 내부

시종공소 전면 야외제단

시종공소 전면과 성모상

장미창 상세

12처 예수 십자가 죽음을 맞이하시다

헬스케어 스마트홈 공동주택 설계 모델

배시화 1992년 박사

개요

연구목표

액티브 에이징(Active Aging)의 실현을 위해 AAL(Ambient Assisted Living; 전천후생활보조) 기반 헬스케어 스마트 공동주택을 개발하여 주거복지를 실현하고 국가 신성장동력의 국제경쟁력을 강화한다. 헬스케어 스마트 공동주택은 헬스케어 서비스와 이를 구현하기 위한 IT기술이 공동주택 공간에 융합된 것으로, 의료서비스, IT시스템, 건축공간의 융합연구를 통해 도출된다. 본 연구는 고령자의 행태 및 인지 특성에 기반한 AAL 지원형 공간구성 요건과 패턴의 추출을 위한 자료 수집 및 분석을 진행했고 거주자의 다양한 인지적 특징 중, 공간과 관련된 시각적 인지에 대해 보다 깊은 연구를 진행하였다.

연구범위

의료분야는 헬스케어 스마트 공동주택의 거주자에 적합한 헬스케어 서비스를 개발하여 서비스의 표준 및 마스터플랜을 제시하고, IT분야는 헬스케어 스마트 공동주택을 위한 최고 수준의 Active Aging 플랫폼을 구축하고, 건축분야는 헬스케어 스마트 공동주택의 공간모델을 개발하여 보급을 활성화한다.

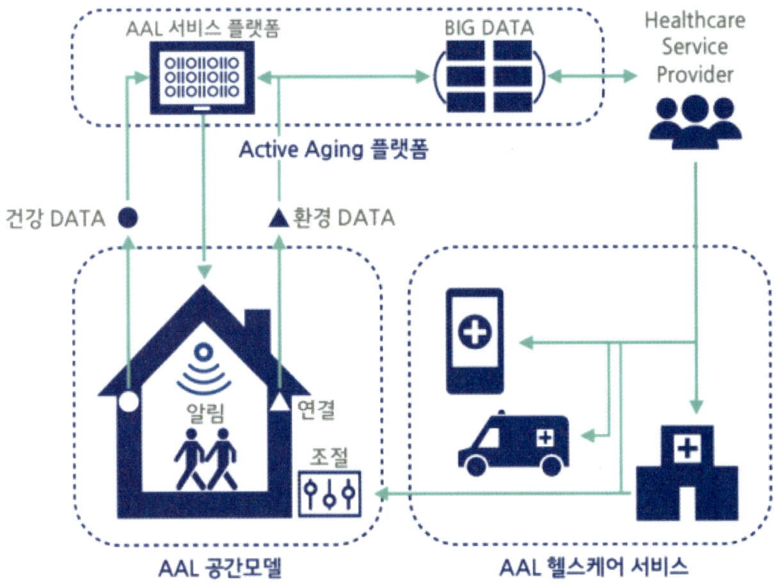

용어정의

• 전천후생활보조(AAL): 스마트 주거 환경기술을 통해 전천후 일상생활 보조를 구현하는 헬스케어 스마트홈 서비스로 일상 주거환경에서 의료지원, 건강관리, 생활지원 등 각종 정보의 수집 및 제공을 통해 액티브 에이징(Active Aging)을 실현하는 도구이다. ICT 기술을 통해 건강관리를 지원하는 서비스 가능한 주거환경을 구축하고 일상의 건강관리와 더불어 지역 커뮤니티와 연계하여 사회적 건강을 유지하는 삶을 추구한다.

• 액티브 에이징: 준고령자(50~54세), 고령자(55~64세), 노인(65세 이상) 연령대와 국민보험공단의 장기요양등급 3급 대상인을 포함하는 사람들이 활력 있는 삶을 누릴 수 있도록 건강, 참여, 안전 등의 기회들을 최적화하기 위한 정책, 기술, 거주환경, 기반시설 및 유관 서비스들을 통하여 신체적, 사회적, 정신적 건전성과 삶의 질이 확보되는 것을 의미한다.

연구 내용

인프라 구축 현황 파악

헬스케어 기술 및 실증모델 개발에 있어 AAL 기반 액티브 에이징 환경을 실현하기 위한 기초자료 활용 및 DB구축을 위해, 현재 공동주택의 커뮤니티 시설과 홈네트워크 건물 인증과 같은 인프라 구축 현황을 파악하였다. 홈네트워크 인프라 구축현황을 파악하기 위해 방문조사 12개 단지, 서면조사 60개 단지를 수행하였다. 세대내 시스템의 적용 대상은 급배기 블로킹 필터, 홈분전반, 가스밸브제어기, 조명제어기, 침입감지기, 환경감지기, 홈네트워크(차량위치 파악) 등으로 구분하였다. 공동시스템은 주동출입, 무인택배, 차량출입관리, 시니어클럽, 다목적공간 운영 등으로 구분하고 단지설비의 항목은 집중구내통신실 운영, 단지 서버실 운영, 폐쇄회로장비 운영 등으로 구분하였다.

조사결과 홈네트워크 시스템 도입이 수요자 중심이라기보다는 건설사, IT 및 네트워크 업체들의 일방적인 개발형태로 도입되는 경향이 있으며, 최첨단 IT 산업으로 생활의 편리성을 높인다는 명목아래 시스템에 대한 인지도나 선호도, 필요도가 파악되지 않은 채 일괄적으로 공급되어 불필요한 서비스도 많은 것으로 파악되었다. 특히 관리자의 입장에서 하자보수, 유지관리, 운영, AS 등에 대한 부분에서의 편의성, 직관성, 사용성, 유지관리성 등에 대한 건의사항이 있어서 향후 실증 단지에서는 이러한 문제들을 개선한 새로운 시스템 및 표준 개발이 요구된다.

문제의 제기

고령자를 위한 국내의 공동주택 설계기준은 고령자를 위한 공동주택 신축기준(안), 고령자용 국민임대주택 시설기준, 녹색인증기준, KSP1509 고령자배려 설계치수원칙/기준 등 네 가지이다. 각 기준은 계획 방향 수준부터 실내공간의 단위 요소별 고려요인과 구체적인 세부지침까지 다양한 위계로 구분된다. 그런데 모든 기준들이 무장애 공간 구성을 위한 최소 기준 제시에 머물러 있고 헬스케어에 대한 보다 적극적이고 능동적인 기준에 대하여서는 미비한 상황이다. 노화의 특성은 단순히 신체 이외에도 정서, 사회, 심리 및 지각/감각 등 다방면에 걸친 복합적인 성격을 지닌다. 이러한 특성을 구체적인 개념으로 구분하여 공동주택 단위주호 내의 현관, 욕실, 거실, 침실, 주방 및 노대(발코니)의 6가지 공간 구성 요소에 분류 적용하여 각 단위공간을 구성할 때 노화를 구체적으로 반영한 맞춤형 계획이 가능하다.

개념	Aging의 특성	주호					
		현관	욕실	거실	침실	주방	노대
감각자극	신체, 심리, 지각	○	○	○	○	○	○
편리성	신체, 환경	○	○	○	○	○	
접근성	신체, 환경	○	○	○	○	○	○
가독성	신체	○					
안전성	신체, 환경	○	○	○	○	○	○
사적자유성	심리		○	○	○		
적응성	환경			○	○	○	
의미성	심리	○	○	○	○	○	○
개인화	심리	○	○	○	○	○	○
영역성	심리, 환경	○		○	○	○	
사회화	심리, 환경, 사회	○		○			○
심미성	심리, 환경	○	○	○	○	○	○

Aging 특성	신체적 Aging	정서적 Aging	사회적 Aging	심리적 Aging	지각/감각적 Aging

공간계획요소 도출

액티브 에이징을 위한 스마트홈 핵심 기술을 인체 및 제품의 상태를 측정하는 센싱기술, 센싱 정보를 지식으로 변환하는 추론기술, 추론에 부합하는 서비스 동작기술, 그리고 센서-작동기의 통신과 시스템-인간의 상호작용 기술 등으로 분류하여 향후 AAL지원형 스마트 홈 공간과 기기 및 서비스 연계 구축 및 운영에 기준점을 제시하였다.

공간인지 특성 및 선호 공간 특성

고령자 인지특성 및 공간 시지각에 기반한 선호평면 분석, 국내외 스마트홈 공간, 기술, 서비스 특성 및 트렌드 조사, 이미지DB 및 현장조사를 통한 거주자 공간인지 특성 조사, 주호/공용공간 및 단지에 대한 공간인지 유형화 DB 구축, 공간인지 유형화에 따른 AAL 스마트 홈 설계/평가용 SW 구축 등에 대한 연구를 진행하였다.

핵심공간요소 및 가구에 대한 맞춤형 설계를 위해서는 AAL 기반 스마트 홈의 옥내외 구성 공간들과 가구 설계를 좌우하는 요건 중 공간을 위시한 물리적 환경에 대한 인지특성과 선호 공간 및 가구에 대한 체계적인 이해가 요구되었다.

기존 실버타운, 노인주거, 독거주택, 양로원 등 고령자 전용 주거, 평형대별 대표적 아파트 공간 사례, 유형화된 여러 타입의 AAL 지원형 스마트 홈 설계안 등을 3차원 모델로 작성하여 특성별 그룹화 된 거주자들을 대상으로 공간인지 특성 및 선호공간 특성을 조사, 분석하였다.

국내 대표적 고령자 헬스케어 관련 주거 시설들을 유형별(평형, 등급, 스마트홈 시스템 설치 유무 등)로 5곳 이상 선정하여 주호 및 공용공간과 단지 특성(공간 크기, 천장 높이, 공간의 연계, 시각적 개방성, 마감 및 색채 등)과 이들에 대한 고령자 거주그룹의 반응을 조사하는 면담조사와 현장조사를 진행하였다.

법제도/정책 조사 및 제안

AAL 기반 스마트 공동주택 헬스케어 실현을 가로막고 있는 법제도를 분석하여 개선방안을 강구할 필요가 있으므로, 이와 관련하여 의료법, 의료기기법, 국민건강보험법, 스마트 홈 관련 법률(주택법, 건축법, 노인복지법), 정보보호 관련 법률(개인정보보호법) 등에 대해 현황 및 개정안 추진상황을 파악하였다. 또한 액티브 에이징 관련 국내외 정책동향, 고령친화 주택 관련 정책현황, u-health 관련 기술현황 및 시범사업 적용현황 등과 같은 정책/기술동향도 파악하였다. 이에 따라 다음과 같은 법제도/정책에 대한 제안사항을 도출하였다.

- 원격의료를 원격의료, 원격모니터링 등과 같은 방식으로 구분하여 자격요건 및 허용범위의 부여
- 의료인 이외의 건강전문가가 질병의 예방관리 및 건강증진에 참여하도록 함
- 원격의료와 건강관리서비스 간의 책임소재 관련 정비
- 원격의료와 건강관리시스템 도입에 소요되는 비용에 대한 부담 주체의 합리적인 설정
- 스마트 설비의 설치 근거, 비용부담 및 유지관리의 주체, 노인복지시설에 설비 설치를 위한 근거 마련
- AAL 기반 스마트공동주택 헬스케어의 모델에 따른 관련 법규에 설치근거 규정 보완
- 보건의료의 특수성과 개인건강정보 보호의 필요성을 고려한 개인건강정보 보관방법, 의료기관간 정보교류 절차, 환자동의 절차 등에 대한 규정 개정
- AAL기반 헬스케어 스마트 홈 시스템을 통합 관리할 전담기관의 설치를 통해 원격의료 및 건강관리서비스에 대한 홍보 전략의 수립, 건강보험 체계 조정과 같은 법부처간 총체적 지원제도 및 연계 정책의 추진이 필요

AAL기반 스마트 헬스케어 리빙랩

리빙랩 구축 활동

- 헬스케어 요소 및 서비스 도출: 건강측정(건강상태를 확인할 수 있는 지원요소 및 서비스 생체신호의 측정), 건강유지(약복용, 운동처방, 식이요법 등 건강 유지 및 질환 예방 정보전달 및 알림), 위험관리(주거공간에서 일어나는 응급상황 및 안전사고에 대한 대응), 어메니티(주거환경의 조절과 일상 활동 지원을 통해 편리한 생활 영위), 커뮤니티(사회성 증진 및 심리적 안정감을 위한 다양한 커뮤니티 프로그램 및 사회적 관계를 형성하도록 지원)
- 아이템북 및 헬스케어 서비스 내용 중 선별, 전시아이템의 기획 전시 연출(공간배치, 이용객 동선, 매체 활용방안 등) 및 공간 디자인
- 제작 및 시공 방법에 대한 구체적인 실시설계, 조명, 전기, 통신, 영상 등의 IOT 반영설계
- 주거환경 쇼룸 조성, IOT 관련시설 구축, 아이템별 전시물 현장 설치, 리빙랩 홍보를 위한 일간지 게재, 연구단 및 리빙랩 홍보물 제작

- 지역 노인 대상 특화 리빙랩 체험 및 AAL 아이템 선호도 조사
- 방문자 대상 리빙랩 체험과 리빙랩 방문자 대상 AAL 아이템 선호도 및 필요도 설문조사
- 평가지역 복지관 대상 리빙랩 체험 초청 및 설명, 설문 평가(15회)
- 실증계획을 위한 LH 임대아파트 선정 및 실증 서비스 계획 수립
- LH 실증 참여자 모집 및 AAL 일상건강관리센터 운영
- 인천도시공사 추가 협약을 통해 실증 참여자 모집 및 AAL 일상건강관리센터 운영

맺음말

스마트 헬스케어 서비스는 국민의 건강과 안전과 관련된 것이므로, AAL기반 스마트 헬스케어 서비스 기초개념의 확정 및 사회적 합의가 필요하다. AAL 스마트 헬스케어 공동주택은 기존 공동주택보다 추가적인 비용이 발생되므로 활성화를 위한 행정적, 재정적 지원 방안이 필요하다. 스마트 헬스케어 서비스는 거주자의 개인정보 및 건강정보를 토대로 이루어지므로 개별 스마트 헬스케어 서비스는 개인정보 보호를 위한 서비스의 일반적인 유형화 필요하다. 주거 공간의 IT 기기 장착을 위한 통합형 모듈로 AAL 프레임을 활용한 시스템을 제안하였고, 실내마감재와 전기, 통신을 매입한 통합형 AAL 프레임 설계 및 활용 방안을 제시하였다. 주거공간 기반의 AAL 서비스 적용을 위한 공동주택 설계 가이드라인을 도출하였고, AAL 지원형 스마트 홈 소프트웨어 웹서버 매뉴얼과 핵심패턴 핸드북을 제시하였다.

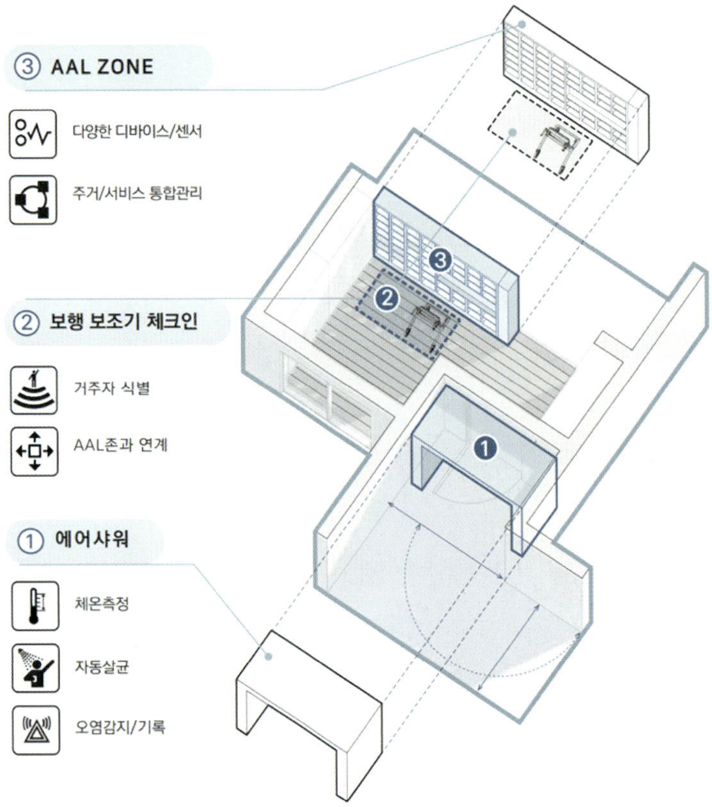

안심 외출 지원 현관 계획

동신대학교 인문사회과학대 · 해남문화예술회관

최 일 1980년 석사 · 1989년 박사

동신대학교 인문사회과학대

계획프로그램은 단과대학의 몇 개 학과가 들어갈 강의실, 교수연구실, 다목적 강의실을 배치하고 구성하는 것이었다.

배치계획은 기존의 건물이 ㄴ자형 배치이고, 1개층 정도의 단 차이가 있어, 하나의 마당으로 통합시키기 위하여 강의동, 교수 연구동, 다목적 강의동의 3개의 동으로 분리하고 이를 다시 통로로 연결하여 ㄷ자로 배치하였다. 이는 전체적으로 자연스럽게 하나의 마당이 형성되어 단과대학 내의 구심적인 외부공간이 될 수 있도록 하기 위함이다.

평면계획은 기존 건물과 레벨 차이를 극복하고 각각의 기능들이 유기적으로 연결될 수 있도록 옥외계단과 건물 복도에 길을 연장하여 학생들이 자연스럽게 마당에 펼쳐지는 동적인 전경들을 보면서 이동할 수 있도록 흐름을 유도하였다.

보행자들은 내부 길을 걸으면서 다목적 강의동의 루버가 달린 창, 연결통로의 유리 상자, 교수 연구동의 아트리움 공간, 그리고 다시 연결통로의 유리 상자를 지나면서 다양한 공간 체험과 시각적인 변화를 만끽할 것이다.

연구동 주출입구 캐노피

다목적 강의동에서 본 마당

이면도로에서 본 강의동 휴게공간과 브리지

연결통로의 유리상자

깊이감을 주고 있는 연구동 입면구성

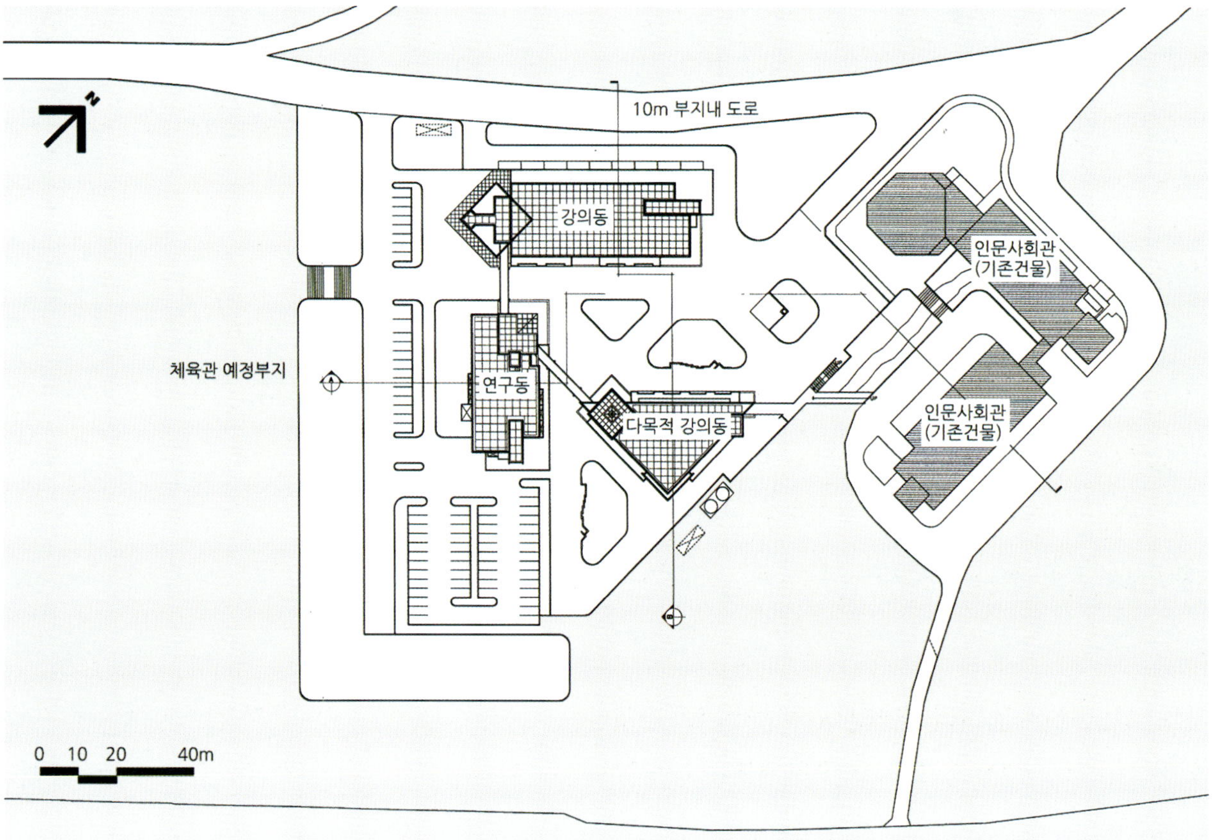

입면 계획은 전체적인 캠퍼스 건물의 흐름(적벽돌과 화강석)에 큰 변화를 주지 않으면서 다른 체험의 분위기가 될 수 있도록 적벽돌, 노출콘크리트, 유리상자, 화강석을 적절히 조합하였다. 창호 부분의 후퇴는 매스에 생기를 불어넣어 주고, 자연스럽게 생긴 창틀 하부엔 수납공간과 F.C.U공간으로 활용하도록 하였다. 또한 수평 루버는 석양에 과다한 햇빛의 유입을 차단하고 입체효과를 극대화하는 요소가 될 수 있을 것이다.

매스 구성은 삼각형, 삼각형의 요소들이 관입, 중첩, 연결하기 등을 통해 강의동, 교수 연구동, 다목적 강의동의 형태가 만들어지고 교수 연구동의 아트리움 유리 상자는 마당 주위에 있는 건물군의 구심적 역할을 하도록 하였다.

해남문화예술회관

터잡기

'터'는 장터·집터·놀이터·사냥터·낚시터·약수터·전쟁터 등 특별한 행위와 관련된 단어와 결합되어 구체적인 장소를 표현한다. 대공연장과 다목적 강당, 도서관, 문화의 집, 전시장, 주민운동시설 등 다양한 성격을 가진 복합 건축물은 어디에 지어야 좋은가? 이러한 시설들은 편안하게 접근이 가능한 곳에 있어야 되지 않겠는가?

해남군은 다행히 도심의 군청 앞에 있던 교육청과 경찰서가 외곽으로 이전함에 따라 2천여 평 이상의 넓은 터를 확보할 수 있게 되었다. 지방의 문화예술회관들이 도심에서 멀리 떨어져 있어 이용상 많은 문제점을 가지게 된 경우가 많았는데 이곳은 도심에 넓은 터를 확보하여 이용도를 극대화시킬 수 있을 것으로 기대를 모았다.

자리정하기

군청앞에는 수 백년된 소나무(일명 수성송)가 있다. 현재의 군청과 소나무를 기준으로 하여 동쪽에 문화예술회관을 두고, 남쪽으로는 공원이 아닌 도심광장을 계획했다. 기존에 군청 앞을 통과하던 도로는 많은 어려움 속에서 폐쇠하여 광장과 건물이 단절되지 않고 일체가 되도록 했다. 주변 사항과 대지의 한계로 공연장 홀의 정면 배치가 불가능했다. 홀을 측면배치 하면서 주변을 투영하는 반사유리와 열주, SPG시스템으로 구성된 투명의 타원형 유리통으로 정면성을 유지했다.

판짜기

'판'은 굿판·놀이판·씨름판·놀음판 등과 같이 특별한 행위와 결합되어 일시적으로 발생하는 행위의 상황을 설명하는 말이며, 판은 행위의 개념이다.

무대 예술의 다양하고 특별한 행위를 수용하는 공연장은 기능상 커다란 덩어리를 가진 '판'을 벌이는 '터'가 된다.

한정된 대지에 다양한 판들을 수용할 단일 건물 계획은 기능상으로 분절과 통합을 이루도록 하는 것이 가장 중요하다. 이를 위해 중앙에 커다란 홀과 계단을 두어 일시적인 판이 벌어지는 공연공간과 상시 이용하는 다목적 공간을 적절히 배치시켰다. 한편, 대부분 자동차로 가득 차는 지상을 모두 비워두어 터와 판이 벌어질 수 있는 마당으로 만들고, 최소한의 시설로만 채우도록 했다.

문화예술회관과 군민광장의 전경

1층 복도와 계단

남측 주출입구와 타원형 계단실

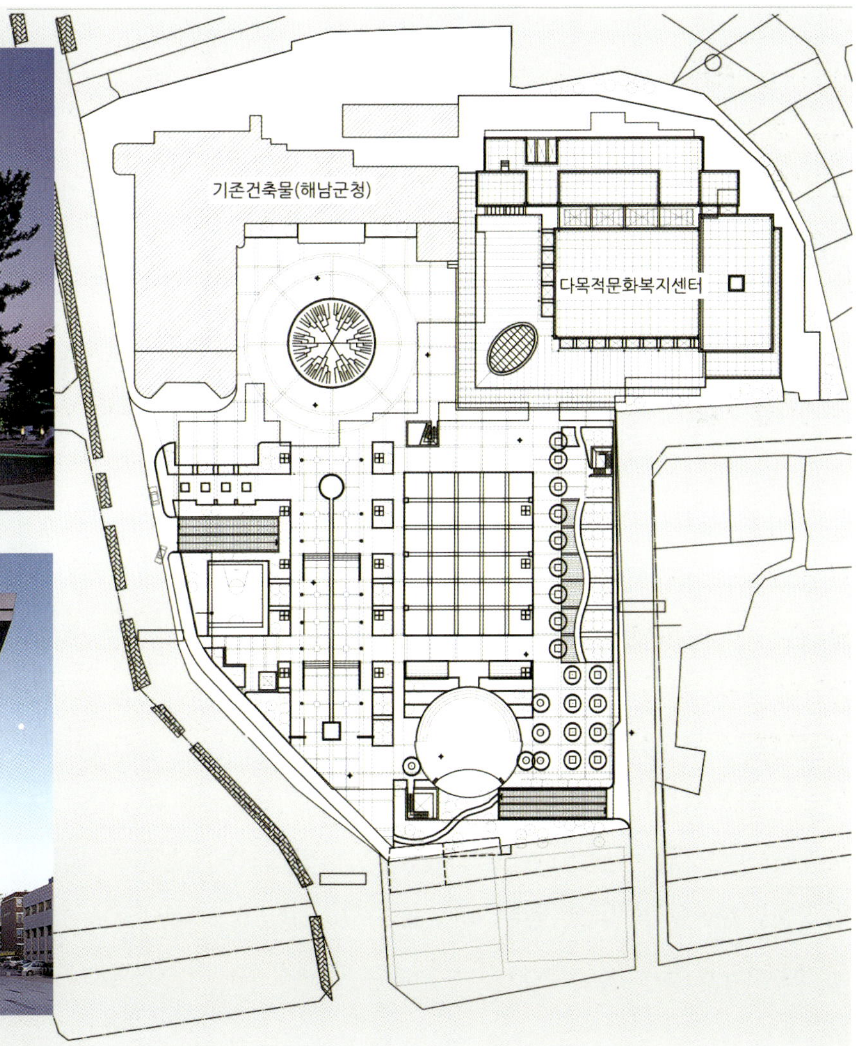

입교당에서 어안렌즈로 본 만대루

보물이 된 병산서원 만대루

이강훈 1980년 석사 · 1989년 박사

안개로 병산이 사라진 만대루

1979년 민속자료로 지정, 2010년 하회마을과 함께 세계문화유산으로 지정되었던 사적 제260호 병산서원 만대루가 2021년 12월 보물 제2104호가 되었습니다. 왜?

짜임새(구성) 비교해 보기

만대루(동생 류성룡, 충효당파)를 보러 가기 전에 부용대 아래에 있는 화천서원(형 류운룡, 양진당파)을 먼저 보면 병산서원이 더 잘 보입니다. 경주 양동마을의 옥산서원(이언적)과 동강서원(손중돈)도 미리 공부하면 병산서원의 특징이 더 잘 드러나게 됩니다.(4개 서원의 강당은 좌우 5칸, 전후 2칸으로 규모가 유사함)

사진에서 만대루의 특징을 읽어내실 수 있을 것입니다. 잘 안되면 평면, 단면, 입면의 도면이 필수적입니다. 겉만 힐끗 보는 것이 아니라 머물면서 속을 보아야 하고 구경꾼이 아니라 만드는 사람의 입장도 되어야 합니다. 마당을 에워싸는 강당, 동재, 서재, 루의 관계에서 말입니다. 그 짜임새(구성)가 보여야 합니다.

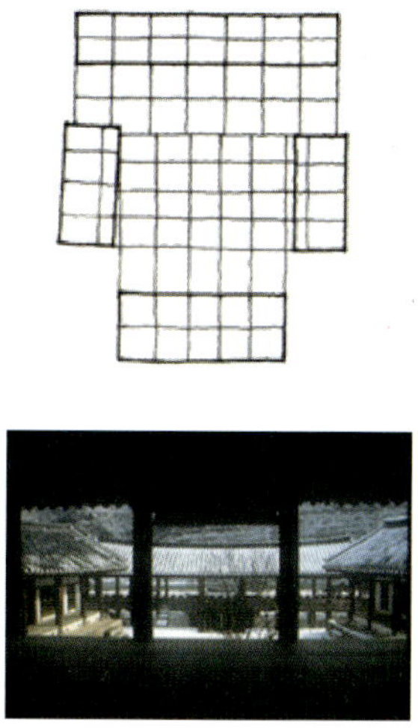

병산서원 만대루

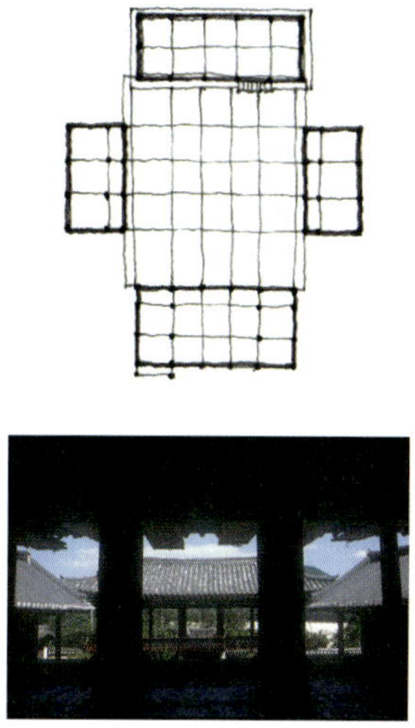

화천서원 지산루

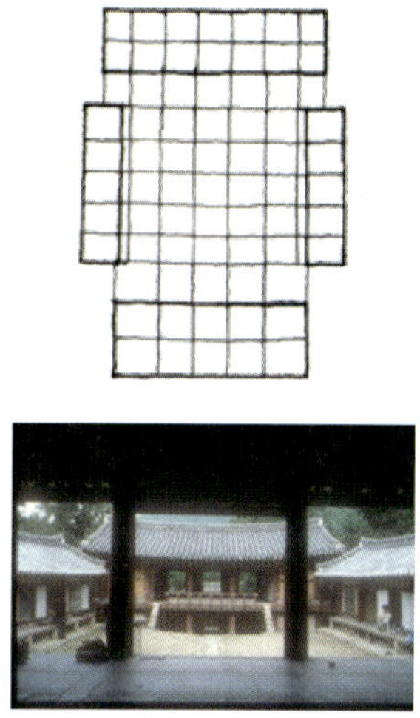

옥산서원 무변루

동강서원 탁청루

좌우로 매우 긴 이상한 평면형-마당을 적극적으로 에워싸는 만대루

병산서원 만대루와 옥산서원 무변루는 좌우 7칸(전후 2칸)으로 마당을 적극적으로 에워싸고 있습니다. 병산서원 만대루가 좌우 5칸의 화천서원 지산루나, 좌우 3칸의 동강서원 탁청루와 같았다면 만대루는 지금과는 전혀 다른 분위기였을 것입니다.(위 사진과 칸 구성 도면 참조)

만대루 좌우 폭은 21m 정도(약 10자(2.915~2.959m)×7칸(20.6m+난간 1.266m))로 옥산서원 무변루 좌우폭 약 15m(8자(2.455~2.464m)×5칸, 6자(1.83m×2칸)) 보다 6m 이상 큽니다. 작은 차이가 모여 큰 차이를 만드네요. 비교해 보고 재어보아야만 알 수 있는 중요한 점입니다.

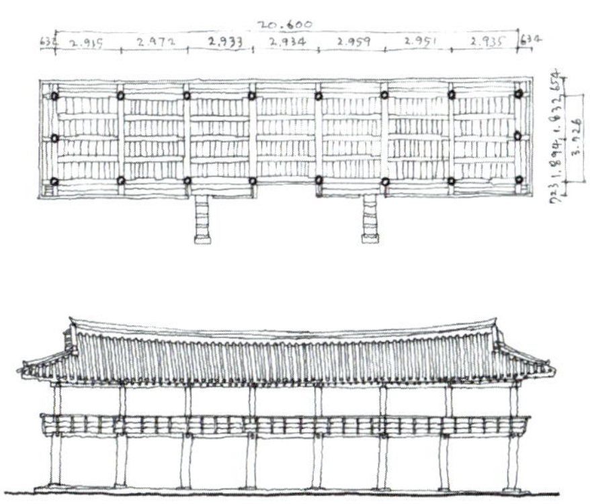

병산서원 만대루 평면과 입면

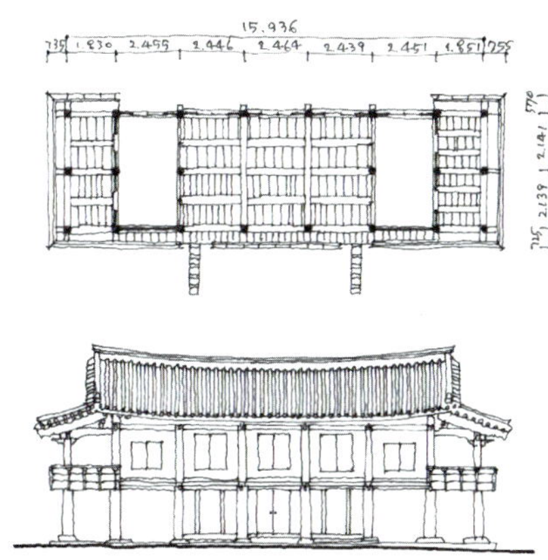

옥산서원 무변루 평면과 입면

서원 밖에서 볼 때 7칸 21m로 매우 긴 만대루 지붕은 대문과 담이 없는 옛 사진(위 1921년 정비 이전)처럼 내부 안마당을 알 수 없게 만듭니다. 입교당 대청이나 마당에서 보면 마당 좌우 폭 크기 5칸을 넘어 만대루의 좌우 폭 7칸을 알 수 없게 합니다.(앞 사진 참조). 그러나 옥산서원의 좌우 7칸인 무변루 지붕은 앞 사진에서 보듯이 구인당에서 보면 5칸처럼 보입니다. 입면만 보면 단순한 만대루보다 변화가 많은 무변루가 멋져 보입니다.

병산서원 마당 종단면도

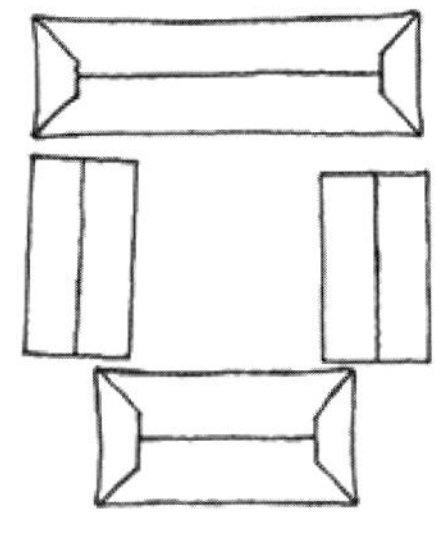

병산서원 지붕평면도

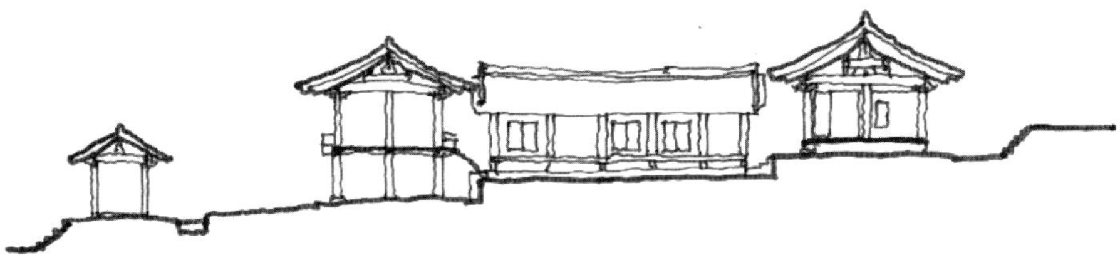

옥산서원 마당 종단면도

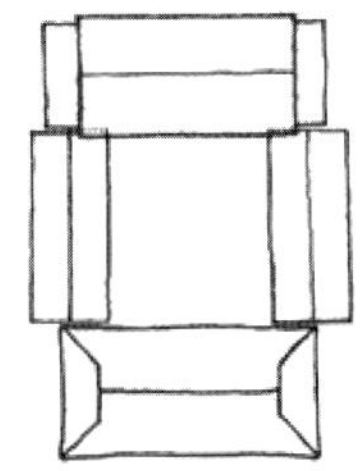

옥산서원 지붕평면도

동재, 서재 보다 높지 않은 지붕–짧은 전후거리의 낮은 지붕

루의 높이는 마당의 분위기를 더 크게 좌우합니다. 단면도에서 보면 만대루는 동재, 서재 보다 높지 않고 무변루는 동재, 서재 보다 많이 높습니다. 그 이유는 아래와 같습니다.

1) 대지의 경사도가 병산서원은 급하고 옥산서원은 완만합니다. 단면도에서 루와 대문과의 관계를 보면 더욱 잘 보입니다. 옥산서원의 경우 완만한 경사로 인해 동재, 서재보다 무변루가 높아질 수밖에 없습니다.

2) 매우 작은 전후(도리방향)거리: 만대루는 6자(1.863+1.823m)×2칸=3.686m이고 무변루는 7자(2.139+2.139)×2칸=4.280m로 60cm나 차이가 납니다. 만대루의 경우 구조적으로 보나 쓰임새로 보나 1칸 6자는 매우 작은 불합리한 크기입니다. 참고로 화천서원이나 동강서원은 좌우 전후 1칸의 크기가 거의 같습니다. 만대루의 경우 첫째, 지붕 높이를 낮추려고 둘째, 경사진 대지의 변형을 적게 하려고 의도적으로 짧게 하고 있습니다. 참고로 옥산서원 무변루는 루와 동재, 서재 간격이 1칸(만대루는 2칸)으로 좁아 지붕 높이가 같을 경우 좌우 끝이 부딪히게 됩니다. 5칸 맛배지붕과 좌우 끝 부분의 가적지붕으로 변화를 줄 수밖에 없습니다. 자세히 알고 보지 않으면 안 보이는 부분입니다. 지붕평면도로 확인해 보아야 합니다.

앉으라고 말을 건네는 낮은 공간

만대루와 동재, 서재의 지붕 용마루, 만대루 2층과 동재, 서재 바닥높이는 거의 같습니다. 옥산서원의 경우 창방 하부까지 무변루 1.990m로 동재, 서재 1.870m에 비해 높습니다.(앞 도면참조) 만대루 2층은 창방 하부까지 약 6자(1.804~1.840m)입니다, 동재, 서재의 경우 약 7.5자 (2.227m), 입교당의 경우 약 8자

(2.414m)입니다. 내부공간의 용도를 생각한다면 숙소인 동재, 서재가 제일 낮고 공적인 공간인 만대루가 제일 높아야 할 것 같은데 의도적으로 만대루 내부공간을 매우 많이 낮추고 있습니다. 마당의 공간 분위기를 위해, 입교당에서의 장면연출을 위해 의도적으로 동재, 서재는 높게 만대루는 낮게 한 것입니다.

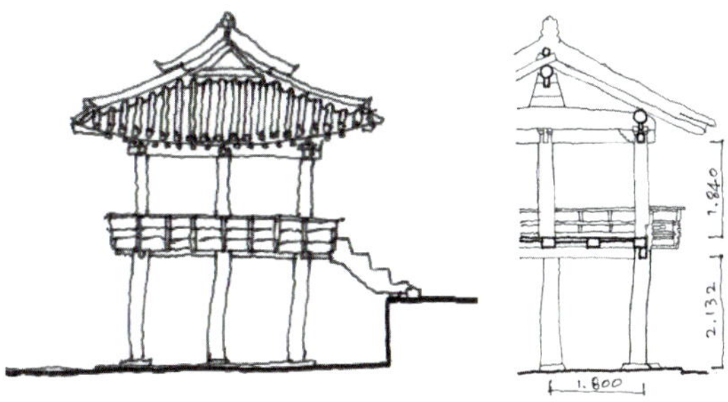

만대루 입면도와 단면도

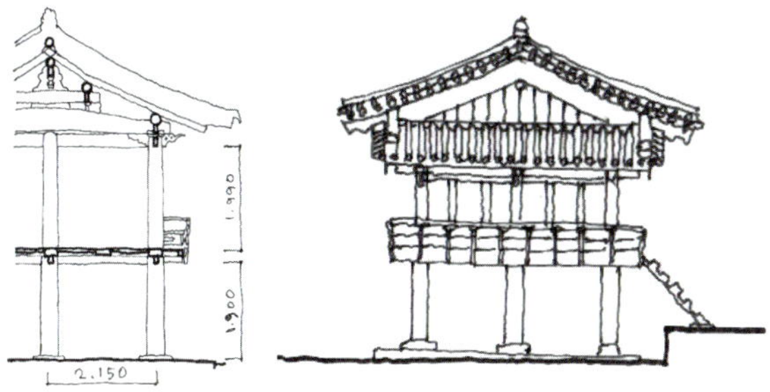

무변루 단면도와 입면도

낮은 내부공간 높이는 지붕 높이를 낮춥니다. 더 나아가 창방 하부까지 6자로 낮은 내부공간은 만대루에 오르면 서 있지 말고 앉으라고 자연스레 강요를 합니다. 아래의 서서 찍은 사진과 앉아서 찍은 사진으로 이해가 가능할 것입니다. 화천서원 지산루에 오르면 앉게 되질 않습니다. 20세기의 거장 프랭크 로이드 라이트의 낙수장이나 시카고의 라이트 스튜디오 겸 주택을 방문하면 천정이 낮아 앉게 만드는 것을 체험할 수 있습니다. 건축은 1:1 스케일의 체험이어야만 하는 본질적인 이유입니다. 위 도면으로 부터 단면과 입면의 비례와 스케일, 더 나아가 공간의 내부와 외부에서의 차이가 이해되어야 합니다.

만대루 공간의 높이 체험 앉기와 서기

만대루 중심축과 병산

만대루에서 본 입교당

열고 닫는 창문이 없이 완전히 열린 공간

1921년 입교당 중수기에 의하면 만대루 좌우에 장판각과, 장서실이 있었다고 합니다. 현재는 벽이 없이 사방이 완전히 열려있는 개방적인 구조입니다. 반대로 옥산서원의 경우 좌우 끝부분에 2칸씩 온돌방과 대청이 있고 가운데 좌우로 3칸만 대청입니다. 대조적으로 무변루 대청은 마당 방향으로는 열려있지만 대문 방향으로는 나무 벽에 판문이 설치되어 있습니다. 방도 마당 방향(강당의 원장, 부원장 방도 창이 없이 막혀 있음)으로는 창이 없는 매우 폐쇄적인 구성을 하고 있습니다.

만대루 한 칸의 비례를 보면 좌우 7칸의 1칸은 10자(좌우 기둥 중심)×6자(창방 하부 높이)로 좌우로 길며(위 세 번째, 네 번째 사진), 전후방향 2칸의 1칸은 6자×높이 6자로 위아래로 길게 보입니다. 주변과의 관계에서 좁은 공간은 더 좁게, 넓은 공간은 더 넓게 초광각 시각으로 보이게 하는 의도를 읽을 수 있습니다. 그렇지만 입교당, 동재, 서재, 병산과 낙동강을 향해 열린 공간, 주변 구경하기 좋은 만대루는 단점도 있습니다. 공부하기에 분위기가 산만해 질 수도 있고 겨울바람에는 많이 추울 것입니다.

마당으로 오르는 계단 상부의 도려낸 난간

건축과 학생들이면 특히 놓치면 안 되는 부분이 있습니다. 만대루는 1층 높이가 1.999m로 낮아 만대루 2층 북측 한가운데 난간 부분은 도려내었습니다.(앞 평면도, 단면상세도 참조) 만대루 1층에서 마당으로 오르는 계단도 돌출되지 않고 도려낸 구성을 하고 있습니다. 머리 부딪치지 않으려 하는 기능적 의도와 마당을 오르내릴 때 아래위로 더 많이 보이게 하려는 위한 시각적 의도입니다.(부석사 범종루, 안양루 등 한국건축의 빼어난 구성을 상상)

마당으로 오르는 계단 부분과 만대루의 2층 난간의 도려낸 부분 전경들

전후좌우의 시각틀-향축, 지세축과 조망축

병산서원은 남동향, 화천서원은 동향, 옥산서원, 동강서원은 서향입니다, 우리 건축은 방위보다는 배산임수의 지세를 더 따릅니다. 다음 더 중요한 요소는 차경일 것입니다. 경치를 끌어들인다는 것은 선택한다는 것이고 선택한다는 것은 피하는 부분도 있다는 의미입니다.

높이가 335m인 병산은 만대루에서 약 300여m 떨어져 있어 어느 서원보다도 가까이 있습니다. 옥산서원 무변루는 높이 569m의 자옥산을 향하고 있는데 그 거리는 1.7km로 멀리 떨어져 있습니다. 병산서원은 강과 직교하여 병산의 제일 높은 부분을 조망축으로 정한 것이 아니라 의도적으로 병산의 중간높이 부분을 조망축으로 정하고 있습니다.

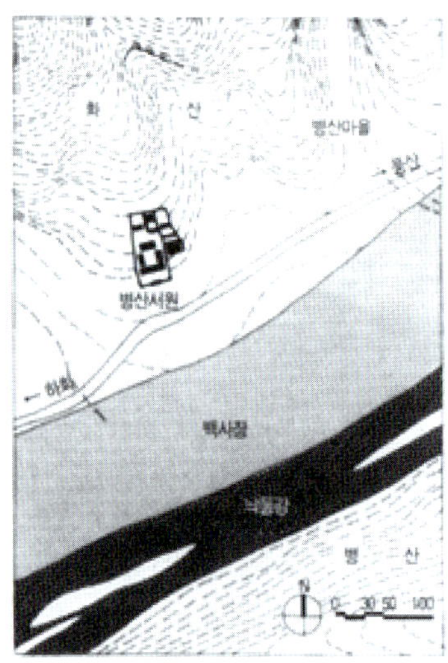

병산서원 지도
(김봉렬, 이땅에 새겨진 정신, 이상건축)

만대루의 좁고 긴 이상한 평면과 낮은 높이의 공간, 학생들이 제일 많이 생활했던 공간이지만 눈이 덜 가는 동재, 서재 그리고 이들을 보살피며 병산을 향하여 자리 잡고있는 입교당! 그 공간들의

솟을대문에서 본 병산

안마당에서 본 병산

병산서원의 중심축과 병산

옥산서원 중심축과 자옥산

막고 열림, 인간과 자연을 서로 초대하고 살리는 가변성과 지속성! 서론에서 다른 서원들과 비교해 보았던 공간의 짜임새가 이해되셨으면 좋겠습니다.

소박한 처리로 이루어낸 달관의 미학

홑처마, 사다리꼴의 단순한 판대공, 익공, 2층 기둥 등의 단순, 소박한 처리, 의도적으로 자연스러운 대들보, 높이와 모양이 다르고, 휘어진 그대로 최소한으로 다듬어진 1층 기둥, 생긴 그대로 가져다 놓은 초석(앞 단면상세도 참조) 등..... 단청, 세부기법 등이 화려한 옥산서원이나 도동서원 등과 비교할 때 만대루는 초라해 보일 수 있습니다. 보물로 지정된 건축들은 하나의 건물 그 자체로도 보물임을 훌륭히 드러냅니다. 그렇지만 만대루는 한 건물만 볼 때는 그 모양과 비례, 스케일에서 이상하기까지 합니다. 만대루는 마당을 중심으로 이웃하는 집, 땅, 산, 자연과 함께하는 의도를 읽어낼 때에만 보물이 됩니다.

값비싼 재료가 아니어도, 세련된 기교나 장식이 없어도 얼마든지 보물이 될 수 있다는 고차원의 짜임새를 보여줍니다. '커다란 기교는 서툴다'는 대교약졸(大巧若拙)의 의미를 드러내는 한 사례임이 분명합니다. K-한옥, 달관의 미학을 현대에도 되살릴 수 있을 것입니다.

로프트원 · 세종텔레콤 사옥

한 철 1984년 석사

설계를 시작한지 40년이 넘었다. 하면 할수록 어렵다는 생각이 든다. 아직 어디에 내보내기에 부족하다고 느낀다. 마침 소우선생님 추모문집이 기획되어 용기를 내었다.

ㄷ자 도시형 생활주택 - 로프트원

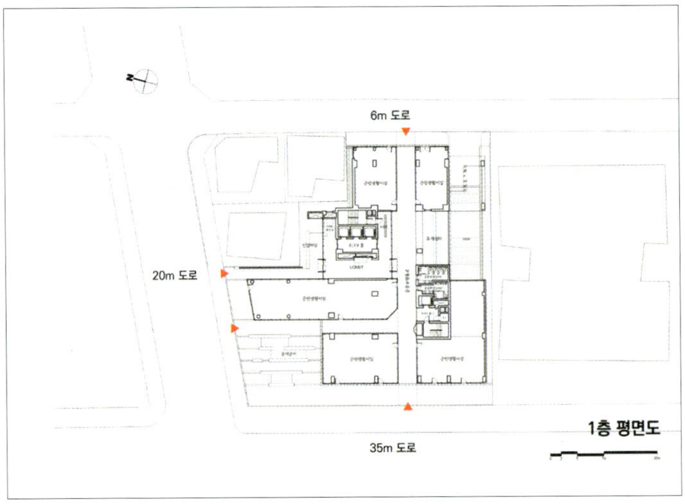

1층 평면도

땅을 바라보다

계획을 시작할 때 대지를 어떻게 해석할 것인가에 가장 주안점을 둔다. 부지의 잠재력을 어떻게 살릴 것인가. 문제점을 어떻게 해결할 것인가. 주변과의 관계성을 어떻게 맺을 것인가.

태릉 공동주택(원룸텔)은 대지면적 약 600평에 300실 규모이다. 건축주는 이미 안을 여러 개 받아 보았다. 대지는 서측 35m, 북측 20m, 동측 6m 3면에 도로가 있다. 동북측에 50평 내외의 3개의 근린생활시설이 있고, 남측에 14층 주상복합건물이 있다. 가장 큰 해결해야 할 것은 남측을 가로막은 14층 건물이다. 남측 가운데를 비워낸 ㄷ자 형태로 안을 제시하였다. 이 부분이 다른 안과 차별화되어 안이 채택되었다. 그 다음 1, 2층 근린생활시설을 활성화시키는 방법으로 삼면도로의 장점을 최대로 살려 전면 35m 도로와 후면 6m 도로를 4m 내부 통로를 만들어 관통시키고 북측 20m 도로에서도 2개의 3m 내부 통로를 계획하여 중앙 4m 통로에 연결시켰다. 3개의 통로로 주변과의 네트워크를 형성하였다.

북한산과 불암산을 끌어들이다.

매스에 차이를 두어 2개층에 휴게공간을 두었다. 14층 지붕에서는 휴게공간을 물(水)과 나무(木)으로 계획하고 불암산, 북한산을 바라보게 하였다. 15층 지붕에서는 휴게공간을 데크와 수목으로 계획하고, 북한산, 불암산을 바라보게 하였다.

전체 매스 중 가장 어두운 색감의 외장재를 사용하여 수평적인 무게감과 안정감을 더해준 근린생활시설 용도의 2개층 매스의 뒤편에는 주거 용도의 사용자를 위한 주거전용 출입구가 위치해 있다. 상가와 분리하여 특화된 진입로를 거쳐 아늑한 진입정원과 차별화된 로비를 통해 진입하도록 계획하였다.

로비에는 관리인의 공간을 계획하고 무인 택배함과 우편물 보관소 등 생활편의시설을 배치하여 입주자의 편의와 안전을 고려하였다.

15층에 위치한 스터디룸은 폴딩 도어를 열면 전망이 탁 트인 야외테라스와 연결되어 공간의 확장을 느끼기에 최적화된 공간이다. 또한 야외이지만 15층이라는 높이 덕에 시끄러운 도로 소음과 타인의 시선의 구애를 받지 않고 적당한

야외 활동을 즐길 수 있다는 점을 이용하여 이 공간이 매력적으로 다가올 수 있도록 계획하였다.

도심 한가운데에서 만나는 야외 옥상정원은 사용자의 사적인 영역을 확장해주고, 그 사이에서 일어나는 상호작용은 사용자에게 잠깐 쉬다 가는 곳을 넘어서 관계를 만들어주는 장소가 될 것이라 생각하며 이 공간을 계획하였다.

ㅂ자형 지식산업센터 – 세종텔레콤 사옥

땅을 바라보다

이 대지는 면적이 1,000평이 좀 넘으며 서측으로는 70m폭 개천 녹지 +35m 도로에 면하고, 북측에는 27m 동측에는 17m 도로가 있다. 대지형태는 사다리꼴이다. 저층부 1,2층 근생 부분은 대지 형태에 따라 계획하였다. 3층 이상 사무소 부분은 주변 건물 맥락에 따라 직각으로 계획하였다. 사무실 부분은 15m x 48m 2개의 매스를 나누고 연결 브릿지 부분에 코어를 계획하였다.

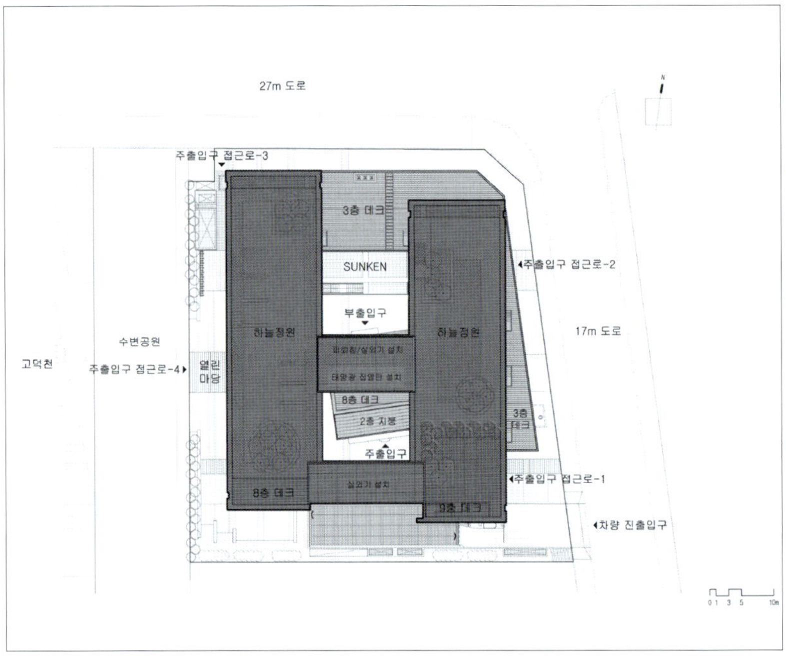

과정 · 경계 · 관계성

사무소 진입 시 도로에서 바로 진입하는 것을 지양하고 과정공간을 계획하여 공간의 열리고 닫힘을 거쳐 공간의 리듬감을 느끼고 진입 로비로 들어가게 하였다.

내외부 공간은 상호관입시켜 경계를 흐리게 하였다. 내부공간의 외부화 · 외부공간의 내부화를 만들어 보았다. 반외부 · 반내부 등 공간을 다양하면서 풍성하게 하고자 하였다, 그로 인하여 공간의 확장성과 경계의 흐림을 의도하였다. 서측 개천변 산책로에서 개방된 9m 높이의 광장을 계획함으로서 시민들의 쉼터를 제공하였다. 소통의 공간이며 해방의 공간이다. 3곳의 진입 동선에 따라 시시각각 달라지는 변화와 생성의 공간을 계획하였다.

과정 : 외부→반외부→반내부(중정)→내부 공간 과정을 거치도록 계획 / 출입에 과정을 부여함으로써 출, 퇴근 시 심리적 움직임이 저항 없이 흘러가도록 계획

경계 허물기 : 내 · 외부 공간의 경계 허물기, 바닥과 벽의 경계 허물기 / 내 · 외부 공간의 상호침투 / 외부 · 반외부 · 반내부 · 내부 등 다양한 공간을 계획하여 소통에 의한 사고의 자유 유도

SEJONG

우즈베키스탄 이슬람 건축문화의 특징

이정규 1987년 석사

우즈베키스탄

유라시아 대륙의 중심부에 자리 잡은 우즈베키스탄은 130개의 민족이 모여 사는 다민족 국가인데, 80%를 차지하는 우즈베키스탄 민족이 빚어낸 이슬람과 유럽식 러시아 문화의 융합으로 독특한 생활양식과 분위기를 느낄 수 있다. 우즈베키스탄은 중앙아시아의 지리적 요충지로 북쪽은 카자흐스탄, 동쪽으로 키르기스스탄과 맞닿아 있고 남쪽으로는 아프가니스탄, 타지키스탄, 투르크메니스탄과 접하는데, 수자원이 풍부하여 오아시스가 많아 과거부터 실크로드의 중심지로 발전해왔다.

우즈베키스탄은 4,000년 전에 이미 청동기 문화가 출현하였고 3,000년 전에 박트리아, 소그디아나왕국의 일부였으며 BC 6세기에는 고대 페르시아의 영토였다. BC 4세기에 알렉산드로스대왕에게 정복되고 그레코-박트리아 왕국의 지배를 받았다. 8세기에 아랍의 침공을 받은 이후 이슬람화 되어 11세기에는 셀주크투르크제국의 일부였고, 13세기에 몽골의 침략을 받아 차카타이한국(汗國)에 이어 16세기 초까지 티무르제국의 일부가 되었다. 19세기에 들어와서 제정러시아가 우즈베키스탄에 진출하여 1917년 12월 공산화되고 1918년 4월 투르크스탄자치공화국이 되었다. 1924년 10월 우즈베크소비에트사회주의공화국이 수립되고, 1925년 5월 구소련의 일원이 되었다가 1991년 완전한 독립을 얻었다.

이슬람의 문화와 건축

이슬람 교리는 우상 숭배를 엄격히 금지하므로, 종교관계의 조형에는 무함마드의 초상화를 포함, 신이나 인간을 비롯하여 새나 짐승 등 생명체를 표현하거나 제작하는 것을 일체 금하고 있다. 이로 인해 추상적 형태를 널리 채용하는 아라베스크 등 복잡하고도 화려한 문양이나 정교한 장식공예가 발달하여 기하학 무늬와 문자 장식, 쿠란의 구절이나 아라베스크 무늬로 장식한다. 이슬람 문화는 그리스-로마 등 지중해 문화, 페르시아 문화, 인도와 중국 등 지역문화를 그 표현 수단인 아랍어와 이슬람 신앙을 통하여 융합, 특유의 융화력과 상대적인 관용성을 특색으로 한 다양성이 드러난다.

이슬람 건축물은 세계적 예술 가운데 하나로 구조와 장식 면에서 이슬람 예술이 발전할 수 있었던 것은 무슬림 사회가 갖는 높은 사회적 이동성 때문이다. 무슬림 공동체 안에서 하등의 장애를 받지 않고 쉽게 이동할 수 있어 자신의 출신 지역이 아닌 다른 지역에서도 창조적 활동을 펼칠 수 있었다. 이슬람 예술에서 가장 중요하고 대표적인 건축물인 모스크는 일반적으로 예언자 무함마드가 메디나에 세웠던 모스크의 구조와 동일하다. 그러나 무함마드 이후 돔, 첨탑, 기둥, 아치, 주랑, 타일, 모자이크 그리고 비잔틴과 페르시아, 콥트, 중앙아시아의 건축양식에서 모방한 구조와 장식기술을 발전시킨 사람들은 정복지의 우수한 건축가와 장인들이었다.

• 모스크. 이슬람교의 예배 및 집회 장소로 한국어로는 성원(聖院), 중국어로는 청진사(淸眞寺)라고 한다. 모스크는 이슬람의 대표적인 종교생활 중심이자 정치적, 사회적 모임의 장소이다. 무슬림들은 메카를 향해 어깨를 나란히 하고 횡대를 이루어 길게 도열해 예배 의식을 거행한다. 이러한 배치는 메카를 향해 가깝게 자리 잡으려는 욕구의 반영이며, 이슬람에서 크게 지향하는 평등성에도 부합하는 행위이다. 자연적으로 모스크는 가로가 길고 세로는 짧은 구조를 가진 형태로 만들어졌다. 사원은 성역이기 때문에 밝고 잘 정돈해 놓는 것이 관례이다. 마치 천국의 은총이 믿음이 있는 이들에게 내려와 앉는 것을 상징이라도 하듯이, 천장의 돔 주위에 트여 있는 개구부로 햇빛이 간접적으로 들어온다. 모스크의 플랜은 주랑·중정·예배당을 세로로 연결한 형식과 비잔틴 성당을 모방한 중앙집중 형식 등 두 가지로 대별된다.

• 미나레트. 하루 5번 예배시간 공지(아잔)을 하는데 사용되는 높은 첨탑이다. 규모 큰 모스크는 2탑식, 4탑식 이상으로 구성한다.

• 미흐라브. 모스크 안쪽 중앙 키블라 벽에 설치된 보조개 모양의 벽을 파 만들어 놓은 아치를 말하는데, 방향은 모두 이슬람 최고 성지인 사우디아라비아의 메카를 향하고 있다. 이 벽감은 전 세계 이슬람 사원에서 기도를 인도하는 이맘이 서 있어야 할 곳을 정해주는 기준이 되어 신자들은 사원에 가서 기도하는 방향 때문에 우왕좌왕할 필요가 없게 되었다.

• 무카르나스. 이슬람 건축에서 쓰이는 장식의 일종으로, 창문·출입문·돔 지붕 등 건물 상층부의 모퉁이와 천장 부분을 장식하는 요소로 다양하게 사용하는 기법이다.

• 아라베스크. 기하학적 문양이나 식물의 선을 모티프로 한 복잡한 장식. 이슬람 장식 문양의 총칭으로, 사원의 벽면장식이나 공예품 장식에서 볼 수 있는 무늬 · 문자 · 식물 · 기하학적인 모티프가 어울려서 교차된 곡선 가운데 융합되는 환상적인 무늬이다.

• 아치. 공간이나 개구부 상부를 지탱하는 구조적이며 장식적인 건축 기법으로 유럽 건축과 미세한 차이와 분위기를 자아낸다.

부하라

부하라(Bukhara)는 산스크리트어로 사원이라는 의미를 지니고 있다. 도심 한가운데 솟은 칼란 미나레트와 칼란 모스크는 이슬람 도시 부하라의 전설과 상징이다. 부하라는 서역과 중국을 잇는 실크로드의 주요 오아시스였다. 인도 모직, 중국 비단이 이곳을 통해 오갔고 행상들의 숙소였던 라비 하우스(LyabiKhauz)는 대형우물을 낀 여행자들의 휴식처가 됐다.

• 이스마일 샤머니 영묘. 892년부터 907년까지 부하라를 통치한 이스마일 샤머니의 묘지로서 배치는 정육면체의 건물에 반구체의 돔 지붕이 놓여있고, 건물 외벽 네 면은 동일한 형태이다. 내외부 벽면을 다양한 문양의 소석고 벽돌로 다양한 적층방식으로 쌓아올려 햇살의 강약, 각도에 따라 그 음영이 변해 숭엄한 느낌을 준다.

• 챠슈마 아유프 묘(욥의 샘). 챠슈마는 샘이며, 아유프는 구약성서의 예언자 욥이다. 욥이 지팡이로 내리치자 샘물이 터져 나왔다는 전설에서 유래되었다. 세 개의 지붕모양이 서로 다른데, 14세기에 가장자리에 돔을, 16세기에 맨 앞의 돔을 짓는 등 시간의 차이가 있기 때문이다.

• 아르크 성. 7세기 훗자 하우톤 여왕이 이 성에서 아랍과 싸웠다는 문헌이 있으며, 18세기 부하라 칸국 시대에 완성되고 1920년 러시아에 의해 멸망할 때까지 왕들이 살았던 성이다. 견고한 외부성벽 안의 성내에는 마을 형태의 공간조직이 있어, 모스크, 옥좌, 거실 등이 있다.

• 칼란 미나레트. 칼란이란 크다는 뜻인데, 중앙아시아에서 가장 큰 첨탑으로 높이가 46m에 이르러 부하라의 상징으로 꼭대기에 불을 지피면 사막의 길잡이 역할도 하였다. 1127년에 칼란칸 왕조 아루스 칸에 의해 지어진 것으로 탑의 기단부 직경은 9m, 토대부분이 지하로 10m 들어가 있다. 탑은 위로 갈수록 좁아드는 원통형으로 탑의 벽면은 14층으로 나누어 여러 가지 벽돌을 다르게 쌓아올리는 방식으로 장식했다. 벽돌들은 햇빛에 구운 갈색 벽돌이며, 달걀의 흰자와 낙타젖으로 이긴 반죽으로 붙여 쌓았다고 전해진다.

• 칼란 모스크. 칼란 미나레트와 연결된 모스크로 1514년 칼란칸 왕조 아루스 칸에 의해 지어졌다. 넓이는 1헥타르 정도로 1만 2천명의 신자가 한 번에 예배할 수 있다. 입구는 7개가 있지만 동쪽이 정면입구로 색타일로 장식되어 있다. 들어서면 정면에 푸른 돔이 우뚝 솟아 있고 정원은 회랑으로 둘러싸여 있다. 회랑은 208개의 기둥으로 천장을 지탱하고 288개의 반구형 지붕으로 덮혀있다.

• 미르 아랍 메드레세. 메드레세는 아랍어로 교육기관을 의미하는데, 이 건물은 아랍칼란 모스크에 마주보며 거대한 2개의 아치형 푸른 돔을 가지고 있다. 청과 백의 모자이크 타일에서 시작되는 식물문양, 문자문양을 짠 장식은 말기 티무르 양식의 전형이다. 정원을 둘러싼 회랑의 1층은 주요회의를 개최하는 방과 도서관, 식당 등의 작은 방, 2층은 기숙사로 되어 있다.

• 나지라 지반베기 메드레세. 1622년 나지라 지반베기에 의해 건설된 신학교로 정면 입구의 선명한 색타일의 그림은 두 마리의 봉황이 힘차게 날개 짓을 하며 태양을 향해 날아가고 태양의 중심에는 사람의 얼굴이 그려져 있는데 구체적인 형상을 부정하는 이슬람의 교리에 반대되는 예외이다. 정면 입구로 들어서면 지금은 안마당에 차이하나(?)가 있고, 마당을 둘러싼 방은 선물가게와 공방이 되어있다. 북쪽에 있는 것이 쿠켈다쉬 메드레세로 1568년에 지어진 160개의 승방이 있는 큰 메드레

세이며 중앙 아시아의 각지에서 신학생들이 모여들었다고 한다.

• 라비하우스. 행상들의 숙소였던 이 건물은 대형우물을 낀 채 여행자들의 휴식처가 됐으며 지붕이 둥근 옛 건물들에는 카펫, 가위 등을 파는 시장이 형성돼 있다. 타키로 불리는 시장에는 낙타가 드나들 수 있도록 사람 키의 두 배가 넘게 만든 문이 있다.

• 쉬토라이 모히하사 궁전. 1910년 러시아 지배하의 마지막 칸이었던 아림 칸 시대에 지어진 이 여름궁전은 유럽의 건축 양식과 이슬람의 그것이 조화롭게 섞여 있는데 당시에 현지 건축가들과 러시아 건축가들이 함께 지었다고 한다. 그러나 궁전 출입구와 이슬람 양식의 실내는 온전히 이슬람 전통 문양으로 장식되어 있다.

사마르칸트

기원전 7세기에 고대 도시 아프라시아브(Afrasiab)로 건설된 사마르칸트는 14, 15세기 티무르 제국 시대에 티무르(Timur the Lame, Tamerlane, 1336~1405)의 노력으로 가장 큰 번영을 누렸다. 도시는 13세기부터 현재까지 중앙아시아의 문화와 정치 역사 가운데 가장 중요한 단계들을 예술, 건축, 도시 구조를 통해 보여 준다. 울루그 벡(1409~1449)과 그의 후계자들이 통치할 때까지 티무르 제국의 문화적 수도로 남아 있었다. 러시아가 1868년에 사마르칸트를 점령해 1887년에 지방 수도로 삼았고, 1924년~1930년에 우즈벡 소비에트 사회주의 공화국의 수도였다가 나중에 행정 중심지가 되었다. 이곳의 많은 기념물이 세계문화유산으로 지정되었다.

• 레기스탄 광장. 사마르칸트를 상징하는 대표적인 장소이며, 공공의 광장으로 왕의 알현식, 공공집회, 죄인의 처형 등이 행해졌다. 3개의 메드레세가 건립된 이후 레기스탄 광장은 이슬람 교육의 중심지로써 명성이 자자하였으나 구소련 시절에는 이슬람 종교의 탄압으로 거대한 노천시장으로 탈바꿈하였다가 지금은 중요한 관광지가 되었다.

• 울루그벡 메드레세. 레기스탄 광장 왼쪽에 위치하는 이 건물은 1420년 울루그벡에 의해 세워졌으며, 레기스탄 광장에서는 가장 오래된 건축물이다. 울루그벡은 왕이자 학자로써 이름을 떨쳤는데 직접 이슬람 신학에서 수학, 철학 까지 강의했었다.

• 틸라카리 메드레세. 광장 정면으로 보이는 메드레세로 1647년 쉬르도르 메드레세를 세운 야한그도슈 바하도르에 의해 급히 세워진 건물이다. 쉬르도르 메드레세가 이슬람 교리에 어긋나는 문양으로 표현을 했기 때문에 수많은 무슬림들의 불만을 사서 그들을 무마시키기 위해 전통적인 양식으로 더욱더 화려하게 이 메드레세를 건축하였다.

• 쉬르도르 메드레세. 광장의 오른쪽에 위치한 메드레세로 현재 우즈베키스탄의 지폐에 그려져 있는 유명한 메드레세이다. 쉬르도르는 사자가 그려졌다는 뜻으로 입구 아치에는 어린 사슴을 쫓는 사자(사자보다는 호랑이에 가깝다)의 모습이 그려져 있으며, 부하라의 나지라 지반베기 메드레세의 것과 같은 사람 얼굴 형상의 태양도 그려져 있다. 이는 왕이 자신의 권력을 과시하기 위해 이슬람 금령을 깨고 표현한 것이다.

• 울루그베그 천문대. 1428년 티무르 왕조의 울루그 베그가 세웠다. 지름 48m, 3층 높이의 원형 천문대로 육분의, 상한의, 해시계 등이 갖춰진 세계에서 가장 좋은 천문대였다. 울루그베그가 죽은 뒤 내분으로 천문대는 파괴되어 현재 남아 있는 것은 1908년 구(舊) 소련의 고고학자에 의해 발견된 육분의를 지탱했던 지하 부분과 천문대의 기초뿐이다. 언덕의 정상에 육분의의 흔적과 작은 박물관이 있는데, 이 박물관에 전시된 관측기구 모형과 그림으로 당시를 추측해 볼 수 있다.

• 아프라시압 박물관. 우즈베키스탄 사마르칸트의 아프라시압 동북쪽 언덕에 있는 역사박물관이다. 1965년에 7세기 벽화를 공개하여 세계의 이목을 받았는데, 이 벽화는 사마르칸트의 통치자 저택 안에 있던 것을 벽째 뜯어와 실제 크기로 재생한 것이다. 벽화에는 사마르칸트를 방문한 각국 사절들의 모습이 그려져 있고 특히 조우관을 쓴 당시 한국인의 모습도 그려져 있다.

타슈켄트

우즈베크어로는 토슈켄트(Toshkent)이다. 톈산 산맥에 있는 오아시스에 위치하고 시르다르야강의 지류에 접한다. 시의 역사는 불분명하지만 가장 오래된 기록은 BC 1~2세기가 되며 7~8세기에는 투르크계 문화와 이슬람교를 받아들였으며 10세기에는 사만왕조가 지배하였다. 뒤에 몽골의 지배로 바뀌어 차가타이 한과 티무르의 지배를 받았다. 1865년 러시아군이 점령하여 1867년부터 투르키스탄 총독부가 설치되었다. 그 후 러시아의 중앙아시아 지배의 중심지가 되었다. 1917년 중앙아시아 최초의 혁명 소비에트 자치공화국의 건국이 선언되었다.

• 타슈켄트 지진기념비. 1866년, 1868년, 1886년, 1924년, 1966년 다섯 차례 대지진이 일어났다. 특히 1966년 대지진은 많은 사상자가 발생하여 많은 타슈켄트를 폐허로 만들었다. 이들을 추모하기 위해 설립된 기념비에는 지진이 일어났던 시간과 날짜가 새겨져 있다. 기념비 옆에는 대지진 당시 목숨을 걸고 어린이와 여성을 구한 남성의 모습이 동상으로 세워져 있다.

• 아미르 티무르 박물관. 아미르 티무르는 13세기 칭기즈칸의 침략으로 무너진 실크로드의 재건을 꿈꾸며 1370년 사마르칸을 수도로 정한 뒤 영토를 확장해간 14~15세기 중앙아시아를 지배했던 우즈베키스탄의 영웅이다. 모스크바와 인도 델리까지 영토를 확장하고 티무르 대제국을 건설했

다. 광장은 주변으로 8개의 도로가 연결되기에 실질적으로 타쉬켄트의 중심지다.

• 압둘카심세이흐 사원. 16세기에 건축되고 19세기에는 유명한 신학교였으나, 현재는 정원을 둘러싼 후취라(학생용 방)는 여러 종류의 우즈벡 민속 공예품을 만드는 공방으로 사용되고 있으며 전시 및 판매도 겸하고 있다.

우즈베키스탄 건축의 특징

종교시설인 모스크나 교육시설인 메드레세에 관계없이 건축 주출입구는 내부의 미흐라브를 스케일 확대하여 거대한 진입공간을 표상하고 있다. 이는 이슬람 원조인 사우디의 모스크와 사뭇 다른 지역성을 보여주며 인근 카자흐스탄 모스크와 유사한 지역성을 보여주는데, 카자흐스탄의 경우와 달리 아치 하부에 화려한 무카르나스 장식을 한 것으로 미루어 티무르제국의 융성했던 국위를 표현한 것으로 보인다. 미나레트는 건물의 중심축에 대칭되는 2탑식이 주를 이루나 독립형(칼란 모스크),4탑형(비비하눔 모스크)의 다른 예도 보여주며 이는 비잔틴 계열 모스크의 4탑식이 일반적인 것과 대비된다.

우즈베키스탄은 전반적으로 모스크 일반의 전형성보다는 중앙아시아 특유의 지역성을 강조하고 있다. 근대에 이르러 전반적인 건축은 국제주의건축을 따르나 세부 형태와 장식은 전래의 우즈베키스탄 이슬람 건축의 전통을 가미하고 있으며, 최근의 현대건축에서도 계속되고 있는 건축문화로 판단된다. 우즈베키스탄 이슬람 건축은 이슬람 종교의 건축 전통을 따르되 상당한 지역성을 가지고 발전해 왔으며, 이는 전세계의 이슬람 건축의 확산, 발전 추이와 유사하다고 볼 수 있다.

※ 이 글은 유라시아 문화연대가 발간한 〈유라시아 문화산책 2017 제4호〉에 실렸던 글을 수정한 것임

매스 커스터마이제이션과 건축도시디자인

김대익 1984년 석사 · 1989년 박사

본 글은 국책연구소의 기관장으로 근무하며 행복도시총괄기획가로 근무하던 기간(2016~18년)에 잡지'Architectural Design'과 Mario Carpo가 쓴 'The Second Digital Turn– DESIGN BEYOND INTELLIGENCE, 2017, MIT'를 기반으로 종합한 것을 이번에 글로써 작성하게 되었다.

매스 커스터마이제이션의 등장 배경과 개념

2차 세계대전을 전후로 등장한 대량생산체제는 전 세계 시장경제 성장의 원동력이 되었으나, 시장수요의 변화, 경쟁의 심화, 주변 및 시장 여건의 불확실성 증대로 위기를 맞이하게 되었다. 이어서 1980년대 후반 일본 기업을 중심으로 등장한 소량 다품종 생산방식은 고객의 다양한 수요에 대응하기 위해 여러가지 모델을 개발하여 생산한다는 개념으로 시작되었으나, 생산라인에 대한 투자가 과도해지는 문제에 봉착하여 결국은 버블경제의 붕괴와 더불어 위기를 맞이하게 된다. 주문생산과 대량생산은 전통적으로 양립할 수 없다고 생각되어 왔으나, 정보통신기술의 발달로 실현 가능해짐에 따라 1990년대부터 본격적으로 대량주문생산체제의 개념이 대두되어 개별 고객의 수요에 맞춰 주문 생산된 제품 및 서비스를 대량생산 한다는 매스 커스터마이제이션(mass–customization)이 등장한다.

매스 커스터마이제이션의 단계와 전략

1단계 – 표준화된 제품과 서비스에 사용자 요소 추가

제품, 서비스의 개발이나 생산은 표준화된 과정으로 진행하되 생산 이후의 판매·서비 스 시점에서 고객화 서비스를 추가한다는 개념이다. 항공기 내 VOD 서비스(목적지로 이동한다는 서비스의 내용은 동일하나 부가적인 서비스는 선택할 수 있도록 함), 호텔 체인의 고객들을 회원제를 통해 고객 요구에 부응하도록 대처하는 초기의 개념이었다.

2단계 – 제품 자체에 사용자의 요구기능 추가

대량생산 프로세스와 동일하지만 고객화 기능을 설계단계에서 추가(예: 스포츠화의 공기압 조절이나 고객의 요구에 맞는 끈 매기 기능 제공)

3단계 – 최종 생산 이전 사용자 요구 반영

피자 배달 전 토핑을 선택하는 것이나, 미국 DELL 사의 주문생산형 PC 등이 이에 속한다.

4단계 – 제품 생산 과정 전체를 주문에 의해 커스텀화

제품/서비스의 기획 단계부터 고객을 참여시켜, 생산 및 서비스의 전체 프로세스를 고객의 요구에 대응하는 것으로, 이는 전체 생산 및 서비스 조직의 전문화/고효율화를 통해서만 가능하다.

건축 · 도시분야의 매스 커스터마이제이션 사례

컴퓨터 기반 디자인과 건설생산체제의 변화

20세기 산업화 과정에서 나타난 획일적 도시는 디자인의 표준화와 대량생산에 의해 균질한 환경이 반복된 것이다. 건축·도시분야에서의 매스 커스터마이제이션 도입은 비교적 최근의 개념으로서 다음과 같은 3대 기반기술의 발전으로 가능해졌다. 즉, 디자인 분야의 기술 발전(BIM과 수치 기반 설계 기술 도입), 건설생산 분야의 기술 발전(디지털 자동 제조기술, 3D Printing 기술), GIS와 빅데이터 분석 기술 발전 등이 그것이다.

REAL FORUM

HERMES SHOP

KING'S CROSS STATION

수치기반설계 (Computational/ Parametric Design)

수치기반 설계기법은 주어진 조건에 따라 설계 대안을 자동 생성하고 각 설계 대안 별로 목표 지표(조망, 일조시간, 개방감 등)를 산출한다. 설계자는 기계적인 설계안 도출에 투입되는 시간을 크게 줄이고, 설계 대안이 고객의 요구와 공공의 이익에 미치는 영향을 심도 있게 검토할 수 있다.

조망, 일조시간, 개방감 등을 가변적으로 검토하는 기법

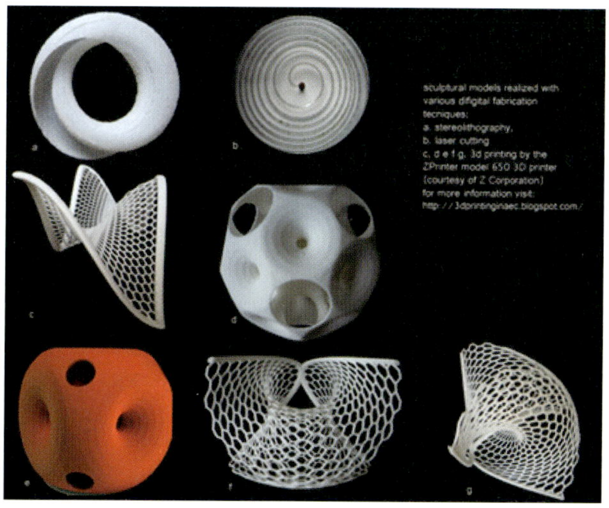

디지털 자동 제조기술(Digital Fabrication/ 3D PRINTING)

디지털 자동 제조기술(Digital Fabrication)

디지털 자동 제조기술은 디지털 디자인을 제품으로 즉시 구현하는 기술이며, 세종시 정부종합청사 건설에 적용된 바 있다.

GIS와 빅데이터의 활용을 통한 설계 대안 검토

미국의 뉴욕시에서는 위와 같은 기술을 활용하여, 도시 내 각종 민원의 발생 위치, 시간 별 사진 촬영 지점(flicker), 개발밀도(GIS 자료), 보행 통행 밀도, 개방감, 공공공간에 드리우는 그림자, 탁 트인 조망, 랜드마크 조망, 가시 영역 등을 수치화하여 실제 설계에 적용한 바 있다.

건축설계에서의 활용

이미 국내에서도 수백종의 기본 설계도면을 바탕으로 옵션을 선택하도록 하는 단독주택 설계 서비스가 실용화 되고 있다(https://www.bluhomes.com/customize-your-home). 한강변 단지계획에서는 컴퓨터 프로그램을 활용하여 각종 규제사항과 배치 가능한 단위세대를 고려하여 설계 대안을 자동생성, 특화된 주동 디자인의 생성, 개발이익과 용적률을 최대화하기 위한 배치 대안을 만들었다. 또한, 뉴욕시의 사무소 건물 설계에서는 각각의 고려사항에 대해 최적의 대안을 구하는 데 사용하였다.

below: The generative software for the project was developed on the basis of an understanding of the Samsung Raemian System behind the corporation's dominance in the Seoul housing market. The generative system takes into account all of the building typologies, as well as housing unit sizes, and integrates these with the required regulations to create accurate masterplans that maximise floor area ratios. The coding actually designs the distribution of the masterplan, allowing the architects to adhere to the strict rules and logics provided by Samsung and to combine these with their design intentions.

below: The qualities of the masterplan are distinct from typical housing developments in Seoul. Here, the efficiencies of mass-production are circumvented for mass customisation in the production of large-scale building populations within cities.

below: The software system is able to generate as many buildings as physically possible on the site to maximise floor area ratio. The configuration shown here was the basis of the later 18-building masterplan.

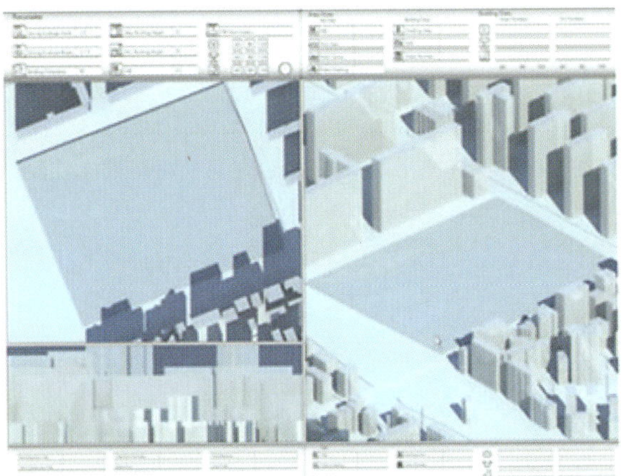

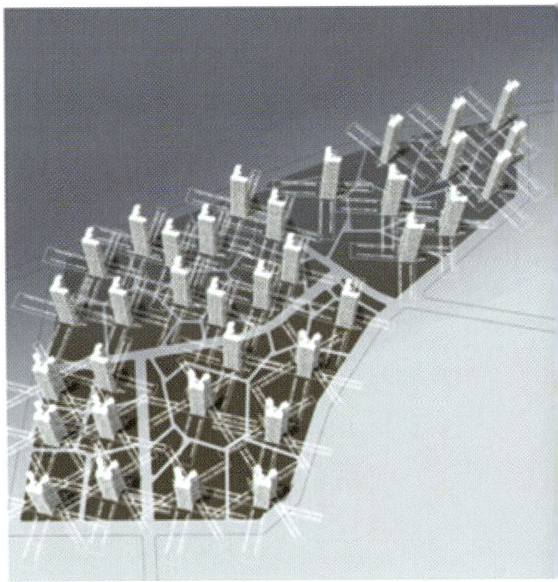

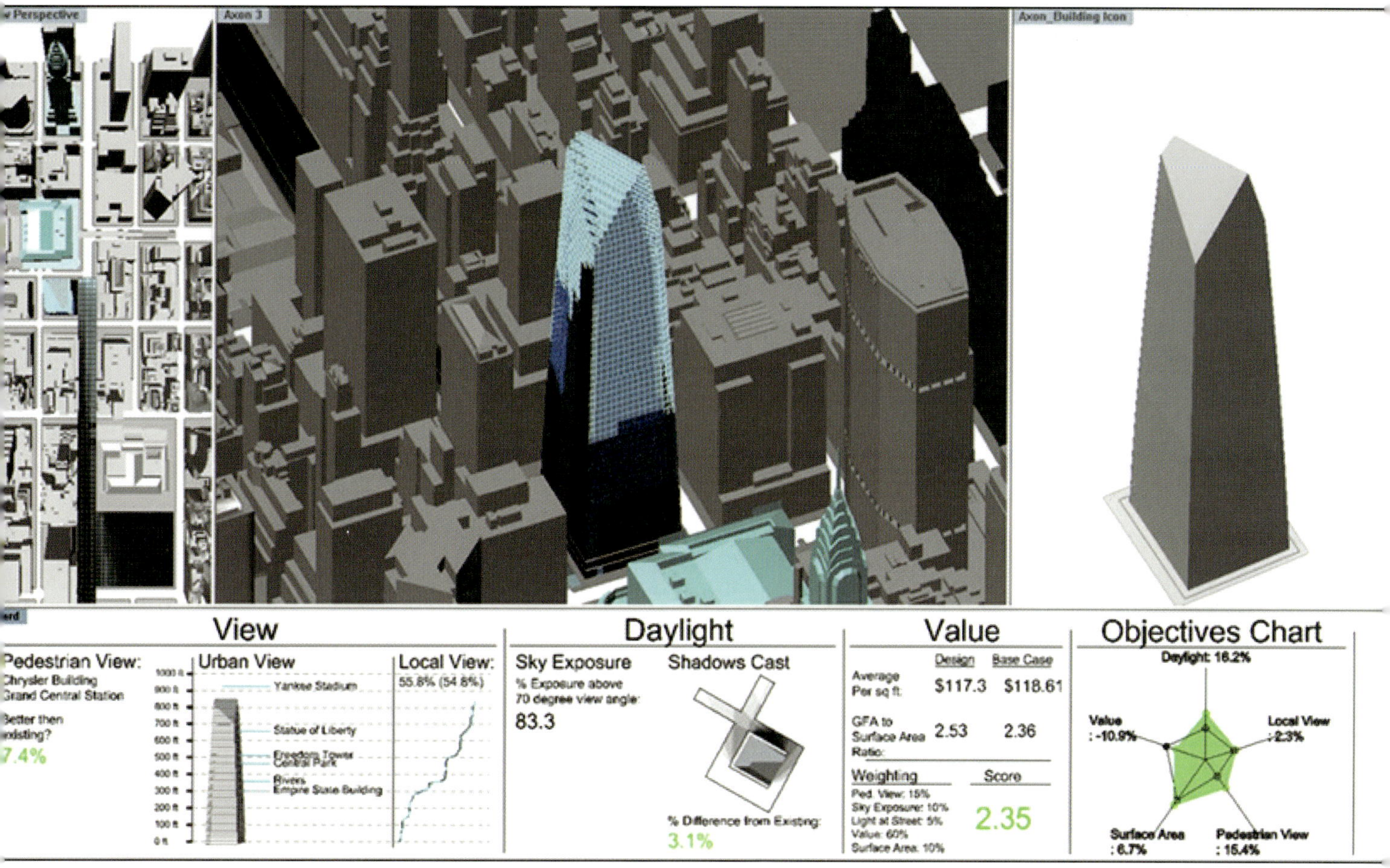

21세기의 시작을 알림과 동시에 인간 생활의 대부분은 과학과 기술의 영향을 크게 받아 왔고, 도시 건축의 분야도 예외는 아니다. 특히 수치기반 정보시스템에 기반한 디자인 기법은 앞으로도 무한한 발전가능성을 내포하고 있으며, 이곳에 어떻게 인간의 감성을 입히느냐가 관건이라 할 수 있다. 최근에 개발이 확장되고 있는 AI 및 빅 데이터와 메타버스 기술들은 도시건축에 어떠한 영향을 미치게 될 것인가가 향후 수년간의 화두가 될 것임이 틀림없다.

수동주택 · 법환동주택 · 파팔라도센터

손두호 1980년 석사

대학원 시절에 전통건축과 풍수지리와의 관계에 대한 내용으로 석사 논문을 썼고, 윤장섭 교수님과 답사 여행을 같이한 것이 많이 기억에 남는다. 전통건축은 졸업 후에 건축설계 실무를 하면서도 항상 집을 세우는 대지와 땅의 모습을 살피는 설계의 출발점부터 고려하였으며, 설계 작업을 통해 전통건축 공간을 투영하여 실제로 그것이 작품에 드러나던 그렇지 않던 설계 방법의 중심으로 삼아왔다.

수동주택, 2008

접근 : 樓(누/루)

전통주택은 대개 단층 건물이다. 그런데 2층이 있는 주택을 지으려면? 전통건축에서 입체적인 공간으로 다락방이 있지만 그것보다는 누다락을 생각했다. 예전부터 집에 누다락이 있었으면 했다. 내가 좋아하는 전통주택은 사랑채가 날개처럼 붙어있다. 양진당, 관가정, 운조루, 연경당 등. 사랑채를 일층에 두고 안채를 그 위에 날개처럼 올리면 어떨까 하면서 새로운 누각(樓閣)를 만드는 생각으로 수동주택을 설계했다.

스토리

축령산 남쪽자락에 자리잡은 남양주시 수동면에 40평 정도의 전원주택이다. 대지는 전원주택단지의 끝에 위치하며, 뒤에 산을 등지고 남동쪽으로 열린 삼각형에 가까운 형태로, 주변 산림이 울창하고 주변의 전망도 좋은 훌륭한 집터였다. 전형적인 명당자리라고 할 수 있겠다.

먼저 삼각형 대지의 안쪽 끝에 주요 공간을 배치하여 남동쪽에 넓은 마당 공간을 확보하였다. 일층에 거실 식당과 손님방을 두었고, 이층은 안채로 안방과 서재가 있다. 이층 건물을 전망과 향에 따라 길게 배치하여 마당이 안밖으로 나뉘게 되는데 필로티로 구분이 되어 시각적으로 통해있다.

일층은 무게감 있게 조적조에 석재를 사용했고 이층은 서양식 목구조에 사이딩으로 마감한 하이브리드 구조이다. 지붕은 전통한옥의 지붕이 가지고 있는 처마의 아름다운 선과 떠있는 느낌을 생각하며 간결한 목조지붕틀의 경사로 처리했다.

법환동주택, 2012

접근 : 대(臺)

대는 일반적으로 사방을 훤히 볼 수 있는 높은 곳에 위치한 건물 또는 지형을 말한다. 명승지에는 대가 있다. 백운대, 문장대 같이 산 정상의 조망이 좋은 곳을 말하기도 하고, 태종대나 경포대처럼 주변이 잘 보이는 곳에 위치한 평평한 땅이나 건물을 말하기도 한다.

법환동 주택 부지의 첫인상은 서귀포 앞바다와 범섬이 눈앞에 보인다는 사실이었다. 처음부터 대를 의식하고 설계를 시작한 것은 아니었지만 설계를 진행하면서 이 땅이 전형적인 대의 모습을 하고 있다는 것을 알게 되었다.

스토리

제주도에 집을 짓고 싶어 하던 건축주가 어느 날 월드컵경기장 동쪽 언덕위에 위치한 대지를 발견하고 연락을 주었다. 서귀포의 법환포구 북쪽 언덕에 위치한 남북으로 길쭉한 고구마형태의 대지는 서쪽으로 도로가 있고 남쪽 끝에는 축대가 있어 서귀포 앞바다로 전망이 트여있는 땅이었다. 바닷가에 가깝지는 않지만 지대가 높아서 조망이 좋은 대지였다.

건축주는 처음부터 심플한 단층의 주택이 좋다고 하였다. 안방과 별도로 두 개의 방이 있어야 하고, 부엌은 작게 거실과 식당은 하나의 공간으로 넓었으면 하고. 겉으로는 간결하게 보여도 안에 들어오면 내부 공간이 시원한 집을 원했다.

조망이 중요했기 때문에 동서로 긴 남향의 일자형 집을 생각했다. 추사의 세한도가 생각나기도 했지만, 형태보다는 세한도에서 느낄 수 있는 간결하고 정갈한 집을 만들어 보려고 하였다. 간결한 박공집이지만 지붕의 깊이를 주어 한쪽에 다락방을 만들었고 간단한 발코니를 설치하여 약간의 변화를 주었다.

최초 디자인은 외벽을 사이딩에 부분적으로 현무암을 포인트로 사용하려 하였으나 원하는 재료를 구할 수 없어서 전체 외벽을 목재로 마감하였다.

카이스트클리닉 파팔라도센터, 2010

접근 : 단(端) Anchor & Launch

카이스트클리닉은 카이스트의 의학분야에 대한 추구를 담은 상징적인 건물로 캠퍼스의 끝에 위치한다. 단(端)은 끝을 말하며 동시에 시작한다는 의미도 가지고 있어, 이 의료시설이 캠퍼스 끝에 앵커를 하고 영역을 넘어 미래를 향해 날아오르는 역할을 할 수 있기를 기대하였다.

카이스트클리닉의 위치

스토리

카이스트클리닉은 2008년 당시 서남표 총장과 인연이 있던 미국 MEDITEC사의 파팔라도 회장이 대학 내에 필요한 의료시설 설립을 위한 발전 기금을 카이스트에 기부하면서 지어지게 된 건물로 파팔라도센터라는 별칭을 가지고 있다.

구성삼거리 교차로에서 본 전경

카이스트클리닉은 카이스트에 새로운 연구병원으로 캠퍼스 내의 상주인원들에 대한 1차진료 및 응급 진료체계를 제공하고, 건강검진센터를 운영하여 건강증진관리를 하며, 생명과학분야 및 바이오 공학과 의과학 등 카이스트 내의 관련 분야와 연구를 연계하고, 동시에 주변 대덕연구개발 특구 지역 내에 부족한 기초의료 서비스를 제공하려는 목적으로 만들어졌다.

캠퍼스 운동장에서 본 카이스트클리닉

KAIST는 특별법으로 설립된 특수대학으로 법에 의해 의과대학과 대학병원은 만들 수 없게 되어 있다. 그런데 카이스트에서는 바이오 및 의료 분야의 장기적인 발전과 실무적인 연구를 원했고, 이를 위해서 추후에 병원시설이 가능한 메디컬센터의 필요성이 요구되어 프로젝트가 진행되게 되었다.

북동측 도로에서 보이는 전경

메디컬센터의 규모는 실제로는 30 병상 이상을 충분히 수용할 수 있으나, 현재에는 30개 이상의 병상과 입원실이 있는 병원급 의료기관이 제도적으로 불가능하여 1차진료기관인 클리닉 (건축법 용도상의 의원)의 형태로 운영이 되고 있다.

설계의 진행

카이스트 메디컬센터의 설계공모가 있었고, 우리는 카이스트 캠퍼스 내에 의과학 연구센터를 설계한 경험이 있어서 병원 설계경력이 있는 단우건축과 공동으로 응모하여 당선이 되었다.

제공된 계획부지는 카이스트 캠퍼스의 동측 대운동장의 한쪽 구석 끝부분이었는데, 외부에서의 인식성이 우수한 반면 캠퍼스 내에서는 운동장 건너편이라 접근이 다소 어려운 편이었으며, 대지가 삼각형 형태로 독특하여 건물의 기본적인 배치를 어느 정도 규정하고 있었다.

실제로 대지의 위치와 형태에 따라 자연스럽게 건물의 기본골격이 결정되었다. 중심부에 주요 동선인 코어를 배치하고 양쪽으로 날개를 펼쳐진 ㄱ자 평면을 제안하였다. 건물은 전면 양쪽으로 외곽 도로가 지나가고 후면에는 대운동장이 있어서 사면이 모두 노출되는 독립적인 위치라서 기능과 아울러 형태적인 처리가 중요했다.

메디컬센터의 주요기능인 외래진료 및 응급실을 1층에 배치하고, 2층에 건강검진센터와 진료실을 두었다. 3층에도 추가 진료실을 두었는데 이는 추후에 입원실 등으로도 변경할 수 있게 계획하였다. 진입은 원래는 캠퍼스 내부에서 주진입이 이루어지고, 외부의 전면도로에서 부진입이 가능하도록 계획하였는데, 외부에서의 부출입구는 클리닉의 보안관리 문제로 폐쇄되었다. 따라서 외부보다도 캠퍼스 내부에서의 접근이 중요했고, 대운동장을 따라서 보행으로 걸어올 때 자연스럽게 2층의 건강검진센터로 직접 진입할 수 있는 경사로를 제안했다. 이는 잔디로 된 경사 진입로가 되었는데 실제로는 차량을 이용한 접근이 많아서 경사로는 많이 이용되지 않았다.

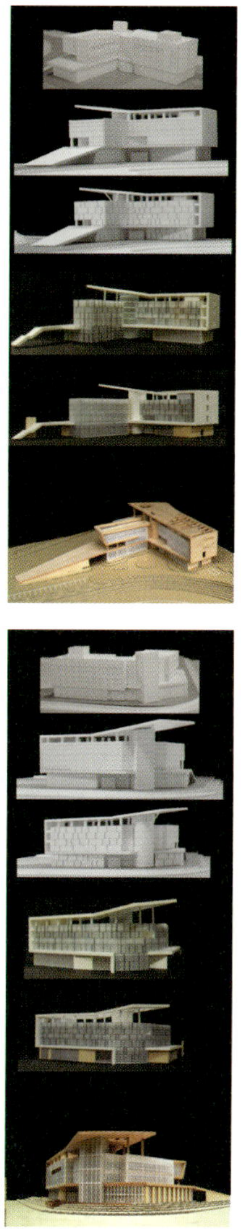

모델 스터디

길모퉁이에 위치한 건물이지만 주요한 자연환경인 남동쪽의 갑천과 전면도로 쪽에서 잘 보이는 주입면은 간결하게 처리하였다. 캠퍼스 안에서의 보이는 모습은 외부도로쪽 입면과는 다르게 아기자기한 변화를 주었다. 설계요구사항 중에 필요시에 4층 증축을 고려하게 되어 있어서 지붕을 한층 올려서 증축할 수 있는 여유 공간을 주었고, 지붕의 형태는 모퉁이 부지 특성을 반영하여 북동쪽의 성두산을 향해 상승하는 한 번의 굴절을 두어 미래로 향하여 나아가는 다이내믹한 형태로 제안하였다.

내부 계단실과 엘리베이터

1층 로비 홀

성북동주택

안명제 1986년 석사

성북동 간송 미술관 근처 옛날 성북천이 흐르던 시절부터 있었던 이름의 쌍다리를 건너서 언덕길을 조금 올라가면 한 4미터 정도높이의 석축위에 이 주택이 있다. 멀리 남서쪽으로 서울성곽을 마주하고 있는 언덕진 동네는 일조와 조망이 좋아 1970년대쯤부터 단독주택지로 형성되었다. 2005년 기존 주택이 헐리고 흰 벽과 사각매스들로 이루어진 주택이 동네 사이에 자리 잡았다.

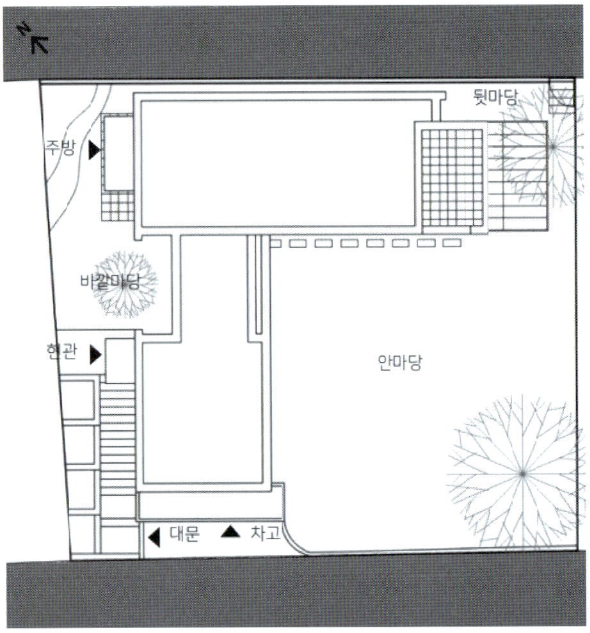

사각형 대지의 중간에 ㄱ자 형태의 주택배치로 외부공간이 바깥마당과 안마당으로 나뉜다. 전면도로에 면한 주차장과 대문을 지나 한층 높이의 외부계단을 오르면 바깥마당과 현관을 마주하게 된다. 외부 방문자들에 노출되는 외향적인 공간이다. 옆집의 높은 축대와 뒷도로의 높은 옹벽에 둘러싸여 있어 외부이지만 반 외부공간의 느낌을 갖게 한다.

북한산과 서울성곽이 인접한 까닭에 이 지역은 자연경관지구로 지정되어 있다. 낮은 건폐율 덕분에 넓은 마당이 있는 주택이 가능하다. 전통주거의 행랑채, 사랑채, 안채와 대응하여 바깥마당, 안마당 등으로 주거영역이 분화하듯이 주택 주변으로 다양한 마당들이 있다. 바깥마당과 안마당은 큰 창을 통해 시각적으로 서로 마주하고 있고, 거의 정방향의 안마당은 정적이면서 내향적인 공간이다.

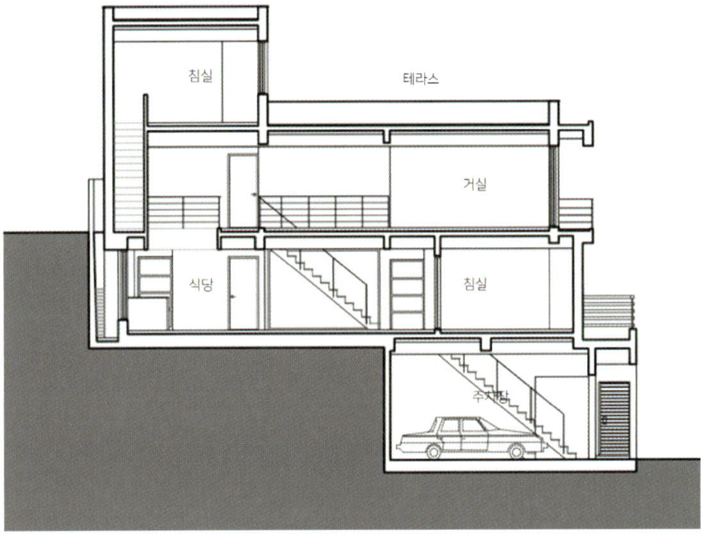

여유로운 마당에 비해 주택내부는 도로면 주차장에서 부터 4개 층이 적층되어있다. 그러다 보니 일상적으로 오르내리는 계단과 복도는 이집에서 매우 중요한 역할을 한다. 방, 계단실, 복도 등으로 구분되어 닫혀있는 구조가 아니라 주택내부를 이동하면서 산책하듯이 자연스럽게 이어지도록 계단과 복도는 길게 늘어져 배치되어 있다. 대문에서부터 시작된 계단은 현관문을 지나 2층 가족실과 건너방을 지나 1층 식당을 내려다보면서 끊임없이 내부와 외부를 향해 열려있다. 선형으로 계속 이어지는 계단으로 3층에 도달하면 전망 좋은 옥탑방과 넓은 옥상마당이 있는 풍경을 볼 수 있다.

여기는 독립된 안방 영역으로 실내공간보다는 외부공간이 훨씬 호사스럽다. 맞은편 북한산성을 향해 돌출한 듯한 옥외 테라스에 서면 멀리 북한산 팔각정에서부터 시작해서 가운데 남산타워와 멀리 잠실롯데타워까지 이어지는 장대한 스케일의 서울 스카이라인이 펼쳐진다. 일상적으로 대문에서부터 3층까지 오르내리는 여정은 가족들과 눈맞춤하고 계절마다 시시각각 변하는 자연을 마주하는 즐거운 산책이 된다. 그리고 주택 안팎으로 마감된 흰색 벽이나 개구부들은 이러한 만남을 도와주는 배경이면서도 장치가 된다.

건축평면에서 공간 식별의 전산적 접근

윤재신 1983년 석사

주요 개념과 연구 배경

공간 개체를 객관적으로 식별하는 힐리어(Hilier) 방법론의 한계

힐리어는(1984) 형상 분할을 통해 건축 평면에서 객관적으로 공간 개체를 식별하려 했다. 그는 볼록 지도(convex map), 축 지도(axial map) 및 격자 지도(grid map. 본래 명칭은 depth map이지만 depth를 깊이로 오해되는 것을 방지하기 위해 필자가 임의로 고침)의 세 방법론을 제안했다. 볼록 지도는 건축 평면에서 공간 개체를 볼록 모양으로 나누어 표현하고, 축 지도는 공간 개체를 공간 축으로 표현하여 공간 축의 교차로 평면을 분석하며, 격자 지도는 공간 개체를 격자의 정사각형으로 간주하여 건축 평면에 공간 격자의 점들을 배열한다. 그러나 그의 방법론은 다음과 같은 치명적인 단점들을 갖는다. 첫째, 각기 특정 유형의 공간에 따라 사용을 권장하고 있어 서로 다른 유형의 공간을 나란히 비교할 수 없다. 둘째, 각 지도 이론 간에 공간을 식별하는 기준이 모호하다. 셋째, 마아(Marr, 1982)의 시각 과학(vision science)으로 확립된 시각 이론과 연결되지 못한다.

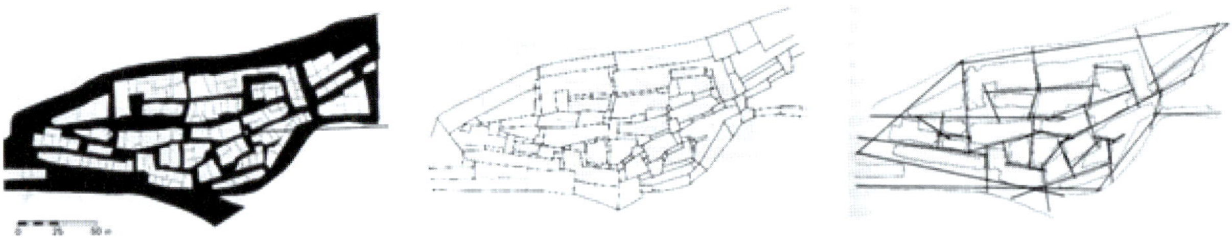

(a) 작은 프랑스 마을의 도시 공간을 표현한 배치 평면과 힐리어의 방법론을 통해 공간 개체를 식별한 결과: 볼록 지도(가운데)와 축 지도(우)

건축 공간에 대한 선입견

현대건축 이론은 건축을 '단순한 기하학적 형태, 즉 정다면체와 그것의 기본 분할의 문제'라고 가르쳤다.(Summerson, 1990) 이에 따르면 건물이 원기둥 형태라면 건축 공간도 원기둥이어야 하고 입방체라면 공간 또한 입방체이어야 한다. 우리 또한 공간 분할을 단순한 기하학의 형태로 상상하기도 한다. 이러한 방식은 추정을 바탕으로 한 건축 공간의 쉬운 표현이라고 할 수 있다.

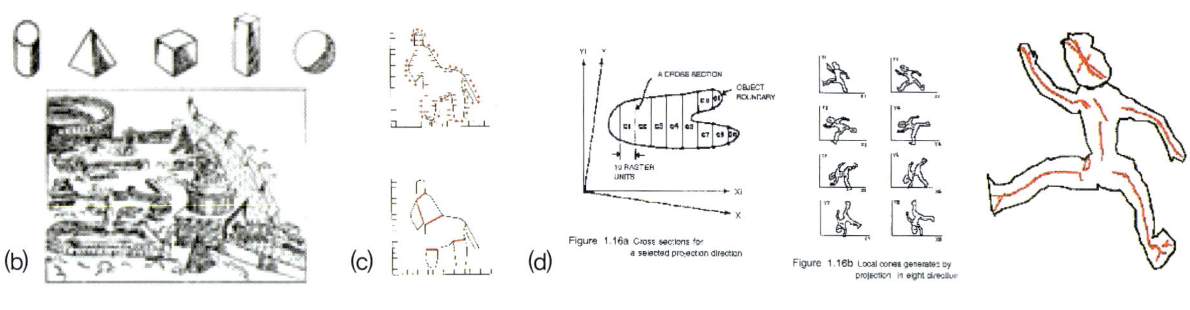

(b) 단순 기하학적 형태의 건축 공간 유형(르 코르뷔지에 그림)
(c) 윤곽 콘돈(Contour Condon) 표현 방법으로 당나귀 형상 연구
(d) 일반화된 원뿔(Generalized Cone) 표현 방법으로 합성체로서의 인체 도형 연구

전산적 형상 표현에서 선행 연구들의 한계

① 윤곽 콘돈(Contour Condon)

윤곽 콘돈 방법은 2차원 형상의 경계선을 따라 곡률의 최소점 또는 변곡점을 식별하고 그 점에서 형상 내부로 분할 직선을 그려 2차원 형상을 표현한다. 이 방법은 2차원 형상에서 경계선 상의 특정 점들만을 우선 추출하므로 내부 분할선은 자의적으로 생성된다. 따라서 마아가 제안한 형상 표현의 효율성 판단 기준 중의 하나인 '범위/고유성'을 위반한다.

② 일반화된 원뿔(Generalized Cone)

일반화된 원뿔 방법은 개체의 중심축을 정의하면서 작동하는데, 3차원 개체를 사진으로 촬영하여 얻은 2차원 형상에서 경계선의 두 점을 연결하여 중심축을 도출한다. 먼저 3차원 형상을 다양한 각도에서 촬영하고 2차원 사진에서 개체의 윤곽선을 추출한다. 그런데 이 방법은 2차원 형상의 내부 전체가 중간점들이 될 수 있기 때문에 제약 조건이 있어야 한다. 또한 제약 조건이 주어진다 하더라도 중간점들이 여러 중심축들로 나타나는 경우가 많아 의미 있는 데이터의 산출이 어렵다. 따라서 '범위/고유성' 기준이 충분하게 충족되지 못한다.

③ 대칭축 변환(Symmetric Axis Transform)

대칭축 변환 방법은 일반화된 원뿔과 마찬가지로 축을 기반으로 하는 표현 방법이지만 2차원 형상의 경계선에 내접하는 최대 원의 중심점을 연결하여 대칭축을 결정한다. 최대 원은 반경이 다양하지만 두 개 또는 세 개의 점에서 2차원 형상의 경계선에 닿아야 한다. 대칭축 변환은 '접근성' 기준과 '범위/고유성' 기준을 충족하지만, 최대 원의 중심점을 얻기 위해 경계선을 따라 2~3개의 점만 추출하기 때문에 국부적 형상 정보에 민감하게 반응하는 문제를 내포한다. 2차원 형상의 미세한 변화로 대칭축의 결과가 크게 달라지는 것이다. 따라서 대칭축 변환은 '안정성/민감도' 기준이 충족하지 못한다.

④ 평탄한 국부대칭(Smoothed Local Symmetries)

평탄한 국부대칭 방법은 2차원 형상 경계선의 두 점을 연결하는 선분의 중간점을 연결하여 작동한다. 경계선을 따라 있는 두 점은 법선과 선분 사이의 각도가 같아야 한다. 평탄한 국부대칭은 일반화된 원뿔과 대칭축 변환과의 결합을 시도하지만, 여전히 일반화된 원뿔의 단점을 가지고 있고 대칭축 변환의 장점은 없다. 평탄한 국부대칭은 축을 여러 부분으로 분할하여 형상을 분해하므로 '범위/고유성' 기준이 충족되지 못한다.

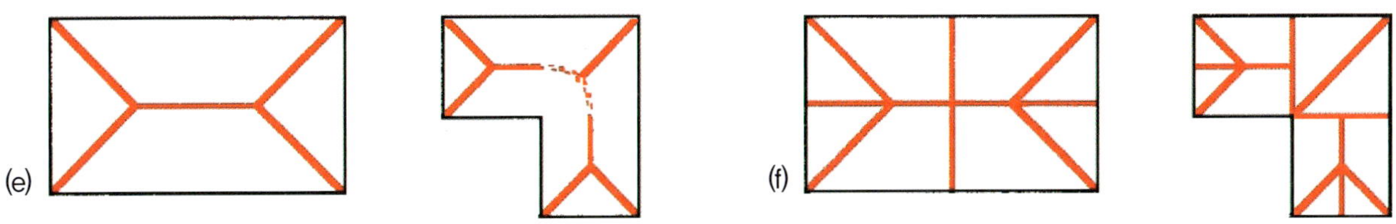

(e) 대칭축 변환(SAT) 방법으로 표현된 직사각형과 ㄱ자 형상
(f) 평탄한 국부대칭(SLS) 방법으로 표현된 직사각형과 ㄱ자 형상

새로운 이론의 제안

본 연구는 건축 공간을 계량화 가능하게 시각화하여 건축 공간을 도식화하는 인간의 방법과 과정을 이해하고자 한다. 이를 위해 전산 분석의 대상으로 건축 평면을 상정하였는데, 이는 인간이 건축 공간의 지각 과정에서 시각 데이터의 합성을 통해 건축 평면 구조를 이해하기 때문이다. 건축 공간의 구조는 건축 평면에 대한 이해로 구체화되는 것이다. 인간의 뇌는 도식화된 공간 배치를 생성하는 능력이 있다. 도식화된 공간 배치는 특정 환경의 3차원 형태에서 표현되는 2차원 다이어그램이다.

마아는 윤곽 콘돈과 일반화된 원뿔 방법 등으로 중심축을 식별하여 물체 시각(object vision)을 달성할 수 있다고 했다. 반면에 본 연구는 건축 평면에서 공간의 중심 영역을 식별함으로써 공간 시각(space vision)을 달성하는 방법을 제시한다. 마아와 본 연구는 2차원 형상 분석에서 출발한다는 점에서 유사하지만, 마아의 주장은 물체가 경계선에 의해 식별된다는 것이고 본 연구는 건축 공간이 중심 영역에 의해 식별된다는 것이다. 물체 시각과 공간 시각은 본질적으로 다르다(Ungerleider & Mishkin, 1982). 시각 정보와 감각 정보를 합성하는 과정은 서로 얽혀 있을 수도 있지만(Ettlinger, 1990) 인간의 뇌는 여전히 바라보는 대상 객체(공간 또는 물체)에 따라 정보의 결과를 다르게 이해할 수 있다.

본 연구가 제안하는 포위평형의 장(Field of Enclosing Balance: FEB)은 기존의 표현 방법들에 내재하는 한계를 극복하고 2차원 형상을 분해하면서 발생되는 모순적 문제들이 근본적으로 해결된다.

*2차원 형상 내부에 있는 공간에 격자점을 깔고 각 격자점에서 직접 보이는 형상의 모든 경계점들을 연결하여 그들의 시각적 영향을 통합적으로 고려한다. 따라서 형상 경계선의 특정 점들만을 우선적으로 고려하는 윤곽 콘돈 방법의 한계가 극복된다.

*각 격자점에서 전방위로 시각선을 방사하고 이들이 형상의 경계선까지 이르는 모든 거리 값이 수집된다. 모든 경계점에서 내부 영역의 각 격자점들에 미치는 영향이 이격 거리에 따라 평가됨으로써 신뢰성이 향상된다.

*모든 시각선의 심리적 영향 값을 일관된 벡터 시스템으로 정렬하는 알고리즘으로 일반화된 원뿔 방법에서 발생하는 표현 결과의 다중성 문제가 해결된다. 일반화된 원뿔 방법은 여러 개의 겹치는 중심축들을 중복 표현한다.

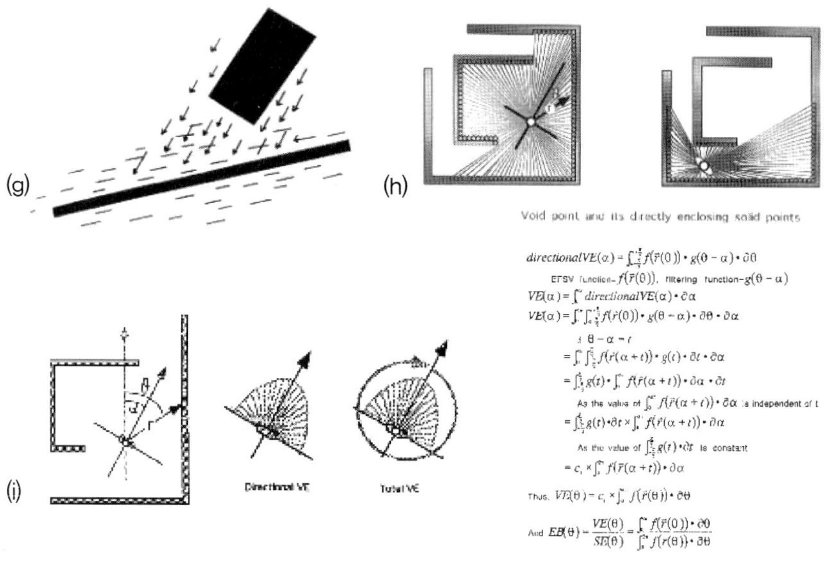

(g) 직사각형과 선 사이의 힘과 공간 에너지 장(Gyorgy Kepes 표현)
(h) 공간의 한 점에서 형상 경계까지 시각선을 방사하여 거리 값을 수집하는 다이어그램
(i) 본 연구가 도출한 포위평형(Enclosing Balance) 알고리즘

*일관된 벡터 시스템은 힐리어 방법론의 한계를 극복하여 모든 다른 유형의 형상들을 유일한 표준으로 분석하여 나란히 비교할 수 있다.

FEB는 건축 평면의 한 지점에서 지각되는 편향 경사를 측정한다. 인간은 건축 공간의 각 지점에서 편향 경사를 지각하기 때문에 건축 공간은 벽의 형상에 따라 개체로 인식된다. 회화에서 중심 대칭을 찾는 인간의 지각 경향은 2차원의 건축 평면과 3차원의 건축 공간 바닥면에서도 동일하게 작동한다. 편향 경사는 완전한 평형의 균형을 이루면서 둘러싸인 공간의 점 대칭 위치에서 사라진다.

평면의 편향 경사는 중력과 유사한 수리적 공식을 활용하여 계량 알고리즘으로 체계화될 수 있다. 포위평형(Enclosing Balance: EB)의 벡터 값을 도출하는 알고리즘은 크기 특성에서 독립적인 항상성이 유지되도록 벡터 시각 영향(Vector Visual Influence: VVI)과 스칼라 시각 영향(Scalar Visual Influence: SVI)이 고려된다. 벡터 시각 영향(VVI)과 스칼라 시각 영향(SVI)은 주변의 모든 방향에서 공간의 한 지점으로 시각선이 수렴한다. 총 벡터 시각 영향(Total Vector Visual Influence: TVVI)은 주변의 모든 방향에서 공간의 한 지점으로 수렴하는 벡터 시각 영향(VVI)의 총합이고, 총 스칼라 시각 영향(Total Scalar Visual Influence: TSVI)은 주변의 모든 방향에서 그 지점으로 수렴하는 스칼라 시각 영향(SVI)의 총합을 의미한다. 건축 공간의 한 지점에서 포위평형(EB) 값은 총 벡터 시각 영향(TVVI)을 총 스칼라 시각 영향(TSVI)으로 나눈 것으로 정의된다. 건축 평면에서 FEB는 스케일 변화에 관계없이 불변이다. 절대 크기는 형상의 독립적인 속성이다. FEB는 중력장과는 다르다. 포위평형은 중력과 같은 편재적인 힘보다는 시지각에 의한 편향 경사이고, 평면에서 벽과 같은 고정체를 관통할 수 없는 시각 영향의 결과이다.

FEB 프로그램 개발 및 적용

FEB 이론을 건축 평면에 실제로 적용하기 위해 컴퓨터 소프트웨어 프로그램을 개발했다. 프로그램은 2차원 형상의 내부에 격자점을 깔면서 작동한다. 각 격자점에는 중력 방정식과 유사한 수리 함수로 포위평형 값이 계산된다. 편향 경사의 지각 경험을 격자점의 포위평형 벡터 값으로 시각화한 것이 FEB이다. FEB 프로그램은 건축 평면의 이미지를 입력하면 각 격자점에서의 벡터 값을 자동으로 산출한다. 픽셀은 기본 단위로 사용되는데, 일예로 이미지가 1,000px × 500px인 경우 총 500,000개의 격자점에서 포위평형 값이 계산된다. FEB의 해상도는 한 지점에서 포위평형 값을 계산하는데 360도 방향으로 방사되는 시각선의 양을 조정하여 제어할 수 있다. 현재 개발된 프로그램은 격자점에서 64, 128, 512 방향에서 도달하는 시각선을 수용한다.

현재의 FEB 프로그램은 건축 공간에 점진적으로 변하는 편형 경사 장을 시각화해서 표현한다. 가장 짙은 색의 영역은 포위평형 값이 가장 낮은 곳으로 건축 공간의 중심이 형성되는 영역이다. 판스워스

(Farnsworth) 주택을 대상으로 실험적으로 분석한 결과에 따르면 건축 공간의 중심 영역은 포위평형 절대 값이 0.15~0.2를 형성한다. 공간 중심의 기본 형태는 선형이나 점형으로 표현되고, 두 개 이상의 공간이 합쳐지면 중심 영역이 교차 형상이 된다. 모서리는 건축 공간의 한 부분을 이루는 장소인데, 이 주택에서 식별되는 건축 공간은 모서리가 있고 중심 영역들이 길쭉한 형상을 갖는다.

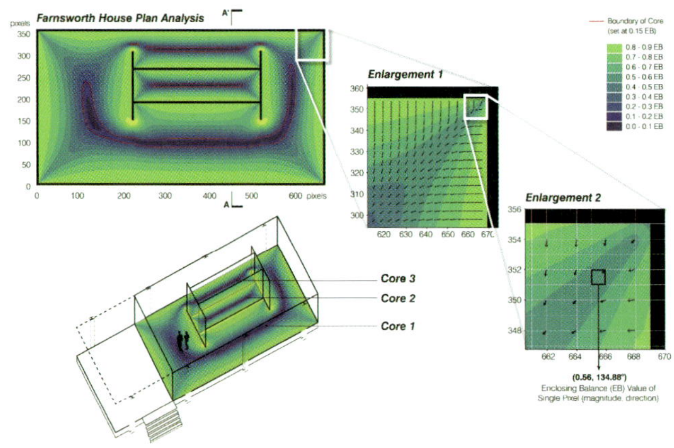

(j) 판스워스(Farnsworth) 주택의 FEB

토론 및 과제

FEB 프로그램의 적용으로 공간 개체는 지각할 수 있는 중심 영역에 의해 식별될 수 있고 영역들은 점진적으로 변하는 포위평형의 절대 값의 경계로 분석이 가능하였다. 결론적으로, 건축 공간은 물리적 경계의 표면이 아니라 지각되는 중심의 영역에 의해 식별되는 것이다. 건축 공간의 중심 영역을 적절한 포위평형의 값으로 정의할 경우, 외곽 경계는 중심 영역으로부터 해석에 더 넓은 여지가 있는 이차 영역으로 정의할 수 있을 것이다. 건축 공간의 도식화된 외곽 경계는 둘러싸는 벽의 물리적 표면이 아니라 시각적으로 상상하는 가상 경계이다. 이는 건물 내부의 건축 공간뿐만 아니라 공중으로 개방된 도시 환경의 건축 공간에도 적용될 것이다.

본 연구는 평면으로 한정하여 공간을 3차원으로 분석하는 데에는 제한이 있지만 3차원 볼륨에도 점진적으로 변하는 포위평형의 경계가 있다고 추론할 수 있다. 인간은 건축 평면에서 직립으로 활동하기 때문에, 건축 공간의 중심은 3차원 볼륨의 공중이 아닌 바닥이 된다. 바닥은 건축 공간을 정의하는 독특한 물리적 표면인 것이다. 또한 노틀담 성당과 같이 천장고가 높은 건물은 일차적으로 지각되는 건축 공간 위에 이차적인 영역의 허공이 존재하는 것으로 해석될 수 있다. 향후 후속 연구에 대한 계획은 다음과 같다.

*바르셀로나 파빌리온, 팔라디안 빌라, 하기야 소피아, 놀리 지도 등의 사례들에 대해 FEB 프로그램을 사용하여 공간의 다양한 유형과 구조를 분석하고 비교한다.

*중심 영역의 길쭉한 끝에서 포위평형의 벡터 방향에 따라 서로 다른 중심 영역들을 정의할 수 있는 소프트웨어 프로그램을 추가로 개발한다. 서로 다른 중심 영역의 유형은 구심적 중심(centripetal core), 단일 방향

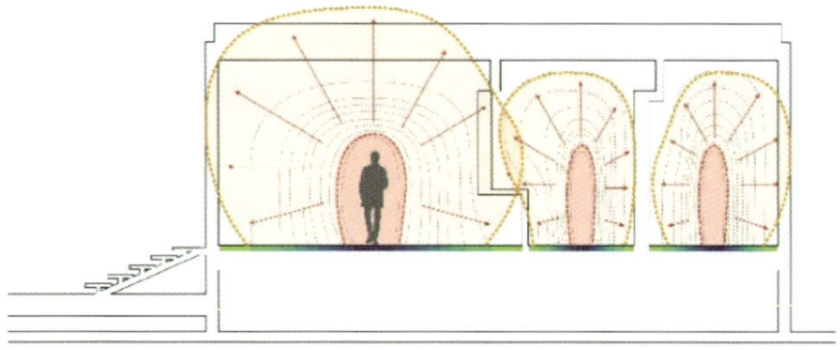

(k) 건축 공간에서 3차원 경계 결정에 대한 단면 다이어그램 추론

중심(single directional core), 양방향 중심(double directional core)의 세 가지라고 추론된다. 통로 특성을 갖는 건축 공간은 양방향 중심 영역을 가질 것이다.

*식별된 중심 영역을 바탕으로 건축 공간의 경계를 찾는 방법론을 탐색한다.

참고문헌

1. Benedikt, M.L. 1979. "To Take Hold of Space: Isovists and Isovist Fields." Environment and Planning B: Urban Analytics and City Science, 6(1), 47-65. https://doi.org/10.1068/b060047.
2. DepthmapX development team. 2017. depthmapX (Version 0.6.0) [Computer software]. Retrieved from https://github.com/SpaceGroupUCL/depthmapX/.
3. Ettlinger, G. 1990. "Object Vision and Spatial Vision: The Neuropsychological Evidence for the Distinction." Cortex, Volume 26, Issue 3, 319~341. https://doi.org/10.1016/S0010- 9452(13)80084-6
4. Gombrich, E.H. 1979. The Sense of Order: A Study in the Psychology of Decorative Art. Ithaca, N.Y: Cornell University Press
5. Hillier, B. and Hanson, J. 1984. The Social Logic of Space. Cambridge: Cambridge University Press.
6. Kepes, G. 1944. Language of Vision. Chicago: Paul Theobald.
7. Le Corbusier. 1986. Towards A New Architecture. Translated by Frederick Etchells. New York: Dover Publications, Inc.
8. Marr, D. 1982. Vision: A Computational Investigation into the Human Representation and Processing of Visual Information. San Francisco: W. H. Freeman and Company.
9. Mishkin, Mortimer, Leslie, Ungerleider, and Macko. 1983. "Object vision and spatial vision: two cortical pathways." Trends in Neuroscience, Volume 6, 414-417. https://doi.org/10.1016/ 0166-2236(83)90190-X
10. Summerson, J. 1990. The Unromantic Castle. New York: Thames & Hudson.
11. Yoon, Chae-Shin. 1995. "Plan Schematization: A Computational Approach to Morphological Structure of Architectural Space." Ph.D Diss., Massachusetts Institute of Technology, Dept. of Architecture and Planning, Cambridge.

※ 본 논문은 2020 ANFA 컨퍼런스에 발표한 것을 정리한 것임(https://drive.google.com / file/d/15un9an7uqGcqUiVLbJQF3Y55ZVusmi8K/view

※ FEB 프로그램을 개발한 성균관대학교 한용섭 박사와 논문 작업에 도움을 준 조경건축가 윤효선에게 감사드린다.

90퍼센트 자가 보유율을 향한 세 지지대

이영한 1985년 석사

도스토예프스키의 소설 『죄와 벌』은 조그만 자취방에서 나오는 주인공, 라스콜리니코프의 모습으로부터 시작된다. 그의 방은 5층집 꼭대기 다락방, 방이라기보다는 벽장 같은 곳이다. 하숙비가 잔뜩 밀려 안주인과 만나는 것을 피하려 하는 라스콜리니코프는 신경과민 비슷한 강박관념에 사로잡혀 있다. 안주인은 몇 달 밀린 방세를 이유로 그를 경찰에 고발하려 한다. 그는 살인 등 모든 것의 원인은 가난하고 의지할 곳 없는 환경에 있었다고 진술하였다. 전당포 노파를 살해한 동기 중의 하나가 밀린 방세인 것만은 분명하다. 라스콜리니코프의 어머니도 고향에서 그의 누이와 같이 셋방에 살았다. 동서고금을 막론하고, 셋방은 빈곤의 상징이다. 셋방, 셋집은, 요즘 용어로 말하면, 임대 원룸, 임대 주택이다.

한국에서 임대주택 비중은 어느 정도일까? 국토부가 2021년 8월에 발표한 '2020년도 주거실태조사'에 따르면, 자기 집을 가진 가구의 비율인 자가 보유율은 60.6%이며, 무주택 가구율은 39.4%이다. 자기 집에서 사는 가구의 비율인 자가 점유율은 자가 보유율보다 약간 낮은 57.9%이다. 전국의 총가구수 20,926,710 중에서 9,196,539가구가 무주택가구다. 서울의 경우, 총가구수는 3,982,290가구인데, 이중에 51.5%인 2,054,216가구가 무주택 가구이며, 자가보유 가구수는 1,928,074가구(48.4%)이다. 보통, 일반 아파트 거주가구의 50% 내외가 민간 임대주택에 거주하고 있다고 보면 된다.

한국의 자가 보유율 60%는 국제적으로 어느 수준인지 자가 점유율 비교를 통해서 보고자 한다. 한국 자가 점유율 58%는 일본(61.2), 프랑스(62.0%), 미국(63.2), 영국(64.6%) 등에 비하여 낮고, 스위스(38.0%), 홍콩(49.8%), 독일(44.1%)에 비해 높다. 자가 점유율 80% 이상인 국가로는 루마니아(95.9%), 크로아티아(89.7%), 슬로바키아(89.6%) 등 동구 국가들과 싱가포르(90.4%), 대만(89.2), 중국(80.8%) 등 동아시아권 국가들이 있다. 자가 보유율 60~70%인 서유럽 주요 국가들은 무주택가구의 주거 문제를 공공임대주택의 비중을 높이거나 아니면 공공이 관여하는 민간 주택 유형인 사회주택의 비중을 높여서 해결하고 있다. 영국은 공공임대주택의 비중을 17% 수준으로 유지하고 있으며, 독일과 프랑스는 공공임대주택의 비중이 5% 내외로 적지만 사회주택 비중을 높여가고 있다. 동구권 국가들의 높은 자가 점유율은 사회주의 계획 경제 하에서 공공 주택을 집단적으로 대량 공급하여 달성한 것이다.

한국에서 자가 보유율 90% 달성이 단지 헛된 꿈일까? 싱가포르와 우리 이웃인 대만은 90% 이상이며, 사회주의 국가인 중국도 96%다. 싱가포르와 대만은 (100%) 자가 소유 사회를 목표로 주택정책을 추진하여 오고 있으며, 그러나 그 추진 방식은 서로 다르다. 싱가포르는 공공 주도로 주택 문제를 해결하고 있다. 주택보급률 112.6%이며, 공공임대주택 비중 4.7%, HDB라는 공공분양주택이 비중 72%를 차지하여 공공주택 비중이 75%이상을 차지하고 있다. 대만은 정부의 관여를 최소화하고 민간 주도의 자유 시장 기반 주택 공급 방식을 채택하여 오고 있으며, 공공임대주택의 비중은 단지 0.2%다. 이 양 국가의 시사점은 무엇일까?

싱가포르와 대만과 같이 자가 사회 즉, 자가 보유율 90%, 무주택 가구율 10% 사회를 달성하기 위하여 우리 사회가 감내해야 할 짐은 무엇일까? 자가 사회는 다음 세 가지 지지대가 바로 세워질 때에 성취될 수 있다고 본다.

첫째, 주택 보급률 110% 달성이다. 현재 주택 보급률이 104%인데, 여기에 125만호를 순증하여 주택 보급률 6%를 높여야 한다. 20대 대선 주자들이 250만호 이상의 주택 공급을 공약하고 있다. 무주택 문제를 해결하기 위해서는 250만호 중에서 순증 주택이 얼마나 되냐가 중요하다. 이 문제에 대한 추가 약속이 요구된다. 크게 볼 때, 주택 공급은 기존 주거지의 정비 사업과 신규 택지 공급 방식으로 이루어진다. 제 3기 신도시와 같은 신규택지를 통한 주택공급은 대부분 순증 요인으로 무주택자가 내 집을 소유할 수 있는 큰 기회가 된다. 정비 사업에서 일반적으로 주택수를 30% 이상 늘리기가 쉽지 않다. 순증 주택수를 늘리기 위해서는 기존 용적률보다 용적률을 상향해 주어야 하며, 너무 과하게 높여주면 주거 환경이 열악해지는 문제가 발생하여 장기적으로는 바람직하지 않다. 역세권 고밀도 주택 개발을 위한 과도한 혜택은 대지주에 대한 특혜 소지와 함께, 장기적으로 열악한 주거 환경의 문제를 남기게 된다.

환경 파괴를 수반하는 신도시 개발 방식보다는 기존 주거지를 재활용하는 정비사업 방식이 더 지속가능하다. 도시 계획적으로 주택의 용지로 규정되어 있는 일반주거지역 중 제 2종 일반주거지역을 주목할 필요가 있다. 이 지역은 상대적으로 아직은 저밀도 상태이다. 서울시의 경우, 제 2종 일반주거지역이 주거지역 면적 325㎢의 26%인 84.5㎢로 약 25백만여 평에 이른다. 이 지역에 대한 층수 규제 해제와 용적률 상향 등을 적극적으로 추진할 필요가 있다. 그리고 재건축 안전기준, 정비사업 절차, 주택담보대출 등 각종 규제를 완화해야 한다.

둘째, 민간 임대주택 시장에 대한, 한시적으로, 공공 관여가 필요하다. 서구유럽의 많은 국가들은 제 1차 세계 대전 이후 주택 임대료를 규제하여 왔다. 1980년 이후 이 규제를 완화하여 오고 있으나, 기본적으로 주택 임대료 규제는 사회적으로 수용되고 있다. 한국은 주택 점유 유형에서 민간 임대주택의 비중이 약 35%로 다른 국가에 비하여 상대적으로 높다. 비슷한 수준의 독일은 임대료를 규제하고 있어 큰 문제가 발생하지 않았으나, 최근 규제를 풀어서 임대주택 대란이 일어났다.

최근 몇 년 동안 일어난 주택 대란의 뿌리는 바로, 민간 임대주택 시장이다. 주택 임대료와 매매가가 서로 끌어당기면서 가격을 올렸다. 매매가를 올리기 위해 임대료를 올리고, 매매가가 올라가니 이에 따라서 임대료를 또 올렸다. 지역에 따라서 임대료도 더블, 매매가도 더블이 되었다. 『죄와 벌』에서 전당포 노파의 고리대금이자는 1년에 더블이었다. 정확히는 매달 1할이었다. 사유재산을 보호하는 것이 국가이고 공기관이라고 하지만, 고리대금업 수준의 폭리는, 사회 정의 차원을 떠나서, 상식적으로 보더라도 받아들이기 어렵다. 민간 임대주택의 임대료와 임대기간에 대한 공공 관여가 필요하다. 임대료는 가계 소득과 주거 비용의 비율을 나타내는 슈바베 지수와 은행 이자율을 함수로 하여 관리할 필요가 있다. 슈바베 지수가 25%이하가 되도록 유도해야 한다. 주거 비용에는 임대료, 전기료, 관리비 등이 포함된다. 은행 이자율과 연동된 적정 임대료 상승률로 관리할 필요가 있다. 그리고 3년 임차기간과 1차 갱신 청구권 부여와 함께 세제 혜택 등 임대인을 대상으로 하는 실효적 인센티브를 적극적으로 마련해야 한다.

셋째, 저소득층 가구의 자가 보유율을 획기적으로 높일 수 있는 장치를 마련해야 한다. 통계청 자료에 따르면, 전국 자가 보유율이 저소득층은 46.4%, 중소득층은 59.6%, 고소득층은 76.1%다. 특히, 수도권 자가 보유율은 저소득층이 34.2%, 중소득층이 51.5%, 고소득층이 70.2%다. 저소득층의 주택 문제를 임대주택으로 풀기에는 한계가 있다. 공공 임대 주택 건설에 지출해야 하는 재정 투자의 한계도 문제이거니와 공공 임대 주택 운영상의 비효율성도 지적할 수 있다. 저소득층의 주택 문제는 자가 보유율 확대로 풀어나가야 한다. 저소득층의 노후 생활 보장 측면에서 자가 소유가 중요하다.

저소득층이 매수할 수 있는 주택 즉, 부담 가능한 주택(Affordable Housing)을 다량 공급해야 한다. 일반적으로 PIR 5~7 수준이 적정하고 본다. 가구당 1년 소득의 총합을 5~7년 모은 소득의 합이 바로 가격이 되는 주택을 공급해야 한다. 저소득층을 위한 장기저리 모기지 금융을 개발해야 한다. 주택담보대출 이자의 일부를 정부가 보조하여 주택담보대출 이율이 2%이하로 유지되게 할 필요가 있다. 2022년도 정부는 약 15만호의 공공임대주택을 공급하기 위하여 22.8조원의 예산을 편성하였다. 이 15만호를 저소득층에 공공분양하고 22.8조를 이들의 주택구입자금에 보조해주는 것은 어떨지? 1석 2조이지 않을까? 공공임대주택의 건설에 들어가야 할 비용을 주택담보대출 이자에 일부 보조하는 것이 더 효과적일 수 있다. 현재 공공임대주택 재고는 170만호, 약 8%로 OECD국가 평균에 이미 도달했다. 앞으로 공급할 공공 주택을 분양 주택으로 할지, 임대 주택으로 할지 검토해야 한다. 자가 보유 사회에 동의한다면, 공공분양주택을 획기적으로 확대해야한다. 또한 170만호의 공공임대주택 중에서 노후 주택은 고밀도로 재건축하여 일정 부분을 공공분양 주택화 할 필요가 있다.

그리고 아직 한국에는 사회주택이 제대로 정착되지 않았다. 사회주택은 민간주택과 공공주택의 양극적 주택 시장에서 제 3의 주택 유형이 될 수 있다. 공공과 민간 공유 주택이나, 공공이 관여하는 민간 주택인 사회주택을 하나의 주택 점유 유형으로 정착시켜야 한다. 사회주택은 주택 가격의 상승과 하락의 진폭을 낮추어 주택 시장의 균형추 역할을 할 수 있다. 사회주택의 비율을 10% 수준으로 높일 필요가 있다.

'그것은 새로운 역사의 시작이었다.'로 〈죄와 벌〉의 마지막 문장은 시작된다. 라스콜리니코프의 8년 시베리아 유형지까지 따라간 소냐. 노파 살해와 이에 따른 벌, 유형지 체류 1년 후 이들은 서로 사랑으로부터 새 생명을 얻게 된다.

자가 보유율 90% 시대는 '새로운 역사'라고 해도 된다. 2030년경이 되면 주택보급률은 입주기준으로 110%가 될 것이다. 거주가구의 소득에 따라 주택가격은 크게 다를 수가 있다. 자본주의 체제에서 소득차이가 30배가 난다면 주택가격 차이도 30배 나는 것이 정상일 수 있다. 그리고 가격은 상황에 따라서 급등할 수도 있고 급락할 수도 있다. 유주택자들에게는 큰 문제가 안된다. 무주택자 비율이 40%인 한국은 문제가 크다. 대란이 될 수 있다. 주택 문제는 결국 무주택자들의 문제이다. 건강한 자아를 가진 주체로서 국민이기를 원한다면, 셋방 살이가 아닌 내집 살이 사회가 답니다. 자가 소유는 새 시대의 문이다.

※본 글은 글로벌이코노믹 칼럼 〈이영한 교수의 상생주택정책(2022.1.5.)〉 임

동서양 사고방식과 건축

조희철 1983년 석사 · 1990년 박사

칼 융은 빌헬름이 독일어로 번역한 역경(易經)에 대해 서문(1950)을 써주었는데, 여기에서 동양의 사고방식을 동시성의 원리라고 규정짓고, 이를 서양 근대 이후의 사고방식, 곧 인과성의 원리와 대비시킨다. 먼저 인과성의 원리란 세계를 인과법칙에 의해 해명하려는 사고방식을 뜻하는데, 현재 이 세계에 나타나는 모든 현상은 먼 혹은 직전의 과거에 일어났던 현상에 원인을 두고 있는 것으로서, 그 원인을 해명하면 현재의 결과를 설명할 수 있고, 나아가 현재와 과거의 양상을 잘 살피면 미래의 일을 예측할 수 있다는 믿음에 근거를 두고 있다.

이를 간단하게 정식화하자면 다음과 같다. 만약 C라는 조건(여러 원인과 제한들)아래에서 〈P일때 Q〉라는 현상이 발생하는 것이 반복적으로 관찰된다면, "Under C, if P then Q" 라는 법칙을 세울 수 있다. 이러한 형식을 갖는 법칙들은 다양한 현상들에서 찾아낼 수 있는데, 특히 물리학 같은 자연과학에서는 규칙적이고 엄밀하게 맞아떨어지는 법칙들을 세울 수 있고 이를 통해 자연계에서 일어나는 다양한 현상들을 명쾌하게 설명할 수 있으며, 매우 정확하게 미래의 현상을 예측할 수 있다. 오늘날 과학적 지식의 발전은 바로 이와 같은 정식화의 원리, 곧 인과성에 기반한 설명원리에 의해 이루어져 왔다.

그런데 우리가 우리에게 나타나는 세계의 현상을 과연 이런 인과성의 원리만 가지고 설명해왔을까? 인과성의 원리를 사용하는 궁극적인 의도는 변화무쌍한 세계에서 우리가 살아갈 때 뭔가 규칙적인 패턴을 발견하고 이를 통해 미래의 일을 좀더 안정적으로 예측함으로써 삶의 불안정성을 최소화하려는 인간 본연의 염원에 그 기반을 두고 있다고 할 수 있다. 그런데 미래를 예측하는데 예로부터 사용되어온 또다른 방식이 있다. 그것은 점이다. 우리는 더러 스포츠지에 나오는 오늘의 운세같은 걸 믿지는 않지만 그래도 안보면 궁금해지니 심심풀이로 들여다 본다거나 좀더 증세가 심각해지면 점집에 가서 앞으로의 중요한 진로라든가 재운이라든가 결혼운 같은 걸 보러 다니기도 한다. 요새야 그런 것에 전적으로 매달리는 사람들을 좀 문제가 있는 사람으로 치기도 하지만, 서양의 근대 과학이 이 땅에 들어오기 전에는 사실 이 점에 의존해서 미래의 중요한 일을 예측해왔다. 미래를 점친다하는 말에 그대로 나타나 있듯이. 그렇다면 사실 미래를 예측하려는 의도라는 측면에서 본다면 과학과 점은 하등의 다를 바가 없다. 다만 그 방법에 있어 차이가 날 뿐이다. 이런 점치는 방법에 대해 칼 융은 동시성의 원리에 입각한 사고방식이라 규정하고 있다.

일단 동시성의 원리를 간단하게 보여주는 예를 하나 들어보기로 하자. 옛날 옛적에 사랑하는 사이인 갑돌이와 갑순이가 있었다. 혼인을 앞두고 행복한 시절을 보내던 어느날 갑자기 다른 나라가 쳐들어와서 갑돌이가 전쟁터로 나가 싸워야 하게 되었다. 아쉬운 작별을 나누면서 갑돌이는 갑순이에게 거울 하나를 주고선 매일 이 거울을 보면서 나를 생각하라고 말하고 떠나간다. 갑순이는 매일 그 거울을 보면서 갑돌이를 그리워하면서 지냈는데, 어느 천둥벼락이 치면서 비가 억수같이 퍼붓던 날 갑자기 거울에 금이 쨍하고 가면서 거울이 깨져버리는 것이 아닌가? 문득 불길한 생각이 들어 하루하루를 근심속에서 지냈는데, 드디어 어느날 갑돌이가 전사했다는 소식이 들려온다. 갑순이는 그래도 매일 기다리던 바닷가에 나가 행여나 하는 마음에 갑돌이를 기다렸는데.... 중간 얘기는 생략하고... 나중에 갑순이는 꿈에도 그리던 갑돌이와 극적으로 상봉을 하게 되고, 이야기를 나누던 중에 거울이 깨지던 바로 그날 갑돌이가 생사를 넘나드는 부상을 입게 되었었다는 말을 듣게 된다. 그러니까 갑돌이의 분신이나 다름없었던 거울과 갑돌이는 같은 시점에 동일한 현상을 겪었다는 얘기가 된다. 공간적으로 멀리 떨어져 있었음에도 불구하고. 물론 설화속의 이야기이니 사실이 그랬는지 어쨌는지는 알 수 없는 일이다. 중요한 것은 그러한 현상을 이야기 속에서 아주 당연하게 말하고 있고, 또 그걸 들었던 사람도 그래. 그랬겠구나면서 수긍을 하는 그러한 풍조 내지는 분위기이다.

소위 근대 과학의 입장에서는 이런 식의 얘기나 논리는 허무맹랑한 것으로 치부하고 말 것이다. 물론 어떤 물리학자가 행한 사고 실험에서는 어떤 시점에 분리되어 나간 두 전자의 스핀이 일정한 시간이 흐른 다음에도 처음과 같은 상관관계를 보인다는 것을 보인 적도 있지만, 이는 어디까지나 가설적인 내용이고 실제로 그러한지는 실험을 통해 확인된 바가 없다. 또한 서로 다른 물체끼리 매질 없이 원격작용을 한다는 것은 있을 수 없는 일로 본다.

따라서 갑돌이가 치명적 부상을 입은 일과 거울이 깨진 현상은 전혀 무관한 것이고, 굳이 거울이 깨진 현상을 설명하라면 일단 이렇게 말할 수 있을 것이다. 거울 그 자체는 외부에서 힘이 가해지지 않는 한 스스로 깨질 일은 없었을테고, 그 거울을 두르고 있는 거울테가 습기를 머금으면서 비틀림현상을 일으켰을 테고 그 비틀림 응력을 거울의 경도가 견디지 못해 금이 가면서 깨졌을 거라고. 이런 설명은 위에서 예를 든 유리잔이 깨진 이유에 대한 설명과 마찬가지로 아무런 흠잡을 데 없이 완벽하다. 다만 이러한 설명방식은 근대 과학이 제공한 인과성의 원리에 입각했을 때, 곧 그 입장 안에서 완벽하다.

그렇다면 근대 과학 이전의 서양, 그리고 서구 근대 문명이 들어오기 이전의 이 땅의 사람들은 어떻게 그와 같은 현상을 설명했을까? 아니 도대체 어떤 생각을 가졌길래 그런 두 현상이 연결된 것이라고 당연히 여겼을까? 여기에 세계를 바라보고 설명하는 또다른 방식이 존재한다. 이것을 칼 융은 동시성의 원리라고 불렀다. 동시성이란 영어로 synchronicity인데, 이는 같음을 의미하는 syn과 시간을 의미하는 chron이라는 두 단어를 합성한 것으로 이는 그리스어에 그 어원을 두고 있다. 곧, 공간적으로 떨어져 있더라도 관련되는 사건들이 동시에 발생한다라는 의미를 갖는다. 싱크로나이즈드 수영을 생각해보면 금방 이해가 될 것 같다. 이러한 사고 방식은 근본적으로 이 세계는 모두 하나로 연결되어 있으며, 아무리 사소한 일이라도 다른 모든 것과 관계되지 않는 법이 없다는 생각에서 비롯한다. 이런 생각을 잘 이미지화한 것으로 인드라 그물망 같은 것이 있다. 이렇게 생각하는 방식아래에서 위의 갑돌이와 갑순이 얘기는 무슨 기적이라든가 예외적인 경우가 아니다. 지극히 당연한 일로 다가온다. [이때 원인과 결과의 관계는 어떻게 될까?]

이제 점치는 경우를 보자. 융은 빌헬름의 역경을 읽고 그에 심취해서 스스로 점을 쳐보기도 하고 그것이 자신이 처해있는 상황에 뜻밖에 잘 들어맞는 것에 놀라움을 금치 못한다. 그러면서 그는 자신이 주장하는 공동 무의식의 존재에 대한 하나의 예시로서 역경을 본다. 공동 무의식이란 개별적인 무의식에 공통으로 관여하는 어떤 공동의 성질을 가리킨다. 이러한 공동 무의식이 존재할 경우 그 무의식의 발현은 공간을 초월해서 동시에 여러 곳에서 발생할 수 있게 된다. 물론 융이 자신의 공동 무의식이라는 개념을 도입해서 동시성의 원리를 해명하고 있기는 하지만, 전체적인 틀에서는 크게 벗어나지 않는 것으로 보인다.

아무튼 점치는 얘기로 돌아가서 역경을 보자면, 역경은 크게 두부분으로 나뉘는데, 역(易)이라는 점친 결과를 보이는 책이 있고, 이에 대해 설명을 붙여놓은 10개의 전(傳)이 따라 붙는다. 그중 대표적인 논문이라 할 수 있는 계사전(繫辭傳)은 역의 원리와 점치는 방법을 기술하고 있다. 여기에 역여천지준(易與天地準)이라는 말이 나온다. 이 말은 역[이라고 하는 이 책]은 천지 곧 이 세계 전체와 같다라는 뜻이다. 이 말을 잘 생각해보자. 역이란 변화를 뜻하는 말이다. 그래서 역경에는 다양한 변화의 패턴을 담아놓고 있다. 일단 6개의 효(爻)로 이루어지는 64가지의 괘가 기본적인 변화의 패턴을 이루고 있고, 점을 쳐서 각 효를 얻는 과정에서 하나의 괘가 다른 괘로 변화(之卦)하는 것을 감안한다면 매우 다양한 변화의 모습을 얻어낼 수 있다. 그래서 역의 책됨은 넓고 크고 모두 갖추었다 천도가 있고 인도가 있고 지도가 있다[易之爲書也 廣大悉備 有天道焉 有人道焉 有地道焉]라고 계사전에서 말하고 있다. 이렇게 보면 이 세계의 모든 변화의 모습을 이 역[이라는 책]이 담고 있다는 말이 된다.

이를 달리 말하면 역은 이 세계를 대표(represent)한다고 할 수 있다. 사실 이 세계는 계속 변화하고 있는데, 그것이 어떻게 변화할지는 도저히 예측할 수 없다. 그런데 이 세계를 대표하는 역이 있다면, 그리고 이 역이 마치 모니터처럼 그 변화를 드러내준다면 이 세계를 읽어낼 수 있게 된다. 여기에서 주의할 것은 역이 이 세계를 상징한다는 것이 아니라는 점이다. 상징은 어떤 기호라든가 아이콘이라든가를 통해서 실제로 존재하는 것을 가리키는 방식이다. 그러나 역은 세계의 상징이 아니라 세계 바로 그 자체이다. 그래서 위에서 대표한다라는 말을 사용한 것이다.

역은 그 자체로 무규정적인 상태로 존재한다. 그런데 점을 치게 되면 그제서야 모습을 드러낸다. 곧 역은 무수한 변화의 모습을 온축하고 있다가 점친다라는 행위가 발생해야만 그 점칠 때에 해당하는 변화의 모습을 드러낸다. 그래서 역은 곧 세계이다라고 말하는 것이다. 이처럼 어떤 것이 세계를 대표한다라고 하는 사고방식은 고대에 보편적으로 사용되었던 방식이다. 이를 고고학자 프랑크포르트는 "pars pro toto"라고 부른다. 이는 부분이 전체를 대표한다라는 뜻으로 위에서 설명한 역의 의미를 그대로 지적해준다.

이 역의 생각 방식을 공유하는 것으로 중국과 우리나라에서 통용되던 재이(災異) 사상이라는 것이 있다. 이는 나라에 흉년이나 가뭄, 홍수, 전란 등과 같은 기이한 재난이 일어났을 때 이 나라를 대표하는 왕에게 그 책임을 묻는 것을 말한다. 가뭄때 왕이 사직단에 서서 기우제를 올리는 것은 단순히 그 의식을 통해 비를 내려달라는 의미만 있는 것이 아니다. 이는 나라를 대표하는 왕으로서의 자신이 무엇인가 잘못된 행동거지나 마음을 먹었기에 이런 재난이 벌어졌다. 그러므로 이를 조상과 천지신령께 속죄하고 반성한다는 인식을 밑에 깔고 있는 것이다.

창덕궁 비원을 가보면 거기에 조그맣게 농사짓는 곳을 만들어 놓았다. 선농단(先農壇)이라는 것인데 여기서 왕이 몸소 철마다 농사를 짓는 행위를 의례처럼 행했다. 나라의 백성들이 농사짓느라 고생하기 때문에 그걸 몸소 체험해 봄으로써 그 노고에 동참하기 위해서였을까? 이런 설명은 고대의 사고방식을 이해하지 못함으로써 나오는 천박한 설명방식이다. 왕은 곧 이 나라다. 상징이 아니라 실제적인 효력을 가진 대표이다. 왕의 몸이 잘못되면 나라도 잘못되는 것이고, 나라가 잘못되는 것은 왕의 몸이 잘못된 탓이다. 이 둘은 구분할 수 없는 하나이다. 그래서 임금님 수랏상에는 나라 각지에서 나오는 음식들이 오른다. 왕의 몸은 나라의 땅이기 때문이다.

프레이저의 황금가지를 보면 노쇠한 왕을 살해하는 풍습에 관한 이야기가 나온다. 서양에서도 임금의 몸이 쇠하면 땅의 힘이 약해진다는 내용의 설화들이 많이 등장한다. 영화 지옥의 묵시록을 보면, 자객으로 분한 마틴 쉰이 반역자 말론 브란도를 죽이려 잠입하다 발각되어 감금되지만 오히려 말론 브란도는 그를 자극해 자신을 죽이도록 유도한다. 그때 비가 퍼붓는 밤중에 검은 소를 도륙하는 마을 장면이 교차한다. 이는 늙은 왕으로서의 말론 브란도가 새로운 젊은 왕에게 자신의 자리를 넘기는 의식을 변형시켜 나타내고 있다. 이와 비슷한 얘기는 예기 교특생(郊特牲: 매년 봄 마을 어귀에서 생명력이 높은 큰 소를 잡아 땅에 그 피를 흘리는 의식을 올림으로써 땅의 기운을 북돋우는 의식: 감염주술적 행위. 이때 마을 남녀들은 들판에서 성행위를 함으로써 땅의 생산성을 높이는 의식도 올린다: 동종주술적 의미. 여기에서 野合이라는 말이 나왔다)에서 찾을 수 있다.

이런 맥락에서 본다면 사람이 사는 집을 짓는 것도 단순히 삶의 기능을 충족시키기 위한 것에 그치는 것이 아니다. 경복궁 근정전은 18척이 단위가 된다. 일반 사람들은 6척이 기본이지만, 왕은 그 세 배가 기본이 된다. 6자 6자 한칸이 아니라 18자 18자가 한칸을 이룬다. 이는 왕이 일반사람과는 달리 나라 전체를 대표하기 때문에 그러한 크기를 부여한 것이다. 이를 기준으로 나머지 사람들도 위계에 따라 척도가 부여된다. 배치는 왕이 백성들이 사는 쪽을 바라보게끔 남면(南面)을 하도록 하고 이를 기준으로 왼쪽에 조상을 모시는 종묘, 오른쪽으로 땅과 곡식을 모시는 사직단, 그리고 북쪽은 세계가 돌아가는 축인 북극성을 등진다. 이는 왕의 몸의 확장이면서 동시에 나라 전체의 운행을 대표한다. 과거의 건물들은 모두 이러한 생각에 바탕을 두고 지어졌다고 할 수 있다.

이를 테면 운주사의 경우도 언덕 꼭대기를 북극성 자리로 삼아 그곳에 부처상(와불)을 두고서는 그 오른쪽 아래에 북두칠성을 본딴 돌들을 박았고, 저 아래 계곡을 은하수로 삼아 그 사이의 무수한 별자리들을 석탑들로 세웠다는 가설을 얼마전 천문대에서 근무하는 분이 제안한 적도 있다. 신라 선덕왕 때 백제가 침공해오자 그에 대한 대비로 절을 새로 지었다는 얘기도 삼국사기에 나온다. 이는 나라가 튼튼하지 못하여 그러한 변을 당한 것이니 이를 근본적으로 치유하기 위한 방편으로 부처님의 법력을 통해 쇄신하려는 생각에서 나오는 것이다. 이는 마치 우리가 몸이 쇠할 때 병에 걸리기 쉽고, 이를 근본적으로 치유하기 위해 보약을 지어먹는 것과 일맥상통한다. 동서양 의학의 차이도 이런 점에 있다 서양의학은 증상에 따라 치료를 행하는 대증요법이라고 한다면 동양의학은 몸을 하나의 전체로 보고 근본적인 치유를 꾀한다는 점에서 다르다.

왜 이런 이야기기 필요한가? 이는 지난 시간에도 잠깐 언급하였듯이 우리가 오늘날 살고 있는 방식에 대한 반성이 필요하다라는 취지에서 그렇다는 것이다. 우리는 서양근대 문명을 받아들여 살고 있고, 이젠 그러한 사고 방식이 보편적인 것으로 인식되고 있다. 건축 역시 서양에서 형성된 사고 방식을 받아들여 우리의 오늘을 만들어나가고 있다. 그런데 잘 생각해보면 우리가 살아 왔던 방식을 과연 다 벗어버릴 수 있는 것일까? 물론 전통이라는 것이 사실 후대에 조작된 것에 불과하다는 얘기도 있다. 그러나 우리가 만들어가고 있는 이 세계를 과연 지금까지 받아들인 서구의 방식으로 계속해나가야 할 것인가라는 문제는 끊임없이 대두된다. 마치 맞지 않는 옷에 대한 불만이라고나 할까? 지금까지의 전통논쟁이란 주로 형태의 문제나 공간구성의 문제를 둘러싸고 이루어져 온 것이었다면, 이러한 눈 자체가 서양식의 눈에 지나지 않는다는 것을 깨달을 필요가 있다. 서양의 눈 역시 여러 눈 중 하나의 것으로 상대화시키는 노력이 필요한 시점이다. 지금까지 말한 내용은 이러한 취지에서 말한 것임을 말해두고 싶다. 앞으로 이 과제를 어찌 풀어나갈지는 아직 숙제로 남아있다. 현재로서는 우선 보편적인 것이라는 탈을 쓰고 있는 서구의 눈을 상대화시키는 시도부터 시작하는 것이라 말하고 싶다.

기독교 신약전서에 사용된 색채어의 특성과 의미

정유나 1984년 석사 · 1995년 박사

인간은 시각을 통하여 정보를 수집하고 사물을 판단하며 안전한 생활로부터 아름다운 예술의 추구까지 폭넓은 범위의 작업을 한다. 그러므로 태어나면서부터 시각을 통해 인지하는 색채 또한 인간에게 오랜 기간 많은 기억을 축적시키면서, 역으로 색을 통해 관련 사물을 연상하게 되었으며, 이러한 연상은 특정 지역, 특정 시대의 여러 문화적 요인들이 작용하면서 상징성을 띄게 된다. 인간이 시각을 통하여 많은 활동을 하는 만큼 한 국가, 기업, 시대, 대륙, 방위, 종교 등 색으로 상징하는 그 범위는 매우 포괄적이다. 본고는 종교로서 기독교의 색채를 중심으로 기독교 성경에서 사용되는 색채어의 특성과 의미를 파악하여 성서시대의 문화를 이해하는 데 기여하고자 한다.

기독교의 성경은 39권의 구약전서와 27권의 신약전서이다. 기독교는 유대교에서 예수를 그리스도로 인정하는 분파로 시작한 종교이므로 구약전서는 유대교와 공유하나 신약전서는 기독교만의 성경이다. 현재 기독교는 크게 로마가톨릭교회, 동방정교회, 개신교회로 구분하는데 이 세 교파에서 구약에 대한 관점과 범위는 차이가 있으나 신약전서 27권에 대하여는 이의가 없는 상태이다. 본고의 범위인 신약전서의 구성은 다음 〈표 1〉과 같다.

본 연구를 위해 채택한 성경역본들은 다음과 같다. 헬라어성경으로 Nestle-Aland Novum Testamentum Graece의 Novum Testamentum Graece는 라틴 이름으로 1519년 에라스무스가 최초로 출판할 때 라틴어로도 병기하였기 때문이다. 이 헬라어 원어 성경은 기독교 역사상 신약 성서연구의 일대 전환을 가져온 획기적인 작업이었다. 그 후 편집과 출판에 기여한 에버하르트 네슬과 쿠르트 알란트의 이름을 붙여 Nestle-Aland editions(NA)가 되었고 이 성경은 세계적인 성경연구학회로 현재 152개국 회원학회가 200개의 국가와 속령에서 활동하고 있는 United Bible Societies(UBS)에서도 NA와 동일한 텍스트를 사용하고 있을 정도로 권위를 인정받고 있다. 제목 끝에 붙은 숫자 28은 1898년 초판 이래 현재 28판까지 개정판이 출간되었다는 것을 나타낸다. 네슬 알란트 텍스트는 현재 각 나라의 언어로 번역되는 신약 번역본의 가장 주요한 원본이며 또한 신약 연구에 대한 학문적인 작업에서 표준으로 사용되고 있는 텍스트이다.

영어성경으로 채택한 New International Version(NIV)과 New King James Version(NKJV)은 가장 대표적인 영어성경으로 NIV는 1955년 미국의 하워드 롱(Howard Long)이 그가 애용하는 King James Version(KJV)이 17세기 영어로 씌어져 일반인들이 이해하기 어렵다는 것을 깨닫고 성경의 대중화를 위해 현대적인 영어로 이루어진 새로운 역본을 만들고자 하는 데서 출발되었다. 이에 뜻을 같이하는

80여명의 목회자와 학자들이 Committee on Bible Translation (CBT)이라는 조직을 결성하고 헬라어, 히브리어, 아람어 성경원본에서 가장 적합한 부분을 사용하여 NIV는 성경 원문에 따른 정확한 영역과 일반적으로 이해하기 쉬운 현대 영어의 사용을 모두 고려하여 현재 세계적으로 가장 널리 읽혀지는 성경이다.

〈표 1〉 신약전서의 구성

구분			성경 명칭	내용
복음서 (4권)	공관복음(3권)		마태복음 마가복음 누가복음	예수의 생애, 가르침, 수난, 부활에 대한 내용으로 그 구조와 관점이 유사함
	–		요한복음	예수의 신성과 인성을 강조
역사서(1권)			사도행전	예수 부활 후 기독교 전파과정을 기록
서신서 (21권)	바울서신 (13권)	여행 서신 (6권)	로마서 고린도전서 고린도후서 갈라디아서 데살로니가전서 데살로니가후서	선교여행 중 2차 여행–그리스의 데살로니가교회에 보낸 서신 3차 여행–그리스의 고린도교회, 이태리의 로마교회에 보낸 서신
		옥중 서신 (4권)	에베소서 빌립보서 골로새서 빌레몬서	로마 감옥에서 소아시아(현 터키)의 에베소, 골로새교회와 그리스의 빌립보 교회에 보낸 서신
		목회 서신 (3권)	디모데전서 디모데후서 디도서	목회자인 디모데와 디도에게 보낸 서신
	일반서신(8권)		히브리서 야고보서 베드로전서 베드로후서 요한일서 요한이서 요한삼서 유다서	저자가 바울이 아닌 서신서들로 예수의 형제 야고보와 유다, 제자 베드로와 요한 등이 보낸 서신
계시록(1권)			요한계시록	심판과 세상의 종말에 대한 환상을 묘사

〈표 2〉 신약전서의 유채색 색채어

성경	장절	개역	개역개정	NKJV	NIV	헬라어성경
마태 복음 (3)	16:2	붉으면	붉으면	red	red	πυῤῥάζω
	16:3	붉고	붉고	red	red	πυῤῥάζω
	27:8	홍(포)	홍(포)	scarlet	scarlet	κόκκινος
마가 복음 (3)	6:39	푸른	푸른	green	green	χλωρός
	15:17	자색	자색	purple	purple	πορφύρα
	15:20	자색	자색	purple	purple	πορφύρα
누가 복음 (2)	16:19	자색	자색	purple	purple	πορφύρα
	23:31	푸른	푸른	green	green	ὑγρός
요한 복음 (2)	19:2	자색	자색	purple	purple	πορφυροῦς
	19:5	자색	자색	purple	purple	πορφυροῦς
사도 행전 (2)	7:36	홍(해)	홍(해)	Red	Red	ἐρυθρός
	16:14	자주 장사	자색옷감 장사	purple	purple	πορφυρόπωλις
히브 리서 (2)	9:19	붉은	붉은	scarlet	scarlet	κόκκινος
	11:29	홍(해)	홍(해)	Red	Red	ἐρυθρός
요한 계시록 (15)	6:4	붉은	붉은	fiery red	fiery red	πυρρός
	6:8	청황색	청황색	pale	pale	χλωρός
	8:7	푸른	푸른	green	green	χλωρός
	9:4	푸른	푸른	green	plant	χλωρός
	9:17	불빛	불빛	fiery red	fiery red	πύρινος
		유황빛	유황빛	sulfur yellow	yellow as sulfur	θειώδης
		자주빛	자줏빛	hyacinth blue	dark blue	ὑακίνθινος
	12:3	붉은	붉은	fiery red	red	πυρρός
	17:3	붉은 빛	붉은 빛	scarlet	scarlet	κόκκινος
	17:4	붉은 빛	붉은 빛	scarlet	scarlet	κόκκινος
		자주 빛	자주 빛	purple	purple	πορφυροῦς
	18:12	붉은	붉은	scarlet	scarlet	κόκκινος
		자주	자주	purple	purple	πορφύρα
	18:16	붉은	붉은	scarlet	scarlet	κόκκινος
		자주	자주	purple	purple	πορφυροῦς

NKJV는 KJV의 개정판으로 원래의 KJV는 1611년 잉글랜드의 국왕 제임스 1세의 왕명에 따라 잉글랜드 국교인 성공회 예배를 위하여 7년간 당대 최고의 학자들이 심혈을 기울여 작업한 성경으로 오랫동안 영역본 중에서 매우 권위있는 성경으로 인정받아왔다(Gibb, trans. 2009). 그러한 역사적 권위를 이어 1982년 새로 개정된 NKJV는 내용에 있어서 실로 200여년만의 개정작업으로 이전 개정과는 범위가 다르게 전체적으로 과감한 개정이 이루어진 역본이다. 이 작업을 위해 헬라어, 히브리어, 영어 학자들, 목회자들, 편집전문가들, 평신도들을 포함한 130 여명이 대거 참여하여 현대적 영어 표현을 고려한 언어적 보완뿐만 아니라 헬라어 원본의 의미에 가깝게 대폭 수정되었다.

한글성경 중에서는 개역개정판을 선정하였는 바, 1961년에 출간한 개역한글판의 틀을 유지하면서 필요한 부분만 일부 수정된 역본이다. 한글맞춤법과 시대 변화에 따른 용어들을 교체하였고, 구약 히브리어 원어성경(BHS)과 신약 헬라어 원어성경(GNT UBS 4판)과 대조하여 원문에 가깝게 수정, 보완되어 1998년에 출간되었다. 그 후 지속적인 개정 작업을 시행하여 2005년 4th edition을 출간하였다.

신약전서의 유채어 색채어

본 장에서는 신약전서 27권에 사용된 유채색 색채어를 한글성경, 영어성경, 헬라어성경을 비교 대조하여 분석할 의미가 있는 단어들을 추출하였다. 따라서 최종 분석에 사용될 색채어는 아래 〈표 2〉에서와 같이 복음서에서 10절–마태복음 3개 절(16:2, 16:3, 27:28), 마가복음 3개 절(6:39, 15:17, 15:20), 누가복음 2개 절(16:19, 23:31), 요한복음 2개 절(19:2, 19:5) –과 역사서인 사도행전 2절(7:36, 16:14), 서신서에서는 일반서신에 속하는 히브리서 2개 절(9:19, 11:29), 그리고 요한계시록에서 10개 절(6:4, 6:8, 8:7, 9:4, 9:17, 12:3, 17:3, 17:4, 18:12, 18:16)로 모두 24개 절에서 보이는 29개의 색채어이다.

신약전서에 사용된 색채어의 분포를 보면 요한계시록에서 다른 성경과 뚜렷한 차이를 보일 정도로 많은 색채어가 사용되었는데 조사 색채어 24절 중에서는 10절로 41.7%, 29개 색채어 중에서는 15개로 51.7% 이다. 이는 요한계시록 9:17에 나타난 바와 같이 요한이 시각적으로 본 환상을 묘사하는 것과 관계가 있다. 한편 신약전서 27권의 성경에서 서신서가 차지하는 비중이 21권 77.8%로 3/4이 넘는 데도 불구하고 서신서 중에서는 오직 한 권에서만 유채색 색채어가 사용되었다. 이는 서신서의 내용이 바른 교리의 전수, 교회 생활, 신앙의 성장을 위한 격려, 이단의 경계 등 교훈 위주로써 서신서에서는 '어두운, 어둠' 등과 같은 무채색 관련 용어가 많이 사용된 것을 발견할 수 있었다. 즉 신약전서에서 유채색의 사용 분포는 교리적인 부분보다 환상을 묘사하는 부분에서 매우 높게 나타났다.

그리고 29개의 색채어는 붉으면, 붉고 등과 같이 붉은빛 색채어가 13개 44.8%로 가장 많이 나타났고, 자색, 자주, 자줏빛 등과 같이 자줏빛에 속하는 색채어가 10개 34.5%, 푸른빛 색채어가 5개 17.2%, 노란빛 색채어가 1개 3.5%로 붉은빛과 자줏빛에 해당하는 색채어가 성경에서 매우 비중있게 사용되었음을 알 수 있다. 그런데 한글성경에서 색채어로 사용된 표현과 영어성경, 헬라어성경이 서로 일대일로 대응되는 것이 아니었다. 한글성경과 영어성경과 헬라어성경을 비교하였을 때 한글성경의 붉은빛은 영어로는 2개의 단어로, 헬라어로는 3개의 단어로, 자줏빛과 푸른빛은 각각 두 개의 색채어로 세분되어 표현되었다.

지면상 연구내용은 〈표 3〉 ~ 〈표 5〉와 같이 표로 요약하며 자세한 내용은 논문이 게재된 학회지를 참고하기 바란다.

연구 결과

1) 유채색 색채어는 신약성경의 24개 절에서 29개의 단어로 사용되었으며, 특히 신약전서의 마지막에 위치한 요한계시록에서 시각적 환상을 묘사하기 위해 색채어 표현이 집중적으로 분포되어 있는 것으로 나타났다.
2) 신약성경의 색채어는 붉은빛 44.8%, 자줏빛 34.5%, 푸른빛 17.2%, 노란빛 3.5%로 붉은빛과 자줏빛의 색채어가 매우 높은 비율을 보였다. 또 색채어는 한글성경보다 영어성경에서 그리고 영어성경보다는 헬라어성경에서 더 많은 용어로 표현되었다.
3) 붉은빛 색채어는 πυῤ]를 어원으로 하는 단어들이 가장 많이 사용되었다. κόκκινος는 색 자체와 그 색으로 염색된 옷(옷감)을 모두 지칭하였으며, ἐρυθρός는 히브리어로 붉음의 의미가 있는 에돔과도 연관성이 있는 것으로 파악되었다. 붉은빛은 표현 색채어가 많은 만큼 옷(옷감), 자연, 동물, 호심경, 양털과 같이 매우 다양한 범위를 수식하며 긍정적으로는 왕, 고급함, 믿음 등을, 부정적으로는 마귀(사단), 재앙을 의미하였고 또한 종교적 정결의식의 중요한 색채에 사용되었다.
4) 자줏빛 색채어는 한 경우를 제외하고 모두 πορφύρα와 관련되었다. πορφύρα계 단어들은 모두 옷(옷감)을 수식하였고 reddish purple의 색감을 띠며 왕, 부자, 고급함 등 사회적 지위와 경제적 풍요함을 의미하였다. 단, 호심경을 수식하는 ὑακίνθινος는 bluish purple에 해당하는 색으로 판단할 수 있다.

5) 푸른빛을 표현하기 위해 가장 많이 사용된 χλωρός는 잔디, 풀, 나무와 같은 식물에 대해 수식할 때는 그 식물의 속성을 더 강조하기 위한 색채어였으나 동물을 수식할 때에는 죽음과 관련된 색채어로 사용되었다. 또한 ὑγρός는 색기미가 나타나는 색채어는 아니지만 나무가 물이 올라 싱싱한 모습을 표현하기 위해 사용되었다.

6) 노란빛은 유황빛, sulfur yellow로 헬라어로는 유황의 형용사인 θειώδης로 표현되어 유황과 관련된 하늘의 재앙과 심판을 의미하였다.

〈표 3〉 붉은빛의 표현 특성과 의미

원어	한글	영어	수식(서술)	의미	성경	배경
πυῤῥάζω	붉으면	red	하늘	자연 현상	마16:2	바리새인과 사두개인이 예수를 시험코자 표적을 구함바리새인과 사두개인이 예수를 시험코자 표적을 구함
	붉고	red	하늘		마16:3	
πυρρός	붉은	fiery red	말	전쟁, 살육	계6:4	둘째 인의 재앙
	붉은	(fiery) red	용	마귀, 사단	계12:3	그리스도와 사단의 영적 전쟁
πύρινος	불빛	fiery red	호심경	재앙	계9:17	여섯번째 나팔 재앙
κόκκινος	홍	scarlet	포	왕	마27:28	로마군인들이 예수를 유대인의 왕으로 희롱
	붉은	scarlet	양털	정결	히9:19	신약의 그리스도의 속죄와 구약의 언약의 피 연결
	붉은빛	scarlet	짐승	신성모독	계17:3	바벨론의 심판
	붉은빛	scarlet	옷을 입고	최고급	계17:4	
	붉은	scarlet	옷감		계18:12	
	붉은	scarlet	옷을 입고		계18:16	
ἐρυθρός	홍	red	해	지역성	행7:36	최초의 순교자 스데반집사의 설교
	홍	red	해		히11:29	믿음의 조상들의 선례들

〈표 4〉 자줏빛의 표현특성과 의미

원어	한글	영어	수식	의미	성경	배경
πορφύρα	자색	purple	옷	왕	막15:17	로마군인들이 예수를 유대인의 왕으로 희롱
	자색	purple	옷		막15:20	
	자색	purple	옷을 입고	부자	눅16:19	부자와 거지 나사로 비유
	자주	purple	옷감	최고급	계18:12	사치와 향락의 큰 성 멸망의 바벨론의 모습
πορφυροῦς	자색	purple	옷	왕	요19:2	로마군인들이 예수를 유대인의 왕으로 희롱
	자색		옷		요19:5	
	자주 빛	purple	옷을 입고	최고급	계17:4	사치와 향락의 바벨론 멸망
	자주	purple	옷을 입고		계18:16	
πορφυρο΄πωλις	자색 장사	purple	옷감	최고급	행16:14	바울의 빌립보 전도에서 루디아를 만남
ὑακίνθινος	자줏빛	dark (hyacinth) blue	호심경	재앙	계9:17	여섯번째 나팔 재앙

〈표 5〉 푸른빛과 노란빛의 표현특성과 의미

원어	한글	영어	수식	의미	성경	배경
χλωρός	푸른	green	잔디	생명	막6:39	오병이어 사건
	청황색	pale	말	죽음	계6:8	일곱 인의 재앙
	푸른	green	풀	식물	계8:7	첫째 나팔 재앙
	푸른것	green thing	–	식물	계9:4	다섯째 나팔 재앙
ὑγρός	푸른	green	나무	생명	눅23:31	십자가 도상의 예수 말씀
θειώδης	유황빛	sulfur yellow, yellow as sulfur	호심경	재앙,심판	계9:17	여섯째 나팔 재앙

※ 본고는 2016년 8월 한국색채학회 논문집 30권 3호에 게재된 '기독교 신약전서에 사용된 색채어의 특성과 의미'를 요약 재정리한 것임

인천공항 여객터미널 온도 및 기류 CFD 시뮬레이션

윤재옥 호서대 명예교수

대규모 국제공항이 만들어지면서 공항터미널 이용자와 직원들에게 보다 쾌적한 실내공간을 제공해 주기 위한 여러 예측방법들이 동원되고 있다. 공기조화설비를 완벽하게 갖추고 냉난방과 강제 환기를 실시한다고 하더라도 에너지를 절약하며 쾌적한 대공간을 조성한다는 것은 쉬운 일이 아니다. 특히, 탄소배출권을 중요시하고 건물에너지 사용량을 줄이기 위해 노력하고 있는 시점에서 천장고가 높은 대공간의 냉난방과 기계환기 계획은 중요한 해결과제이다. 항공, 기계, 환경, 건축 등 다양한 분야에서 사용되고 있는 전산유체역학(Computational Fluid Dynamics) 시뮬레이션은 공기, 액체유동과 상태를 예측할 수 있는 방법이다. 컴퓨터 용량과 성능이 좋아지고 유체해석기술이 향상되면서 난류분석이 필요한 건축분야에서도 CFD 이용이 가능해졌는데, 실내에서 천장고가 높고 여러 개 층이 열려있는 대공간에서의 실내기류, 온도 예측방법으로 매우 유용한 도구이다

대공간의 경우 공기조화설비를 가동시키면서 실제로 이용객들이 사용하는 바닥에서 1~2m 위의 온도와 기류를 예측하는 것이 필요하다. 계획단계에서 냉난방 공기흐름과 온도분포가 어떻게 되는지 미리 파악하고 대공간을 이용하는 사람들에게 쾌적한 공간을 만드는 것이 바람직하다. 2018년 개장한 인천국제공항 제2여객터미널에는 천장고가 15m가 넘는 대공간이 대부분이고 중앙에는 천장고가 26.6m인 Great Hall이 있다. 본 연구는 Great Hall, Ticketing Hall, Node Area의 세 공간을 대상으로 CFD 시뮬레이션을 실시하였다. 특히 천장고가 높아 여름철 온도성층화가 심하게 일어나고 천창에 의하여 냉방기 일사 영향을 받는 대공간의 실내공기 유동을 예측하고 문제를 파악하였다. 수차례의 CFD 시뮬레이션을 통해 쾌적성을 확보할 수 있는 개선안이 도출되었다.

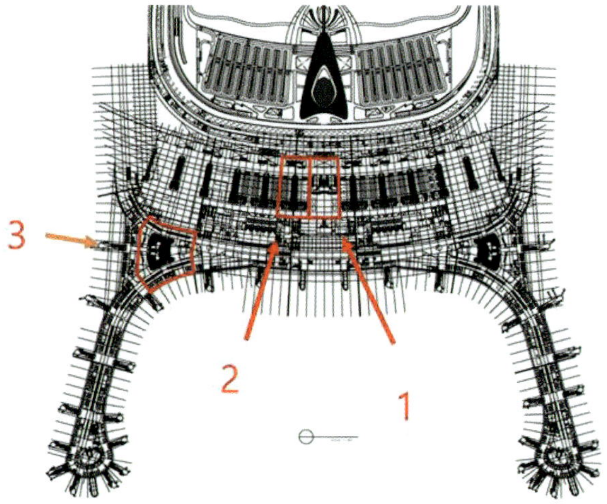

인천국제공항 제2터미널 시뮬레이션 위치
1. Great Hall
2. Ticketing Hall
3. Node Area

CFD 시뮬레이션은 건물형태, 취출구 위치, 온도, 풍속 등 여러 조건을 바꾸어 반복적인 예측이 가능하다. 유동해석은 상용코드 소프트웨어 STAR-CCM+ v.8.06을 사용하였다. 난류모델은 Pasted Graphic 5.tif 모델과 벽함수(wall function)를 사용하였고 대류해석과 복사해석을 실시하였으며 정상상태

시뮬레이션을 하였다. 작업은 건축도면을 3차원 모델링을 하고 Meshing 작업을 통해 시뮬레이션에 필요한 입력조건을 설정하여 수치해석기법 결과를 도출하는 순서로 진행된다. 이때 결과치가 수렴되는 상황을 파악하여 신뢰성을 확보하는데, 마지막으로 원하는 평면과 단면의 온도와 기류 분포를 확인한다.

Great Hall 실내 환경

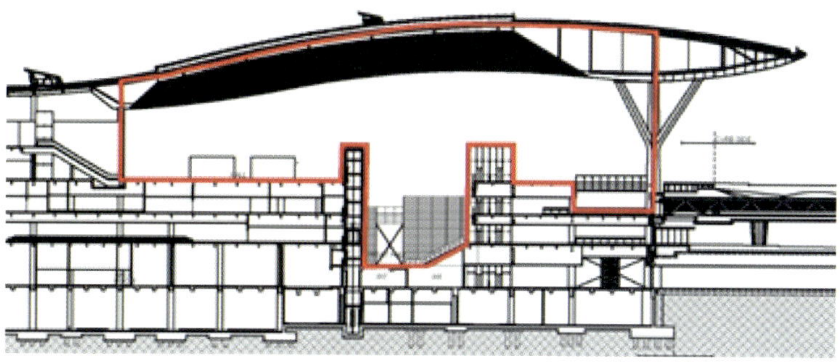

Great Hall 시뮬레이션 공간(윤곽선)

Great Hall은 유동인구가 많으면서 일부공간에 4개 층(Level 2~5)이 개방되어 있는 대규모Pasted Graphic 7.tif 아트리움 공간을 갖는다. 중앙에 천창이 있으며 양쪽으로는 Ticketing Hall과 연결되고 있다. 시뮬레이션을 위한 Great Hall의 3차원 건축공간은 26.5×99.0×26.7m(L×W×H, 상부 천장에서 Level 2 바닥까지의 최고높이 41.7m)이다. 셀(trimmed mesh cell)은 평균 0.35m로 만들어 실제 상황과 가깝도록 하였고, 특히 바닥 위 1~2m인 거주자공간에는 셀을 더 촘촘하게 하여 CFD 결과 값의 신뢰성을 높였다. 바닥과 벽면 주위 경계층이 잘 묘사되도록 레이어도 0.15m로 얇게 하여 최종안의 셀 수가 약 190만개가 되었다.

여름철

건축설계 및 기계설계 도면으로 외피부하 및 내부발생부하의 입력조건을 결정하였다. 일사 시뮬레이션에 사용된 인천지역의 8월 천창직달일사량은 793W/㎡이었다. 초기 안 공조조건에 따른 CFD 결과 분석으로 실내 환경의 문제점을 파악하고, 취출구 위치와 풍속 변경, 실내부스 취출구 추가 및 재배치 등 수차례의 개선안을 시뮬레이션 한 후 생활의 쾌적성을 만족시켜줄 수 있는 최적안을 도출하였다. 쾌적 온도 조건은 냉방 시 25℃, 난방 시 20℃이고 기류는 0.5m/s 이하이다. Level 5, Level 2 바

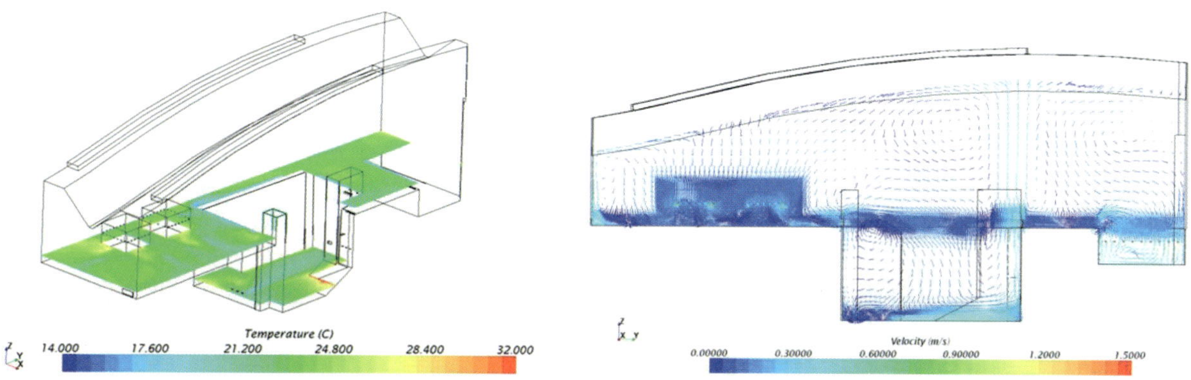

Great Hall 냉방시 온도분포와 기류분포(높이1.5m)

닥 위 1.5m에서의 기류분포는 취출구 주변을 제외한 나머지 공간에서 0.1~0.6m/s로 나와 쾌적 범위에 있는 것으로 판단되었다. 아래 오른쪽 그림 원안의 A부분 냉방급기는 대공간 기류흐름을 주도하여 상부 기류를 섞어주는 역할을 하고 있다.

겨울철

기계설비설계도면에 따른 겨울철 공조설비 취출구와 흡입구 풍량, 풍속을 입력하고 시뮬레이션을 실시한 후 문제점을 파악하고 최종안을 제안하였다. 최종안의 Great Hall 난방 시 생활공간 예측 평균온도는 20℃로 쾌적 온도에 만족하였다. 또한 난방 시 생활공간의 기류는 평균속도 0.5m/s 이하로 쾌적 범위로 나타났다.

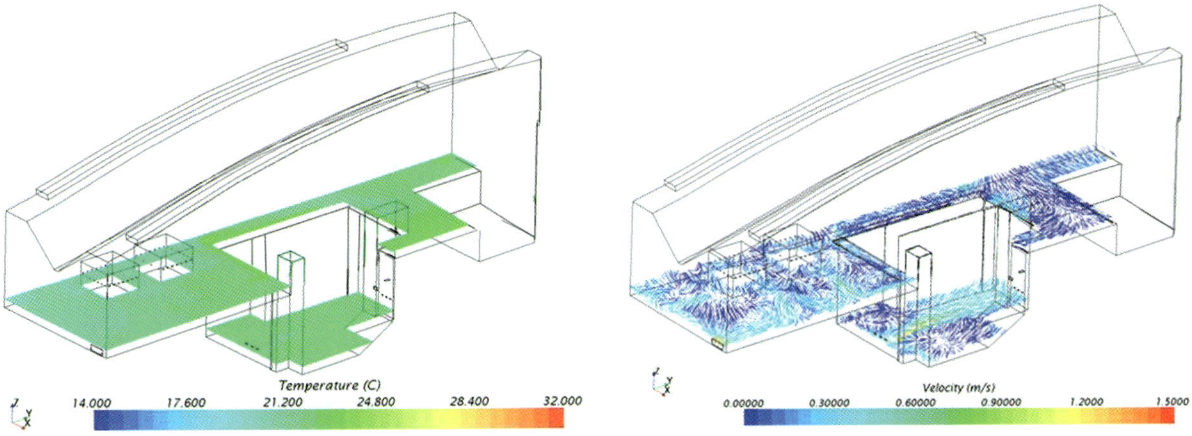

Great Hall 난방시 온도분포와 기류분포(높이1.5m)

신뢰성 검토

CFD 시뮬레이션 결과 값의 신뢰성을 확인하기 위하여 Great Hall 형태와 높이가 거의 유사한 인천공항 제1여객터미널을 대상으로 냉방과 난방기의 온도를 실측하였다. 8월 냉방기의 제1여객터미널 실측치(26℃, 31℃)와 제2여객터미널 CFD 예측치(25℃, 31.5℃)는 매우 유사하였다. Level 5 바닥 위 1.5m 지점의 온도와 바닥에서 24m 되는 천장 가까이의 온도도 유사 값이 되어 CFD 결과의 신뢰성이 확보되었는데, 약 25m 넘는 높이 차이로 6~7℃의 온도성층화가 나타났다. 난방기의 1터미널 실측온도(높이 1.5m 19.5℃, 높이 24m 20℃)와 2터미널 CFD 예측온도(높이 1.5m 19.5℃, 높이 24m 20℃) 또한 유사하게 나타났는데 온도성층화는 생기지 않았다.

Ticketing Hall 실내 환경

Tiketing Hall은 Level 5에 위치하며 일부 공간이 Level 2까지 개방되어있다. Level 5에서 천장까지 최고 높이는 26.7m이고, Level 2에서 천장까지의 최고 높이는 45.7m이다. 시뮬레이션을 위해 만든 셀은 총 337만개였고 모든 조건(형태, 여름철 일사, 입력조건 등)은 Great Hall 시뮬레이션과 같이 건축설계 및 기계설비 도면 자료에 준하여 입력하였다. Ticketing Hall 냉방 시 최종안의 CFD 예측 온도는 24~26℃로 쾌적 조건을 만족하였고 예측 기류속도는 취출구 근접 부근을 제외하고 0.5m/s 이하로 쾌적 상태로 나타났다. 난방 시 최종안 CFD 예측온도는 19~21℃로 겨울철 설계 쾌적 온도를 만족시켰다.

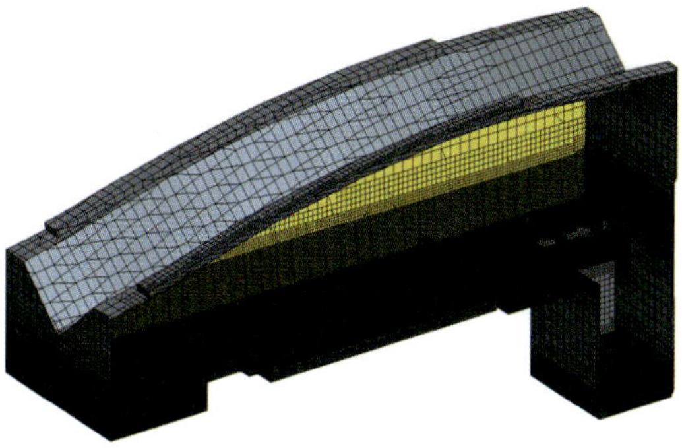

Ticketing Hall 셀 모델

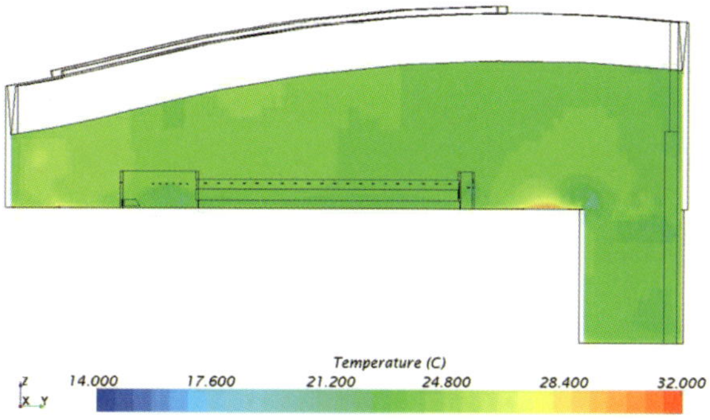

Ticking Hall 냉방시 단면온도 분포

Node Area 실내 환경

Node Area는 출국수속 후 면세점 지역의 탑승구와 연결된 대규모 공간(97.9m×118.6m)이다. Level 5에서 천장 최고높이는 22.6m이고, 개방된 Level 4에서는 천장 최고 높이가 28.4m이다. 시뮬레이션을 위해 만든 셀은 총 325만개였고 모든 조건(형태, 여름철 일사, 입력조건 등)은 Great Hall 시뮬레이션과 같이 건축설계 및 기계설비 도면 자료에 준하여 입력하였다. 최종안 냉방 시 CFD 예측 온도는 24~26℃로 쾌적 조건을 만족시켰고 예측 기류 속도는 취출구 근접 부근을 제외하고 0.5m/s 이하로 쾌적 상태이었다. 난방 시 최종안 CFD 예측온도는 19~21℃로 겨울철 설계 쾌적 온도를 만족시켰고 기류속도는 0.5m/s 이하로 쾌적 범위이었다.

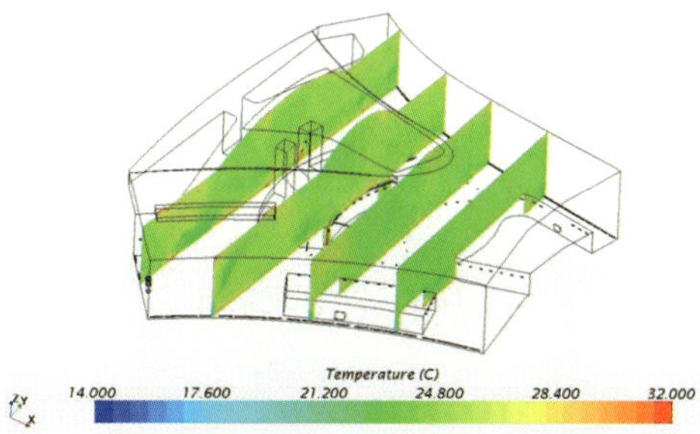

Node Area 냉방시 온도분포

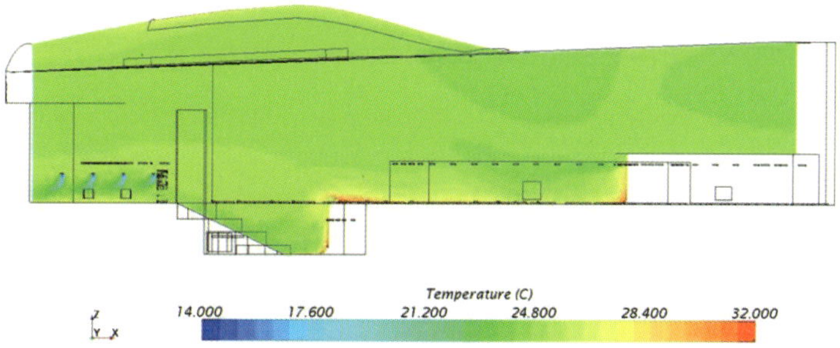

Node Area 냉방시 단면온도 분포

인천국제공항 제2여객터미널 대공간 실내환경을 CFD 시뮬레이션으로 예측하고 개선안을 제안하여 쾌적한 온도와 기류가 확보되도록 하였다. 제2터미널 CFD 예측과 유사한 제1터미널 대공간의 실측값을 비교분석하여 시뮬레이션 결과 신뢰성을 확인할 수 있었다. 지난 1996년 인천국제공항 제1터미널을 대상으로 CFD 시뮬레이션을 수행하였는데, 18년이 지난 2014년 다시 제2여객터미널 대공간을 대상으로 보다 나은 프로그램과 기술을 가지고 CFD 예측을 하여 좋은 기회가 되었다.

언더그라운드 스페이스

이강주 1990년 석사

지하에 대한 생각은 혼란스럽다. 극단적으로 싫어하는 사람이 있는 반면, 영화 매트릭스에서의 시온(Zion)처럼 그것만이 오직 미래의 보루라고 주장하는 사람도 있다. 혼란은 이러한 논의들이 대상에 대한 정확한 이해보다는 다분히 개인적인 감성에 기대는 것에서 비롯된다. 이러한 감상적 태도에서는 해결해야 할 문제의 핵심을 아는 것 자체가 불가능하다.

인간 삶에 대한 실존적인 질문을 하나 던져보자. '기술 주도의 세계에서 살아가는 것의 심리, 사회, 정치적인 의미는 무엇인가?' 기술 주도의 세계가 시작되기 훨씬 이전부터 환경을 고치는 행위는 늘 있어왔다. 인간의 환경은 어느 정도는 항상 인공적인데, 우리가 자연이라고 생각해 왔던 것들, 예를 들어 다랭이논, 밀감밭, 저수지도 사실은 인간의 활동이 깊숙이 관여된 자연이다. 근대 이후, 이러한 인공성의 정도는 급격하게 증가한다. 이제 땅보다는 기술에 묶이기로 내린 근대의 결정으로 인간은 정신적 위기에 직면하는데, 이 위기는 울증과 조증의 결합으로 나타났다. 즉, 자연경관을 상실한 것에 대한 애도감, 걱정, 분노 등의 감정과 기술이 제공하는 쾌적한 환경에 대한 환호와 찬미로 말이다. 이러한 맥락에서 지하공간은 자연이 추방된 인공 환경, 극단적인 기술 환경의 모델로 철저히 근대의 산물이다. 그렇다면 그것이 왜 태어났고 어떻게 등장하였는지를 추적해 보자.

상상력

지하공간이 역사의 전면으로 등장하는 움직임은 인간의 상상 속에서 먼저 시작되었다. 바로 문학이라는 상상력인데, 18세기의 작품들은 지구 안에 있는 또 다른 지하세계와 지하의 지옥이야기를 통해 방문지로서의 지하를 묘사하고 있다. 19세기로 넘어오면서 지하이야기는 다른 형태로 나타났다. 지하세계가 방문지가 아닌 사는 곳이 되고, 우연히 발견되는 것이 아니라 세심한 선택을 통해 건설된다는 것이다. 19세기의 이러한 아이디어는 근대과학 및 기술과 함께 등장한 것인데, 이것은 과학기술의 성과가 문학에 영향을 미치고, 문학의 상상력이 과학기술에 영향을 미치는 상호작용의 일환이었다.

지식

현실세계에서의 지하공간은 수직 또는 수평의 굴착을 통해 제조된 공간(manufactured space)이다. 제조를 위해서는 그에 합당한 사유가 필요하다. 그리고 그 사유가 사상적 기반과 문화적 맥락을 세우는 것이라면 더욱 정당성이 부여될 것이다.

지질학, 고생물학, 인류학, 고고학과 같은 19세기의 역사 과학들은 모두 동일한 기반을 갖는다. 바로 이들이 찾고자 한 진리들이 묻혀있는 지하이다. 당시 지하에서 찾은 진리는 잃어버린 시간의 비밀에 대한 답이었다. 학자들은 이것을 시간의 수직축, 즉 깊은 시간(deep time)이라고 불렀다. 깊은 시간의 발견은 발굴을 통해 인간의 기원을 탐구하는 과학적 고고학과 우리에게 알려진 문명을 발굴하는 인간적 고고학의 두 형태로 전개되었는데, 1857년 네안데르탈인 화석의 발견은 전자의 개가이었고 1870년대 트로이 유적의 발굴은 후자의 환호이었다. 따라서 19세기에 땅을 파는 행위는 지적 탐구의 전형이자 고대 신화에 대한 발굴로 비추어졌다.

한편, 과학혁명이전까지 지구는 계획된 우주로서, 질서 있고 친절하며 인류의 필요를 공급해주는 어머니의 이미지이었다. 이러한 세계관에서 지구는 성스러운 존재였으므로 채굴은 지구에 대한 일종의 훼손행위로 인식되었다. 중세까지는 종교적 의식을 행하고 채굴이 시행되었는데, 이러한 지구에 대한 윤리적인 제약은 당연히 광산업을 위축시켰다. 채굴이 대대적으로 시행되기 위해서는 이러한 제약들을 제거하고 자연을 지배하는 새로운 사회 이미지를 만들어야 했다. 베이컨은 이 과정의 핵심 인물이다. 그는 자연지식의 탐구를 강조하였고 진실은 사색이 아니라 행동에 의해 발견된다고 설파하였다. 철학자는 감추어진 비밀을 캐내기 위해 광명천지에서 동굴로 내려가야 한다는 그의 주장은 채굴을 지적인 활동 모델로 승격시켰다. 지식은 파야 발견되고 더 깊게 팔수록 절대 지식에 근접할 수 있다는 것이 지적인 분위기가 된 것이다. 이로써, 침범하고, 공격하고, 인간의 목적에 맞게 자연을 세속화하는 근대과학이 성립된다.

근대

18세기 말에서 20세기 초까지 유럽은 새로운 사회의 기초를 놓기 위해 땅을 팠다. 채굴은 근대 산업자본주의의 출현에 결정적인 통로 역할을 하는데, 실제적인 기술은 물론 근대 산업의 정신도 이것으로부터 생성되었다. 산업화 과정에서 지하의 역할은 시각적으로 드러나지 않고 밑에서 네트워크를 구성하였기 때문에 종종 간과되었다. 그러나 지표면 하부로 내려가는 것이 진리의 탐구이자 기술적인 힘의 추구가 되면서 결국 근대의 산업 및 도시 생활의 승리는 지하공간에서 성취된다.

제1기계시대

지하 프로젝트가 근대에 번성하게 된 것은 건축 재료(철)와 에너지원(석탄)의 근본적인 변화 때문이다.

산업혁명의 획기적인 발명품은 지하로부터 연유되었다. 최초의 증기기관은 광산에서 지하배수를 위해 발명되었고, 최초의 증기기관차도 광산의 운반용으로 만들어졌던 것이다. 18세기 이후 근대산업의 지하적 기반은 철도망의 구축에서 시작되었다. 1830년대 철도 건설의 도래는 교통터널의 영웅시대를 열었다. 철도가 더 이상 광산의 부속물이 아니라 주요한 분배 시스템으로 발전하면서 대규모의 터널들이 필요했던 것이다. 철도노선은 직선과 수평선이 요구되었으므로 자연에 기하학의 선들이 놓이게 되었다. 부르주아들의 지하 경험은 영웅적인 물질주의의 표현인 이러한 프로젝트들을 통해 이루어졌다. 철도망의 확산은 사고의 폭증으로 이어졌는데, 이로써 기술의 진보는 인간의 희생을 불가피하게 한다는 관념이 보편화되었다.

제2기계시대

제1기계시대가 생산기계의 시대라면 제2기계시대는 소비생활의 시대인데, 그 결과 일상생활과 관련된 모든 품목들과 활동들에 동시다발적인 변화가 일어났다. 제1기계시대가 철도교통시스템으로 자연세계에 큰 영향을 주었다면, 제2기계시대는 상하수도, 전기, 전화 등 매설시스템으로 도시를 크게 변화시켰다. 이제 도시는 이전 시대의 가장 중요한 가치인 공동체의 통합보다 하나의 전체로 작동하는 기능성이 더 중요하게 되었다. 따라서 이 시기의 도시계획은 지상의 배치만이 아니라 지하 시스템도 다루어야 했는데, 그 결과 도시는 네트워크 도시로 이행한다. 지하에서 가장 기념비적인 프로젝트인 지하철의 탄생도 이 시기에 출현하는데 런던(1863)과 파리(1900)가 대표적이다. 지하철 공사현장을 바라보는 일상의 경험이 기술적, 사회적 의식 형성에 결정적인 역할을 하는데, 이제 지하 프로젝트는 그 전 시대에 비해 덜 위험하고 빛과 편리함과 깨끗함을 가져다주는 필수품으로 인식되는 것이다. 기반시설의 설치는 지하가 이제는 일상생활의 일부가 되고, 굴착이 시골에서 도시의 심장부로 나왔다는 것을 의미한다. 근대생활에 필요한 기반시설의 건설은 근대 의식의 새로운 건설과 맥을 같이하였고, 이러한 측면에서 굴착은 기존 사회가 저물고 문명의 진보를 보여주는 상징이었다.

쇠락

인문적 지식인들은 지하공간의 기술낙원이 매혹적이지만 거짓되고 치명적일 수 있다는 비판을 제기한다. 문제의 핵심은 쇠락이다. 인공낙원에서는 자율이 상실된다. 인공낙원에서 측정이 가능한 유일한 가치는 인공과 현재뿐이다. 자연의 훼손은 단순히 경제적인 요구만이 아니라 저항의 싹을 제거하려는 이데올로기적인 의도 또한 포함한다. 인공의 기술낙원은 저항할 수 없기 때문에 힘이 사라지고 원하는 것을 얻을 수 있기 때문에 경쟁이 사라지는 세계이다. 사회적 진화로 평온함과 조화는 성취되지만, 신학, 역사, 예술 및 영웅주의는 상실된다. 성취를 위해 고통을 요구하는 불편한 재촉들이 사라지고, 기술의 우월성이 곧 도덕적이고 물리적인 우월성으로 간주된다. 쇠락은 소비문화에 대한 호소와 폐쇄된 인공 낙원에 대한 유혹으로 우리에게 다가온다. 도시의 위요된 공간은 문명의 권위를 표현하고 도시의 위압적인 건축은 인간을 작고 무가치하게 만든다. 그 결과 무엇을 책임지는 인간의 능력은 의심을 받고 인간이 만든 풍경인 도시만이 유일한 현실이 된다. 이곳에서 인간은 자기 구축적인 기술 환경으로 탈출하는 관광을 보편화한다. 이 관광은 소비환경으로의 도피이자 보다 안쪽으로의 이동이고 기술에서 기술로의 여행이다.

아름다움

숭고함

가장 오래된 미학 전통 중에 하나는 유기주의, 즉 내부에서 자연스럽게 발현되는 형태의 결과를 아름다움으로 보는 것이다. 이러한 관점에서 지하는 미와는 상관없는, 모양이 없는 세계이며 영구 겨울의 단조로운 풍경이다. 그런데 18세기 후반 미학이 대상에서 관찰자로 이동하고 중심 주제가 보는 이에게 미치는 아름다움의 심리적인 영향인 느낌이 되면서 지하세계의 미학은 새로운 전기를 맞는다. 광산의 어두운 세계에 숭고함이라는 새로운 미학적 원칙이 적용되는 것이다. 숭고한 지하세계는 못난 것도, 아름다운 것도 아닌 완전히 다른 무엇이다. 어두컴컴하나 기분 좋은 어두움, 무서우나 즐거운 무서움의 세계이다. 숭고함은 아름다움과 신기함을 수반하는 상상의 쾌락으로 정의된다. 이는 주로 자연의 위대함과 광대함에서 솟아나는 느낌이다. 인간은 감각의 대상이 힘, 상실, 공허, 고독, 침묵, 깊이의 광막함, 무한, 장대함, 어두움을 가질 때 숭고함을 느낀다. 따라서 숭고함은 강렬하고 소중한 경험이다. 숭고함의 어휘는 점진적이고 지속적으로 자연에서 산업으로 옮겨갔다. 이에 따라 기계적 힘은 이길 수가 없고 불가피하게 파괴적이며 인간은 경외와 경이로 숭고한 기술에 굴복해야 한다는 기술결정론으로 귀결된다.

판타지

산업혁명 초기에는 기술과 예술이 대척점에 있었으나 19세기 후반 지하 낙원에서는 그것들이 완벽한 조화 속에서 공존한다. 지하의 이러한 미학적 판타지는 결정적인 한 건의 발견을 통해 세상을 변혁할 수 있다는 사회적 판타지와도 일치한다. 판타지 지하는 기술과 예술이 공존하고 자연을 완벽하게 정복하여 사회 갈등을 해결하는 인공의 환경이다. 인공무한의 이상은 전기(電氣), 즉 조명기술을 통해 실현된다. 보들레르는 도시가 조명에 의해 판타지의 아우라를 취한다는 것을 인식했는데, 초현실적이고 풍유적이며 연금술사의 신전인 19세기 중반의 파리는 도시 전체가 하나의 거대한 실내 공간이었다. 인공낙원은 소비자가 희열하고 무질서한 자연과 사회로부터 격리된 판타지의 세계이다.

어바니즘

자연 환경에 대한 기술 환경의 승리는 20세기에 접어들면서 더욱 심화되었다. 지하개발 또한 전지구적인 영역에서 넓어지고 깊어졌는데, 지하개발은 과밀한 세상에서 환경의 질적인 보전에 관심이 있는 일단의 계획가들에게 실제적이고 이념적으로 다가갔다. 1933년 지하어바니즘연구회를 설립한 프랑스 건축가 유투디안은 지하거주지와 지하어바니즘을 구분하면서, 전자를 극한의 기후에 대한 탈출구로, 후자를 근대 도시에 대한 거주성으로 해석하였다. 즉, 지하어바니즘은 도시가 살만한 곳이 되기 위해서는 지하를 포함한 3차원의 확대가 필요하다는 주장이다.

비르커츠는 지상이 공원, 주거, 학교 등 덜 유틸리티적인 기능들로 활용되도록 도시 차원의 지하공동구 시스템을 제안한다. 독시아디스 또한 도시의 지상부는 여가와 즐거움을 위해 사람들에게 돌려주고 지하에 공장과 도로 등을 배치할 것을 주장한다. 도심에서 지하어바니즘의 실현은 1950년대 미국의 휴스턴을 필두로 캐나다의 몬트리올과 토론토에서 광범위하게 실현되었다. 일본은 도쿄, 오사카 등 대도시에 독특한 지하가시스템을 20세기 초부터 개발하여 현재에 이르고 있고, 우리나라 또한 거미줄 같은 지하철은 물론 인류사 최대 볼륨의 영동대로지하공간을 조성하고 있는 도시지하공간 활용의 최선봉국이라고 할 수 있다.

재난

재난은 자연의 정상적인 경과를 무너뜨리는 드물지만 강력한 활동을 의미하는데, 이것은 주로 지질학적인 변화의 양상으로 이해되었다. 그러나 다른 시각에서 보면, 바다가 높아지고 산들이 가라앉으며 어떤 지형은 파괴되고 다른 것들이 새로 생겨나는 것은 자연의 정상적인 기능이라고 할 수 있다. 일상의 자연은 열역학 제2법칙과 엔트로피 법칙이 증명하듯이 재난적이라고 보아야 한다.

전통적으로 자연은 위험원, 기술은 안전원으로 구분되고 기술이 구비된 자연이 인간에게 유익한 것으로 여겨졌다. 즉, 채광, 빗물, 광물과 같은 자연의 유익은 극대화하고 가뭄, 홍수, 태풍과 같은 잠재적인 위협은 최소화하는 것이 기술의 역할이라고 인식한 것이다. 그러나 산업혁명 이후 이러한 가정은 뒤집어지는데, 실제로 우리 시대의 공포는 자연이 우리에게 한 것이 아니라 우리가 자연에게 한 것에 있다. 인간이 자연에게 한 것을 생태적 재난이라고 하는데, 이는 인간의 과도한 욕구로 자연이 황폐화되는 것을 의미한다. 인구 및 소비의 성장을 진보로 정의하는 한 이러한 재난은 일상적이다.

자연의 가혹함에서 인간을 보호하기 위해 만든 건조 환경이 위험원이 될 수 있다는 것은 지하와 같은 대규모 인공 환경이 초래한 모순이다. 따라서 안전을 추구하는 것으로서의 지하의 기술들은 일종의 역행과 두려움의 표현이다. 배수, 환기, 채광, 구조 등 복잡한 기술 시스템으로 안전을 보장하려는 것은 제조된 환경이 두려움의 환경이라는 것을 반증하는 것이다.

휴머니티

지하공간은 상상력, 그리고 기술적인 성취를 통한 진리, 힘, 아름다움 및 안전에 대한 인류의 오랜 탐구의 상징이다. 인간의 환경은 불가피하게 덜 자연적인 것이 될 것이다. 그런데 문제는 그것이 덜 인간적인 것이 될 것이냐이다. 지금까지의 추세는 인간의 지하공간이 보다 정교해질수록 건조 환경의 요구가 인간의 요구에 우선되어 왔다는 것이다. 따라서 지하공간을 기술은 물론 심리, 사회, 정치, 문화, 건강 등 다학문적 과제로 접근해야 하고 그 핵심은 당연히 휴머니티가 되어야 할 것이다.

소우 석사 · 박사 제자 명단

석사제자

강희주	1970	공간 개념에 대한 연구
홍대형	1971	한국적인 외부공간 고찰
정지수	1973	대만의 전통건축에 대한 연구
박종길	1974	수원성곽에 관한 연구
성천경	1974	내부결손을 가진 격자구조의 경계조건에 따른 응력변동에 관한 연구
박영호	1975	조선시대 궁궐건축의 내부공간에 관한 연구
이성관	1975	한국 전통적 건축공간 구성의 특질
장덕수	1975	주거지구개발 계획에 관한 연구
홍형옥	1975	한국인의 생활의식이 전통적 한국주거에 미친 영향에 관한 고찰
김진철	1977	전주시 도심 상가의 구조에 관한 연구
김정신	1979	한국전통건축 색채의장의 특성에 관한 연구
김경수	1980	건축비평의 기본적 연구
손두호	1980	한국 전통주거에서의 풍수사상과 그 건축적 해석에 관한 연구
유기봉	1980	한남동 집합주거 계획안
이강훈	1980	상관관계 개념으로서의 직계가족의 단독주택 계획을 위한 연구
이원교	1980	전통 주거 건축에 관한 연구
장해철	1980	도심지 주거단지 계획에 대한 연구
최 일	1980	가로의 공간적 해석에 관한 연구
송용호	1981	한국 농촌주거 계획에 관한 연구
안백영	1981	Concert hall의 음향계획에 관한 연구
이광태	1981	고속도로 주변의 소음과 아파트 배치와의 관계 연구
전영일	1981	폐자원 석고의 건축재료로써의 타당성 연구
주석중	1981	불량주택지구 환경개선 방안에 관한 연구
강 혁	1982	건축사의 접근방식과 해석에 관한 연구
김흥수	1982	한국산간 마을의 민가에 관한 연구
문병국	1982	조직특성에 적합한 사무소건축의 실내공간 계획에 관한 연구
문홍길	1982	개화기 이후 한국 전래주거 건축의 변천에 관한 연구
박동균	1982	대학「캠퍼스」 확장계획에 관한 연구
박태성	1982	아파트먼트-하우스의 실내소음에 대한 조사와 그 대책에 관한 연구

손형식	1982	한국전통건축 의장 요소의 상징성에 관한 연구
안경환	1982	지체장애자를 위한 주거공간계획에 관한 연구
이재일	1982	김포국제공항 터미널 빌딩 확장을 위한 건축계획에 관한 연구
이정면	1982	1960년대 이후 현대건축의 mannerism적 경향에 대한 연구
이종만	1982	혼합형 태양열주택 설계에 관한 연구
이현우	1982	지체부자유자를 위한 Rehabilitation center의 건축계획에 관한 연구
정연근	1982	塼의 건축의장적 특성에 관한 연구
조현군	1982	대학도서관의 증·개축에 관한 연구
한상훈	1982	고려시대의 특수형 석탑에 관한 연구
강영환	1983	도시 다층형공장 건축계획에 관한 연구
김설회	1983	건축의 설계방법에 있어서 「패턴랭귀지」 적용에 관한 연구
김성완	1983	사무소 건축의 열환경 계획에 관한 실험적 연구
김 진	1983	현대건축의 기능주의적 접근방법에 관한 연구
신언학	1983	고층건축 디자인의 경향과 조형요소에 관한 연구
양경석	1983	도시 저층 집합주거 계획에 관한 연구
유창희	1983	바로크건축의 공간구성에 관한 연구
육옥수	1983	교통소음과 방음벽의 차음성능에 관한 연구
윤세영	1983	도시아파트의 외부공간계획에 관한 연구
윤재신	1983	한국전통건축 공간의 시지각적 특성에 관한 연구
조희철	1983	서양 현대건축의 전통적 형태에 관한 연구
김대익	1984	가로경관의 미적 판단에 관한 연구
김석봉	1984	PERT/CPM에 의한 건축공사의 공정계획 합리화 방안에 관한 연구
김영철	1984	조선시대주거건축 구성요소의 상관적 특성에 관한 연구
이상헌	1984	18C부터 1910년까지 한국건축의 변천에 대한 사적 고찰
정유나	1984	E.E. Viollet-le-Duc의 건축이론이 근대건축에 미친 영향에 관한 연구
최내영	1984	Concert hall의 음향성능과 계획방법에 관한 연구
한 철	1984	대학캠퍼스 마스터플랜에 관한 연구
손승광	1985	조선조 한옥에 나타난 인간적 특징 연구
신인식	1985	선교 초기 한국교회 건축에 관한 연구
이강우	1985	한국 전통공간 구성 체계의 특성에 관한 연구
이기정	1985	서울시 한옥 노후화 주거지의 건축적 특성에 관한 연구
이영한	1985	종합병원 병동부 기준층의 평면계획에 관한 연구
홍광근	1985	전주시 한옥보존지구의 건축적 특성에 관한 연구

김창수 1986 건축물의 지붕에 관한 비교연구
노태학 1986 한국 전통건축의 텍스츄어 의장 특성 연구
안명제 1986 소규모 계획단위에 의한 도심주거 계획에 관한 연구
오양기 1986 음악당의 음향 평가에 관한 연구
이한석 1986 정신지체아를 위한 생활공간 계획
장성주 1986 건축적 장소의 체험에 관한 분석연구
김선재 1987 한국 근대 도시 주택의 변천에 관한 연구
이남련 1987 농가주택의 작업공간에 대한 연구
이정규 1987 가족형이 혼합된 아파트의 설계연구
이정수 1987 조선시대 향교 · 서원건축 구성형식의 비교연구
이종현 1987 아르데코 건축의 양식사적 의의에 관한 연구
전봉희 1987 조선시대 목조건축 공포형식의 변천에 관한 연구
김성한 1988 개신교 교회 건축의 변천 과정과 한국개신교 교회 건축의 특징
김정규 1988 아파트 단위평면의 특성과 거주자의 주의식 및 주생활에 관한 연구
류전희 1988 과학혁명과 관련하여 본 17–18세기 프랑스 건축 분야의 변천에 관한 연구
이상현 1988 도시주거지 내 상업병용 주택에 관한 연구
정기철 1988 1876년부터 1948년까지 사회경제적 측면에서 본 한국의 건축 활동의 성격과 그 영향에 관한 연구
박수훈 1989 19세기 말 비인을 중심으로 본 유럽 세기말 건축의 양식적 표현의 성격에 관한 연구
양윤식 1989 화성 영건에 관한 연구
오은석 1989 실내 음장에서 명료도 시험에 관한 연구
유승호 1989 20세기 초 러시아 구성주의건축의 특성과 근대건축과의 관련성에 관한 연구
이영준 1989 한국건축 전통성의 현대적인 계승과 수용방안에 관한 연구
이강주 1990 건축 설계 행위에 대한 인지적 접근 방법에 관한 연구
함승우 1990 해체주의적 건축의 이론적 배경과 특성 및 의의에 관한 연구
홍순재 1990 세계관이 건축 창작에 미친 영향에 관한 연구
이은식 1983 수료
최중현 1983 수료
西垣安比古 연구생(1984~1987)

박사제자

강영환	1989	삼척 이남 동해안 지역 전통민가에 관한 연구
김경수	1989	한국 현대건축의 미적 특성에 관한 연구
김대익	1989	고층건축물의 환경시지각적 특성에 관한 연구
김선우	1989	공동주택 바닥 충격음 차음성능 평가에 관한 연구
김정신	1989	한국 가톨릭 성당건축의 수용과 변천에 관한 연구
송용호	1989	주택의 건축어휘체계 연구
이강훈	1989	한국 건축에 있어서 음양 공간의 질서
임창복	1989	한국 도시 단독주택의 유형적 지속성과 변용성에 관한 연구
최 일	1989	조선 중기 이후 남부지방 중상류 주거에 관한 연구
오양기	1990	한국어 명료도 시험기준의 설정 및 그 건축적 적용에 관한 연구
조희철	1990	건축적 체험의 본질과 장소의 성격에 관한 연구
홍대형	1990	개암사 대웅보전 건축형식에 관한 연구
배시화*	1992	중·대형아파트 내부 공간의 통시적인 변화와 공시적인 변경을 통해서 본 설계 방향에 관한 연구
류전희*	1993	근대 건축 교육 학제의 형성과 특성에 관한 연구
이원교*	1993	전통 건축의 배치에 대한 지리체계적 해석에 관한 연구
정유나*	1995	조선시대 궁궐건축의 건축채색 특성에 관한 연구

(*1990년 소우 선생님 정년퇴임 이후 지도교수 변경)

소우회 활동 사진

1991. 11. 30. 정기모임

1994. 9. 4. 부석사

1998. 8. 23. 화엄사

2001. 1. 6. 앙코르와트

2004. 2. 5. 나라

2004. 2. 6. 교토

2006. 7. 5. 상트 페테르부르크

2006. 7. 10. 모스크바

2011. 12. 9. 정기모임

2012. 5. 11. 스승의 날

2015. 1. 29. 신년회

2015. 5. 9. 스승의 날(발제: 김광현 교수)

2015. 8. 22. 정기답사(강원도)

2015. 11. 14. 정기모임(발제: 김동욱 교수)

2015. 12. 5. 수헌정에서

2016. 2. 5. 신년회

2016. 5. 14. 스승의 날(발제: 조민석 소장)

2016. 8. 12. 정기답사(경남)

2016. 11. 12. 정기모임(발제: 김찬중 소장)

2017. 1. 24. 신년회

2017. 11. 11. 정기모임(발제: 이상해 교수)

2018. 2. 23. 신년회

2018. 5. 19. 스승의 날(발제: 이강훈 교수)

2018. 8. 18. 정기답사(경북)

2018. 10. 6. 한울건축에서

2018. 11. 10. 정기모임(발제: 이승택 소장)

2019. 1. 19. 소우 선생님 소천

2019. 8. 13. 정기답사(강화도)

筱愚會

일 시 : 2019년 11월 9일(토) 17:00 ~

장 소 : 예술가의 집, 예빈시

[참석자] 임창복교수님, 장덕수선배님, 윤재옥교수님, 배시화회장님, 이강훈교수님+사모님, 한철소장님, 김대익교수님+사모님, 윤재신교수님, 조희철대표님, 류전희교수님, 이강주교수 (13분)

◉ 배시화 회장님 인사 말씀
◉ 세미나 - extraordinary / 전숙희 소장(WISE 건축)
◉ 저녁식사 및 환담
◉ 다음 행사 계획
  ■ 2020년 신년회

2019. 11. 9. 정기모임(발제: 전숙희 소장)

2020. 8. 21. 정기답사(경기 · 강원)

2021. 9. 4. 소우 3주기 추모문집 편집위원회

소우와 건축

초판 1쇄 인쇄 2022년 5월 14일

지은이 소우 윤장섭교수 추모편집위원회
발행인 김기현

발행처 시공문화사
등 록 1993년 3월 12일
주 소 서울특별시 서대문구 독립문공원길 13 (극동프라자 5층)
전 화 02) 3147~1212, 2323
전 송 02) 3147~2626
http://www.spacetime.co.kr spacetime@korea.com

편 집 디자인·현
인 쇄 예림인쇄
제 본 (주)서정바인텍
용 지 (주)대림지업사

정가 28,000원
* 파본은 구입한 곳에서 교환해 드립니다.